Automatisierung der Standortauswahl in der Fabrikplanung

Automation of Site Selections in Factory Planning

Von der Fakultät für Maschinenwesen
der Rheinisch-Westfälischen Technischen Hochschule Aachen
zur Erlangung des akademischen Grades eines
Doktors der Ingenieurwissenschaften
genehmigte Dissertation

vorgelegt von

Sebastian Patrick Vierschilling

Berichter/in:

Univ.-Prof. Dr.-Ing. Dipl.-Wirt. Ing. Günther Schuh
Univ.-Prof. Dr.-Ing. Peter Burggräf, MBA

Tag der mündlichen Prüfung: 17. Oktober 2022

Diese Dissertation ist auf den Internetseiten der Universitätsbibliothek online verfügbar.

ERGEBNISSE AUS DER PRODUKTIONSTECHNIK

Sebastian Patrick Vierschilling

Automatisierung der Standortauswahl in der Fabrikplanung

Herausgeber:
Prof. Dr.-Ing. T. Bergs
Prof. Dr.-Ing. Dipl.-Wirt. Ing. G. Schuh
Prof. Dr.-Ing. C. Brecher
Prof. Dr.-Ing. R. H. Schmitt

Band 43/2022

WZL | RWTH AACHEN UNIVERSITY

Fraunhofer IPT

Bibliografische Information der Deutschen Nationalbibliothek
Die Deutsche Nationalbibliothek verzeichnet diese Publikation in der Deutschen Nationalbibliografie; detaillierte bibliografische Daten sind im Internet über https://portal.dnb.de abrufbar.

Sebastian Patrick Vierschilling:

Automatisierung der Standortauswahl in der Fabrikplanung

1. Auflage, 2022

Gedruckt auf holz- und säurefreiem Papier, 100% chlorfrei gebleicht.

Apprimus Verlag, Aachen, 2022
Wissenschaftsverlag des Instituts für Industriekommunikation und Fachmedien an der RWTH Aachen
Steinbachstr. 25, 52074 Aachen
Internet: www.apprimus-verlag.de, E-Mail: info@apprimus-verlag.de

Druck: CPI Druckdienstleistungen GmbH, Ferdinand-Jühlke-Straße 7 I 99095 Erfurt

ISBN 978-3-98555-134-7

D 82 (Diss. RWTH Aachen University, 2022)

Vorwort

Die vorliegende Arbeit entstand während meiner Tätigkeit als wissenschaftlicher Mitarbeiter am Lehrstuhl für Produktionssystematik des Werkzeugmaschinenlabors WZL der Rheinisch-Westfälischen Technischen Hochschule (RWTH) Aachen.

Mein Dank gilt an dieser Stelle Herrn Professor Günther Schuh und Herrn Professor Peter Burggräf für die Möglichkeit zur Promotion sowie die Unterstützung und Förderung in dieser Zeit. Das praxisnahe und herausfordernde Umfeld am WZL bildete die Grundlage für die Entstehung der vorliegenden Arbeit. Herrn Professor Carlo Holly danke ich für die Übernahme des Vorsitzes der Prüfungskommission und Herrn Professor Andrea Benigni für die Übernahme des Beisitzes.

Ein großer Dank richtet sich weiterhin an meine KollegInnen und FreundInnen am Werkzeugmaschinenlabor WZL der RWTH Aachen sowie unseren Ausgründungen. Ohne den intensiven wissenschaftlichen Diskurs und das Lernen in der tagtäglichen Zusammenarbeit wäre diese Arbeit nicht möglich gewesen. Stellvertretend möchte ich mit bei meinen Oberingenieuren Dr. Matthias Dannapfel und Tobias Adlon sowie meinem langjährigen Gruppenleiterkollegen Dennis Schneidermann bedanken. Darüber hinaus möchte ich mich ebenfalls bei meinen studentischen MitarbeiterInnen und meinen Bachelor- und MasterarbeiterInnen bedanken, auf welche ich mich immer verlassen konnte. Besonderer Dank geht an dieser Stelle an Martin Perau, Maximilian Gille und Christoph Bäcker.

Mein herzlichster Dank gilt meinen Eltern Sabine und Stephan Vierschilling für Ihre immerwährende Unterstützung auf meinem bisherigen Lebensweg. Durch Ihr Vertrauen und ihren stetigen Rückhalt haben sie mich darin bekräftigt selbstbewusst, eigenverantwortlich und zielstrebig zu handeln. Sie haben damit die Basis für alle meine Leistungen gelegt und mir diesen Weg eröffnet. Mein ebenso herzlicher Dank gilt dir, Sabrina, für deinen liebevollen Rückhalt in all den Jahren, deine selbstlose Rücksichtnahme und dein Verständnis für die vielen entgangenen gemeinsamen Stunden.
Euch widme ich diese Arbeit.

Aachen, im Dezember 2022
Sebastian Patrick Vierschilling

Zusammenfassung

Die industrielle Standortplanung ist ein erfolgskritischer Prozess für produzierende Unternehmen. Der Prozess der Standortauswahl bildet den ersten Schritt eines Fabrikplanungsprojektes und durch das Setzen der räumlichen Rahmenbedingungen einen hohen Einfluss auf das spätere Planungsergebnis. Der Standortplanungsprozess findet heutzutage maßgeblich manuell statt und wird mittels Heuristiken vereinfacht.

Ziel der vorliegenden Arbeit ist, die Automatisierung der zeitintensiven Bestandteile des Standortplanungsprozesses. Die Lösungsidee besteht dabei aus der Kombination von Web-Technologien zur Reduzierung der manuellen Informationsbeschaffung, Standardisierung von Standortfaktoren und Standortpräferenz zur Komplexitätsreduzierung und smarten Algorithmen zur objektiven Verarbeitung der Informationen. Diese Idee wurde in Form eines Softwaredemonstrators umgesetzt und erprobt. Als Ergebnis können mit diesem sowohl die Planungsgeschwindigkeit erhöht, eine größere Anzahl an potenziellen Standorten in den Auswahlprozess integriert und bewertet werden, als auch gleichzeitig die Qualität und Objektivität des Entscheidungsprozesses gesteigert werden. Um eine übergreifende Nutzbarkeit für alle Fabrikplanungsprojekte zu ermöglichen, wurde sich in dieser Arbeit auf frei verfügbare Informationsquellen, sogenannte Open Source-Informationsquellen, konzentriert, sodass die Einstiegshürde zur Nutzung dieses Prozesses für Anwender möglichst gering ist.

Die vorliegende Dissertation leistet somit einen Beitrag zur Automatisierung und Objektivierung der Fabrikplanung. Dies ermöglicht besonders kleineren und mittelständischen Unternehmen diesen strategisch wichtigen Prozess unabhängiger durchführen zu können.

Abstract

Industrial site planning is a critical process for the success of manufacturing companies. The process of site selection is the first step of a factory planning project and, by setting the spatial framework conditions, has high influence on the later planning result. Nowadays the site planning process is mainly done manually and simplified by heuristics.

The present's work goal is the automation of time-consuming components of the location planning process. The solution idea consists of a combination of web technologies to reduce manual information gathering, standardization of location factors and location preferences to reduce complexity and smart algorithms to process the information objectively. This idea was implemented and tested in form of a software demonstrator. As a result, the planning speed can be increased, a larger number of potential locations can be integrated and evaluated in the selection process, and at the same time the quality and objectivity of the decision process can be increased. In order to enable a comprehensive usability for all factory planning projects, this thesis concentrates on freely available information sources, so-called open source information sources, so that the entry hurdle for the use of this process is as low as possible for users.

This dissertation thus contributes to the automation and objectification of factory planning. This enables especially small and medium-sized companies to carry out this strategically important process more independently.

Inhaltsverzeichnis

Abbildungsverzeichnis

Tabellenverzeichnis

Abkürzungen

Abkürzungen	
AAP	Außenanlagenplanung
API	Application Programming Interface (zu Deutsch: Programmierschnittstelle)
AHP	Analytical Hierarchy Process
AVIC	Aviation Industry Corporation of China (zu Deutsch: Gesellschaft für Luftfahrtindustrie in China)
BIMN	Business Process Modelling Notation (zu Deutsch: Geschäftsprozessmodell und -notation)
BMWi	Bundesministerium für Wirtschaft und Energie
BP	Best Practice (zu Deutsch: Vorbildliches Verfahren)
bspw.	beispielsweise
BWL	Betriebswirtschaftslehre
bzw	beziehungsweise
ca.	circa
CBR	Case Based Reasoning (zu Deustch: Fallbasiertes Schließen)
CMSD	Core Manufacturing Simulation Data
DevOps	Development and Operations (zu Deutsch: Entwicklung und Betrieb)
DFG	Deutsche Forschungsgesellschaft
d. h.	das heißt
ELECTRE	Elimination of Choice Translation Reality
ERP	Enterprise Resource Planning (zu Deutsch: Unternehmensressourcenplanung)
EXT	Externe Information
FANP	Fuzzy-Analytic Network Process (zu Deutsch: Fuzzy - Analytischer Netzwerkprozess)
FIS	Fuzzy-Interferenz - System
FSAWS	Fuzzy Simple Additive Weighting System (zu Deutsch: einfaches additives Fuzzy-Gewichtungssystem)

FTOPSIS	Fuzzy-Technique for Order of Preference by Similarity to Ideal Solution (zu Deutsch: Fuzzy - Verfahren für die Reihenfolge der Präferenz nach Ähnlichkeit mit der idealen Lösung)
GBA	Gründungs- und Bodenanalyse
ggf	gegebenenfalls
GIS	Geoinformationssystem
GP	Goal Programming (zu Deutsch: Zielprogrammierung)
GUI	Graphical User Interface (zu Deutsch: graphische Nutzerschnittstelle)
H-SI	Human-System Interface (zu Deutsch: Mensch-System Schnittstelle)
HTML	Hypertext Markup Language (zu Deutsch: Hypertext-Auszeichnungssprache)
ID	Identifikator
IDEF	Integration Definition Language (zu Deutsch: Integrierte Definitionssprache)
IE	Information Extraction (zu Deutsch: Informationsextraktion)
IKT	Informations- und Kommunikationstechnologie
IM	Informationsmanagement
Inf.	Information
IoP	Internet of Production (zu Deutsch: Internet der Produktion)
IP	Internet Protocol (Zu Deutsch: Internetprotokoll)
IR	Information Retrieval (zu Deutsch: Informationsabruf)
IS	Informationssystem
JITIR	Just in Time information retrieval
KMU	Kleine und mittlere Unternehmen
K.O.	Knock Out (zu Deutsch: Ausschluss)
LOD	Linked Open Data (zu Deutsch: vernetzte offene Daten)
Max	Maximal
MCDM	Multi-Criteria Decision System (zu Deutsch: Multikriterielles Entscheidungssystem)

MECE	Mutually Exclusive and Collective Exhaustive (zu Deutsch: Gegenseitig Exklusiv und Kollektiv Erschöpfend)
MEW	Multiplikative Exponentiale Gewichtung
Min	Minimal
MIT	Massachusetts Institute of Technology
MS	Microsoft
MVP	Minimal Viable Produkt (zu Deutsch: minimal brauchbares oder existenzfähiges Produkt)
NLP	Natural Language Processing (zu Deutsch: Natürliche Sprachverarbeitung)
NWA	Nutzwertanalyse
o. ä.	Oder ähnliches
PLM	Product Lifecyle Management (zu Deutsch Produktlebenszyklus-Management–System)
PwC	Pricewaterhouse Cooper
PRO	Produktanalyse
ROI	Return-on-Investment (zu Deutsch: Kapitalrendite)
ROP	Return-on-Planning (zu Deutsch: Planungsrendite)
STA	Standortplanung
SysML	Systems Modelling Language (Zu Deutsch: Systemmodellierungssprache)
TAM	Technologieakzeptanzmodell
TCP	Transmission Control Protocoll (zu Deutsch: Übertragungs-steuerungsprotokoll)
TOPSIS	Technique for Order of Preference by Similarity to Ideal Solution (zu Deutsch: Verfahren für die Reihenfolge der Präferenz nach Ähnlichkeit mit der idealen Lösung)
u. a.	unter anderem
UML	Unified Modeling Language (zu Deutsch: vereinheitlichte Modellierungssprache)
URI	Uniform Resource Identifier (zu Deutsch: einheitlicher Ressourcenkennzeichner)
uvw.	und viele weitere
VaR	Value-at-Risk (zu Deutsch: Risikowert)

VBA	Visual Basic Application
VDI	Verein Deutscher Ingenieure
vgl.	vergleiche
WWW	World Wide Web (zu deutsch weltweites Netz)
WZL	Werkzeugmaschinenlabor der RWTH Aachen
z. B.	zum Beispiel
ZPL	Zielplanung

1 Einleitung

1.1 Motivation

Wir leben in einem Zeitalter der Digitalisierung, die die Zukunft der Arbeit der Menschen verändert hat und auch zukünftig beeinflussen wird. Heutzutage stehen geeignete Mittel zur Verfügung, um nicht nur einen Großteil der heute manuellen Arbeit zu vereinfachen, sondern diese auch effizienter und wertschöpfender zu gestalten. Laut einer Studie von PricewaterhouseCoopers (PwC) aus dem Jahre 2015 wurden die zwischen 2010 und 2015 erreichten Effizienzsteigerungen sowie Kostenreduktionen durch die Einführung von Digitalisierungslösungen auf ca. 16 % geschätzt.[1] Dieser Trend hat sich in den nachfolgenden Jahren fortgesetzt und wurde vermutlich durch einschneidende Ereignisse, wie z. B. der internationalen Corona-Pandemie ab dem ersten Quartal 2020 mit einschneidenden Lockdowns, sogar noch verstärkt.

Treiber dieser Effizienzsteigerungen sind laut Bundesministerium für Wirtschaft und Energie (BMWi) technologische Trends, wie Mensch zu Maschine-Kommunikation und das Internet der Dinge.[2] Dieser Trend der Digitalisierung ist in der Produktionstechnik unter dem Schlagwort „Industrie 4.0“ bekannt. Es umfasst unter anderem die Digitalisierung und Vernetzung von Produkten, Geschäftsmodellen und Wertschöpfungsketten vom Produktentwurf bis hin zur Produktions- und Fabrikgestaltung. Getrieben wird diese Dynamik durch ein stetig steigendes Spektrum an Datenübertragungs- und Datenauswertungsmöglichkeiten.[3] Seit 2019 wird an der RWTH Aachen im Rahmen der DFG Exzellenzinitiative „Internet of Production (IoP)“ an einer verbesserten Nutzung von Daten in der Produktionstechnik durch ein übergreifendes Konsortium aus den Fachbereichen Ingenieurswesen, Mathematik und Informatik geforscht. Die Vision des Internet of Production (IoP) wurde dabei als „Die Ermöglichung einer neuen Ebene der domänenübergreifenden Zusammenarbeit durch die Bereitstellung semantisch adäquater und kontextbezogener Daten aus Produktion,

[1] Vgl. Koch Volkmar et al. (2014), Industrie 4.0, S. 8.
[2] Vgl. BMWi (2015), Industrie 4.0 und Digitale Wirtschaft, 8ff.
[3] Vgl. Bracht et al. (2018), Digitale Fabrik, 14f.

Entwicklung und Nutzung in Echtzeit, auf einer adäquaten Granularitätsebene."[4] definiert. Dabei wird für das Produktionsmanagement zum einen der Fokus auf die Erhöhung der Entscheidungs- und Umsetzungsgeschwindigkeit für kurzfristige operationale Entscheidungen und zum anderen die Steigerung der Entscheidungsqualität für langfristige strategische Entscheidungen gesetzt.[5] Mit Blick auf die Fabrikplanung hat sich in den letzten Jahren ein Trend zur verstärkten Digitalisierung und Automatisierung der Planung unter dem Schlagwort Integrated Factory Modelling (IFM) gebildet. Ziel dieses Ansatzes ist neben einer rein wissensbasierten Planung, Kollaboration, Flexibilität und Dynamik innerhalb des Prozesses von Anfang bis Ende zu verbessern. Dies wird durch eine stärkere Digitalisierung sowie der Schaffung einer Single Source of Truth als zentrale Informationsplattform während des gesamten Planungsprozesses erreicht.[6]

Die Standortplanung als erster Schritt im Rahmen der Fabrikplanung ist eine der langfristigsten und wichtigsten Entscheidungen für ein produzierendes Unternehmen.[7] Die Planung bildet die Voraussetzung für die Auslegung der zukünftigen Produktionsstätte mit einen Zielhorizont von 15 bis 30 Jahren[8]. Eine spezielle Herausforderung ist die hohe Informationsunsicherheit bei gleichzeitig hohem Zeitdruck im Rahmen der Suche[9]. Darüber hinaus bildet der Entscheidungsprozess für einen Standortfaktor aufgrund seiner hohen Komplexität und der Vielzahl der zu verarbeitenden Informationen eine große Herausforderung, welche bereits jahrzehntelang untersucht wird (siehe eine beispielhafte Auflistung bei TEMPELMEIER[10]). Um das hohe Maß an Komplexität beherrschen zu können, wurden in der Vergangenheit häufig Heuristiken herangezogen, um die Anzahl der betrachteten Standorte zu reduzieren.[11] Die meisten Ansätze basieren dabei auf einem schrittweisen Bewertungsvorgehen von der Makroebene (Kontinente/Länder), über eine Regionsebene zur Mikroebene (Standort). Die zusätzliche Regionsebene bestimmt mithilfe einer geringen Anzahl von Standortfaktoren relevante Regionen in einem Land, für welche individuelle Standorte gesucht und identifiziert werden. Durch dieses Verfahren werden jedoch Standortalternativen, welche z. B. in Randregionen liegen oder aufgrund anderer Standortfaktoren zu bevorzugen sind, frühzeitig ausgeschlossen und gar nicht betrachtet.

[4] Vgl. Schuh et al. (2019), Internet of Production, S. 534.
[5] Vgl. Schuh et al. (2019), Internet of Production, S. 538ff.
[6] Vgl. Burggräf et al. (2021), Burggräf, Dannapfel et al. 2021 – Integrated Factory Modelling, 90, 94, 96.
[7] Vgl. Grundig (2018), Fabrikplanung, S. 239.
[8] Vgl. Wiendahl et al. (2010), Handbuch Fabrikplanung, S. 9.
[9] Vgl. Krunke (2017), Reifegradmanagement in der Fabrikplanung, 24, 132f.
[10] Vgl. Tempelmeier (2018), Planung logistischer Systeme, S. 2ff.
[11] Vgl. Ulrich (2014), Heuristiken für kombinierte Standort-und Gebietsplanung, S. 2.

Somit kann immer nur ein lokales Optimum bestimmt werden. Darüber hinaus lässt sich ein psychologisches Phänomen in der Standortplanung wiederfinden, das sogenannte „Selection"-Bias. ZANKER und KINKEL bezeichnen dieses auch als „Following Customer"-Strategie. In diesem Fall wird keine eigenständige Standortauswahl vorgenommen, sondern es wird Kundenunternehmen an bestehende Standorte gefolgt, in der Annahme, dass diese auch ihre Anforderungen erfüllen werden.[12] Dies reduziert den Auswahlprozess auf ein Minimum. Hauptgrund für Vereinfachungen wie der genannten Heuristifizierungen ist der hohe planerische Aufwand, welcher sich aus der Beschaffung aller relevanten Informationen sowie der Verarbeitung dieser zu einer Entscheidungsempfehlung ergibt.

Laut einer Studie von MARCZINSKI aus dem Jahr 2005 verbringt ein Planer durchschnittlich 23 % seiner Arbeitszeit mit der Informationsbeschaffung sowie weitere 27 % mit der Dokumentation von Informationen. Überdies befragte MARCZINSKI Fachplaner zu ihrem Wahrnehmen sowie ihren Wünschen zur zeitlichen Nutzung ihres Arbeitstages (siehe Abbildung 1-1).[13] Daraus kann abgeleitet werden, dass der Großteil der Arbeit eines Planers heutzutage aus nicht wertschöpfenden Tätigkeiten besteht. Am Beispiel der Automobilproduktion wurde ermittelt, dass ca. 60 % der Arbeitszeit für die Informationsbeschaffung und Abstimmung aufgewendet wird. Jeweils 20 % werden der Planung sowie der Präsentation und Dokumentation gewidmet. Von den Mitarbeitern wird jedoch eine teils massive Reduzierung der Nebentätigkeiten, z. B. der Informationsbeschaffung um 80% gewünscht, welche eine Fokussierung auf die wertschöpfende Tätigkeit des Planens ermöglicht. Diese Zahlen können für eine besonders informationsintensive Tätigkeit wie der Standortplanung wahrscheinlich sogar noch höher ausfallen. BRACHT greift wenige Jahre später die Studie von MARCZINSKI auf und stellt fest, dass moderne Werkzeuge der digitalen Fabrikplanung zur umfassenden Vernetzung von digitalen Planungsmodellen, Werkzeugen und Methoden in der Planung die Arbeitszeiten des Planers signifikant beeinflussen können und somit eine Veränderung der Zeitverteilung eines Planers mit sich bringen.[14] BRACHT geht sogar noch einen Schritt weiter und schlägt eine Teilautomatisierung durch Assistenzsysteme und Workflow-Management-Systeme vor, um Planer weiter zu entlasten und damit den Fokus des Menschen auf Planung und Entscheidung zu legen[15]. Als Kernanforderung für solche Teilautomatisierungen sieht BRACHT eine zentrale Datenbasis, von Produktentwicklung über die Fabrikplanung bis

[12] Vgl .Zanker und Kinkel (2007), Internationale Produktionsstrategien bei Automobilzulieferern, S. 13.

[13] Vgl. Marczinski (2005), Digitale Fabrik.

[14] Vgl. Bracht et al. (2018), Digitale Fabrik, 9, 65-66.

[15] Bracht et al. (2018), Digitale Fabrik, S. 66ff.

zur Produktion.[16] Die Initiierung einer solchen Datenbasis würde aus Fabrikplanungssicht aus der Standortplanung erfolgen, da in dieser alle lokalen Standortinformationen gesucht und bewertet werden. Daher sollte in diesem Planungsschritt mit der Schaffung einer aussagefähigen Datenbasis begonnen werden, auf die weitere Planungsschritte aufbauen.

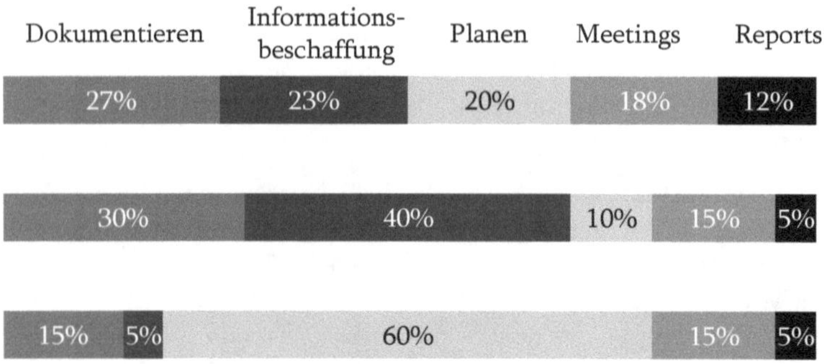

Abbildung 1-1: Arbeitszeitverteilung im Planungsprozess in Anlehnung an MARCZINSKI[17] und BRACHT[18]

Informationsbeschaffung ist ein Teilschritt im Rahmen des Informationsmanagements. Informationsmanagement fasst die Tätigkeiten Dokumentation, Bereitstellung und Beschaffung von Informationen und Daten, in diesem Fall für einen Planungsprozess, zusammen. Informationssysteme unterstützen bei der Verarbeitung der Daten und erleichtern die anschließende Entscheidungsfindung. Für die Fabrikplanung ist es relevant, ein konsequentes und durchgehendes Informationsmanagement zu betreiben.[19]

Im Vergleich zu einer laufenden Produktion, in der Output bzw. Effizienz ein Maß für Wertschöpfung sind, kann in der Planung und insbesondere in der Fabrikplanung keine einfache Messung der Wertschöpfung vorgenommen werden. BURGGRÄF entwickelte daher speziell für die Fabrikplanung den Return on Planning (ROP) als Analogie zum Return on Investment (ROI). Dieser misst den Planungsmehrwert als Quotient aus Planungseffizienz und Planungseffektivität im Rahmen des Planungskontextes. Die Planungseffizienz kann als Kostenfunktion verstanden werden, welche

[16] Bracht (2002), Ansätze und Methoden der Digitalen, S. 3ff.
[17] Vgl. Marczinski (2005), Digitale Fabrik.
[18] Vgl. Bracht et al. (2018), Digitale Fabrik, S. 65.
[19] Vgl. Krcmar (2015), Informationsmanagement, 34f.

durch den Planungsumfang, den Planungsinhalt sowie die Planungsintensität beschrieben wird. Die Planungseffektivität bildet die Nutzenfunktion ab und wird dabei nach den vier Zieldimensionen Investitionskosten, Planungsdauer, Wandlungsfähigkeit und Anpassungsgeschwindigkeit bemessen.[20] Ziel einer automatisierten Informationsbeschaffung ist eine Verkürzung der Planungszeit oder eine Verringerung der Planungskosten durch weniger benötigtes Personal. In beiden Fällen würde im Sinne des ROP die Planungseffizienz erhöht, da die Kosten der Planung reduziert werden. Folglich würde der ROP in Summe steigen.

Die vorliegende Arbeit nimmt sich diesen vorgestellten Problemstellungen an. Unter Berücksichtigung von praktischen und theoretischen Anforderungen wissenschaftlicher Modelle entwirft diese Arbeit ein Lösungsmodell im Sinne einer Systemarchitektur für die automatisierte Beschaffung und eine Bewertung dieser Informationen für die Standortplanung.

1.2 Zielsetzung der Arbeit

Das übergreifende Ziel dieser Arbeit ist die Entwicklung eines kombinierten Bewertungsmodells aus informations- und entscheidungstechnischen Modellen für die industrielle Standortplanung. Mithilfe dieser Zielsetzung soll die Heuristifizierung des Standortplanungsprozesses sowie der manuelle Aufwand der Planung signifikant reduziert werden. Darüber hinaus soll die Qualität des Standortentscheidungsprozesses signifikant verbessert werden, indem sowohl mehr Objektivität, als auch ein größeres Suchfeld betrachtet werden kann.

In Ausführungen zur Forschungsmethodik von KUBICEK wird empfohlen, Zielsetzungen in dezidierte Forschungsfragen umzuwandeln.[21] Daher kann die folgende Forschungsfrage sowie deren Unterfragen auf Basis der Problembeschreibung und der Zielsetzung definiert werden:

[20] Vgl. Burggräf (2012), Wertorientierte Fabrikplanung, S. 99ff.

[21] Vgl. Kubicek (1976), Heuristische Bezugsrahmen, S. 14.

Wie sieht ein teilautomatisiertes Systemkonzept für die industrielle Standortplanung mittels Web Technologien aus?

Auf Basis der zentralen Forschungsfrage ergeben sich logische Unterfragen, welche die relevanten Themenfelder abdecken, die zur Beantwortung der zentralen Forschungsfrage notwendig sind. Somit beschreiben diese Unterfragen auch die Struktur des Forschungsvorhabens:

- Wie sieht ein Systemkonzept zur Integration von Web Technologien zur (teil-)automatisierten Informationsbeschaffung in der Standortplanung aus?
- Wie muss ein Bewertungsmodell zur gemeinsamen Verarbeitung quantitativer und qualitativer Standortfaktoren gestaltet sein?
- Mit welchen Maßnahmen kann Nutzervertrauen sowie –akzeptanz, besonders im Hinblick auf die strategische Relevanz, verbessert werden?
- Wie hoch ist die Effizienz des neuen Systemkonzepts im Vergleich zu manuellen Standortplanungsprozessen?

1.3 Forschungskonzeption

Diese Arbeit stellt die Dokumentation wissenschaftlicher Ergebnisse dar, welche mit Hilfe eines strukturierten Forschungsprozesses gewonnen wurden. BINDER UND KANTOWSKY veranschaulichen den Prozess wissenschaftlicher Forschung mit dem Bild einer Reise.[22] Der Autor startet in diesem Bild seine Reise um neue Welten zu entdecken. Um dem Leser nicht nur über das Ergebnis der Reise ein besseres Verständnis zu geben, soll an dieser Stelle kurz ein Überblick über den Startpunkt (Wissenschafts-theoretischer Bezugsrahmen) sowie den Weg (forschungsmethodologisches Vorgehen) gegeben werden.

[22] Binder und Kantowsky (1996), Technologiepotentiale, S. 3f.

1.3.1 Wissenschaftstheoretischer Bezugsrahmen

Die beschriebene Forschungsfrage im Themenfeld der Fabrikplanung ist an der Schnittstelle von Ingenieurwissenschaften, Betriebswirtschaftslehre und Informatik angesiedelt. Nachfolgend soll eine Einordnung in die Wissenschaftssystematik vorgenommen werden, um eine angemessene Forschungsmethodik zu identifizieren.

Eine grundlegende Aufteilung der Wissenschaften wurde durch ULRICH in Formal- und Realwissenschaften vorgenommen (siehe Abbildung 1-2)[23]. Zu den Formalwissenschaften gehören zum Beispiel die Philosophie, die Logik oder die Mathematik, welche sich alle mit der Konstruktion von Sprachen, also mit Zeichensystemen bzw. den zugehörigen Regeln zur Verwendung dieser Zeichen, beschäftigen. Im Gegensatz dazu beschäftigen sich die Realwissenschaften mit empirischen, d. h. sinnlich wahrnehmbaren Ausschnitten der Wirklichkeit. Man unterscheidet die Realwissenschaften weiterhin in zwei Kategorien. Zum einen die Grundlagenwissenschaften, zu denen z. B. die Physik, die Chemie und die Biologie zählen, und zum anderen die angewandten Handlungswissenschaften. Das Hauptunterscheidungsmerkmal beider Subkategorien ist der Fokus auf theoretische bzw. praktische Zusammenhänge. Die Grundlagenwissenschaften fokussieren die Entwicklung von Erklärungsmodellen für die Wirklichkeit. Im Gegensatz dazu entwickeln die Handlungswissenschaften Entscheidungsmodelle und -prozesse auf Basis von wahrgenommenen Phänomenen zur Gestaltung von sozialen und technischen Systemen.[24]

[23] In Anlehnung an Ulrich und Hill (1976), Wissenschaftstheoretische Grundlagen der Betriebswirtschaftslehre, S. 305.

[24] In Anlehnung an Ulrich und Hill (1976), Wissenschaftstheoretische Grundlagen der Betriebswirtschaftslehre, S. 305ff.

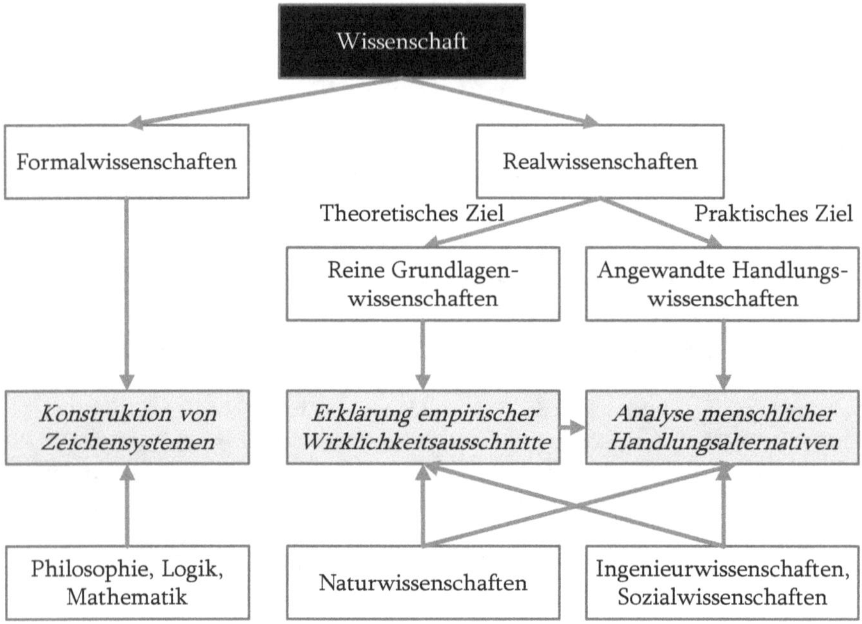

Abbildung 1-2: Wissenschaftssystematik nach ULRICH[25]

Die vorliegende Arbeit fällt in den Bereich der ingenieurwissenschaftlichen Forschung mit dem Ziel heutige Planungsprozesse zu verbessern. Die Idee hierzu entstand auf Basis von durchgeführten Industrieprojekten sowie Erfahrungsaustauschen mit Experten. Zielsetzung der Arbeit ist eine konkrete Lösung mit direktem Potenzial zur Umsetzung, woraus sich eine klare Einordnung in die Handlungswissenschaften ergibt.[26]

[25] In Anlehnung an Ulrich und Hill (1976), Wissenschaftstheoretische Grundlagen der Betriebswirtschaftslehre, S. 305.

[26] In Anlehnung an Ulrich et al. (1984), Management, S. 347.

1.3.2 Forschungsmethodologisches Vorgehen

Da es das Ziel dieser Arbeit ist, Wirklichkeitszusammenhänge innerhalb der industriellen Standortplanung zu verstehen und diese zu automatisieren, ist ein strukturiertes, forschungswissenschaftliches Vorgehen zu definieren. Dabei sei direkt zu Anfang darauf hingewiesen, dass sich die Methoden immer dem Ziel der Erkenntnisgewinnung unterordnen müssen. Daher wird im Rahmen dieser Arbeit nicht auf eine einzelne Methode, sondern eine Kombination von Methoden mit dem Ziel des optimalen Erkenntnisgewinns gesetzt. ULRICH weist in seiner Arbeit darauf hin, dass ein Forscher sein Verständnis nicht zwingend aus der Empirie ableiten soll, sondern vollständig und fortlaufend in Problemlösungsprozesse der Praxis eingebunden sein sollte.[27] KUBICEK schlägt in diesem Zusammenhang vor, die Entwicklung von wissenschaftlichen Aussagen als kontinuierlichen und iterativen Lernprozess anzusehen, welcher durch theoretische Intentionen geführt sowie auf praktischen Erfahrungen gegründet ist.[28] Darüber hinaus stellt er eine Konstruktionsstrategie für die empirische Forschung nach „Lösung[en] von Entscheidungsproblemen der betrieblichen Praxis“ vor[29]. Dazu müssen auf Basis von bestehendem Vorwissen des Autors systematisch Fragen an die Praxis formuliert werden. Hierzu wird der durch TOMCZAK[30] entwickelte Gedanke des explorativen Forschungszyklus als forschungsmethodische Orientierung genutzt (siehe Abbildung 1-3). Zentral für den explorativen Forschungszyklus ist der Aufbau eines heuristischen Bezugsrahmens, welcher zur Steuerung und als Orientierungshilfe für die zu erarbeitende Lösung dient. Den heuristischen Bezugsrahmen dieser Arbeit bildet die langjährige Tätigkeit des Autors als wissenschaftlicher Mitarbeiter in der Abteilung Fabrikplanung des Werkzeugmaschinenlabors WZL der RWTH Aachen. Im Rahmen dieser Tätigkeit war es dem Autor möglich, Erfahrungen durch zahlreiche Praxisprojekte, Arbeitskreistreffen und auf verschiedensten Fachveranstaltungen zu sammeln. Er kam dabei sowohl mit Experten aus der Praxis, als auch anderen Wissenschaftlern in Kontakt und konnte relevante Themenstellungen im Fachbereich der Fabrikplanung mit diesen gemeinsam aufstellen und diskutieren.

[27] Vgl. Ulrich et al. (1984), Management, S. 194f.

[28] Vgl. Kubicek (1976), Heuristische Bezugsrahmen, S. 13ff.

[29] Vgl. Kubicek (1976), Heuristische Bezugsrahmen, S. 5.

[30] Vgl. Tomczak (1992), Forschungsmethoden in der Marketingwissenschaft, S. 84.

Ein erster Einblick über den heuristischen Bezugsrahmen der vorliegenden Arbeit leitet sich aus der Motivation zu dieser Arbeit ab. Diese als Ausgangsbasis nehmend, kann nun festgehalten werden, dass es sich um das Ziel der Erkenntnisgewinnung (dem sogenannten Entdeckungszusammenhang[31]) für ein praktisches Problem handelt.

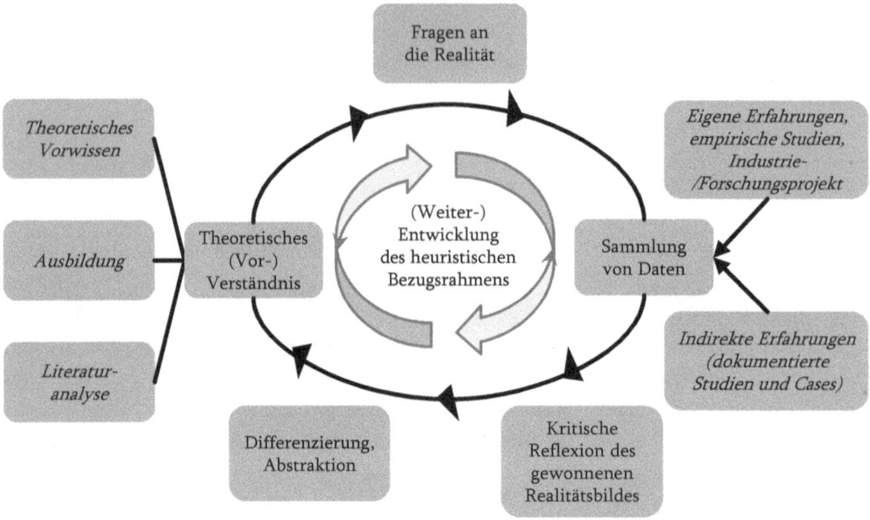

Abbildung 1-3: Explorativer Forschungszyklus in Anlehnung an TOMCZAK[32]

Im Rahmen seiner Tätigkeit als wissenschaftlicher Mitarbeiter hatte der Autor die Möglichkeit, Problemstellungen im Rahmen der Standortplanung in der Praxis zu erleben und mit Experten aus verschiedenen Branchen in Austausch zu treten. Dies zusammen mit einer tiefgründigen Untersuchung der wissenschaftlichen Literatur bildet das Problemverständnis des Autors. Dieses wird in Kapitel 2 und 3 wiedergegeben und bildet die Grundlage für das aufzubauende Lösungsmodell in Kapitel 4 und 5. In diesen Kapiteln wird die technische Antwort auf die Forschungsfrage entwickelt sowie Funktionalitäten im Detail begründet (sogenannter Begründungszusammenhang[33]). Da es sich um ein praktisches Problem handelt, steht der Anwendungsbezug im Fokus, weshalb ein Demonstrator in Kapitel 6 aufgebaut wird, um ebendiesen sicherzustellen (dem sogenannten Verwendungszusammenhang[34]).

[31] Vgl. Ulrich und Hill (1976), Wissenschaftstheoretische Grundlagen der Betriebswirtschaftslehre, S. 306.
[32] In Anlehnung an Tomczak (1992), Forschungsmethoden in der Marketingwissenschaft, S. 84.
[33] Vgl. Ulrich und Hill (1976), Wissenschaftstheoretische Grundlagen der Betriebswirtschaftslehre, S. 306.
[34] Vgl. Ulrich und Hill (1976), Wissenschaftstheoretische Grundlagen der Betriebswirtschaftslehre, S. 307.

Dieser Demonstrator kann direkt als Grundlage für weitere Verwertungen an anknüpfende Forschung verwendet werden.

1.4 Aufbau der Arbeit

Die vorliegende Arbeit gliedert sich in sieben Kapitel, welche im Folgenden kurz vorgestellt werden und in Abbildung 1-4 übersichtlich zusammengefasst sind. Im ersten Kapitel wurde die Motivation sowie die wissenschaftliche Konzeption der vorliegenden Arbeit vorgestellt. Darüber hinaus wurde eine Forschungsfrage inklusive relevanter Unterfragen für diese Arbeit hergeleitet und definiert, welches es in den folgenden Kapiteln zu erarbeiten und zu beantworten gilt.

Dafür werden in Kapitel 2 die relevanten Grundlagen zur Erschließung der Forschungsfrage gelegt. Zuerst wird eine kurze Einführung in den Betrachtungsrahmen Fabrikplanung gegeben sowie die industrielle Standortplanung spezifiziert. Somit ist der Rahmen für diese Arbeit gesetzt. Darauf aufbauend werden zwei Themenbereiche eingeführt, welche zur Erarbeitung der Forschungsfrage als grundlegend betrachtet werden müssen. Im ersten Themenbereich, dem Informationsmanagement, wird zunächst der Begriff der Information sowie das sie umgebende Konstrukt von Daten und Wissen aufgebaut. Darauf aufbauend wird auf das Management von Informationen sowie im Detail auf den Teilschritt der Informationsbeschaffung eingegangen. Abgeschlossen wird dieser Themenbereich mit einer detaillierten Betrachtung von Technologien zur Beschaffung und Extraktion von Daten und Informationen aus Internetquellen sowie der Bewertung von Informationen. Das zweite Themenfeld befasst sich mit den Grundlagen des Entscheidungsmanagements. Dafür wird zuerst eingeleitet, was eine Entscheidung ist und welche Entscheidungstypen zu unterscheiden sind. Im Anschluss werden verschiedene analytische und heuristische Verfahren zur Lösung von komplexen Entscheidungsproblemen vorgestellt. Abgerundet wird dieser Themenbereich mit einem kurzen Exkurs zum Thema Vertrauen in Entscheidungsmethoden mit einem Fokus auf technisch unterstützte Entscheidungen. Abgeschlossen wird dieses Kapitel mit einem kurzen Zwischenfazit, welches die beiden Themenbereiche mit dem Bezugsrahmen in Kontext setzt und die Inhalte der nachfolgenden Kapitel damit einleitet.

Das dritte Kapitel hat zum Ziel, den Stand der Technik zu den in Kapitel 2 vorgestellten Themengebieten für den Bezugsrahmen der industriellen Standortplanung wiederzugeben. Dafür wurden im Rahmen dieser Arbeit zwei strukturierte Literaturrecherchen durchgeführt. Das Verfahren dieser Recherchen wird im Anhang kurz und übersichtlich dargestellt. Daher kann in Kapitel 2 direkt auf die spezifischen Ergebnisse für beide Themenbereiche eingegangen werden. Im Bereich des Informationsmanagements werden verschiedene Ansätze zur Beschaffung von Informationen zum einen in der Standortplanung und zum anderen mittels Web Technologien untersucht. Die genutzten Technologien und Prozesse werden als Grundlage herangezogen. Im Bereich der Entscheidungsverfahren werden Ansätze zur Nutzung der in Kapitel 2 vorgestellten Ansätze im Rahmen der Standortplanung betrachtet. Dabei wird sich besonders auf die Entscheidungsmethoden AHP und Fuzzy-Logik sowie auf die Kombination von beiden fokussiert. Aufgrund der Ergebnisse der Recherchen wurde anschließend eine Expertenumfrage durchgeführt, welche neben dem theoretischen Stand der Technik einen Zusammenhang zur Praxis bringt. Das Kapitel schließt mit einem Zwischenfazit über den Handlungsbedarf aus Sicht von Theorie und Praxis.

Auf Basis dieses Handlungsbedarfs werden in Kapitel 4 erst relevante Anforderungen an ein Lösungsmodell basierend auf der Systemtheorie sowie des Bezugsrahmens definiert und erläutert. Darauf aufbauend wird ein Lösungsmodell zur Lösung des Handlungsbedarfs unter Einbezug der Anforderungen konzipiert. Dieses Lösungsmodell stellt den grundsätzlichen Aufbau sowie die relevanten Zusammenhänge im Lösungsmodell dar, sodass die vorab definierten Anforderungen erfüllt werden können. Dieses Grobkonzept bildet die Voraussetzung für die detaillierte Beschreibung des Lösungsmodells im folgenden Kapitel.

In Kapitel 5 wird nun im Detail auf das Lösungsmodell eingegangen. Dafür wird dieses schrittweise aufgebaut, angefangen mit einer Betrachtung der relevanten Standortfaktoren auf Basis einer Vorgabe einer VDI-Arbeitsgruppe. Diese werden vorbereitend analysiert, wobei ein Fokus auf frei zugänglichen Informationen aus Open Source-Datenbanken gelegt wird. Darüber hinaus wird am Anfang des Kapitels ein Vorgehen zur Umsetzung und kontinuierlichen Weiterentwicklung dieses Ansatzes mittels DevOps (Development and Operations) vorgestellt. Das Kapitel ist als einfacher Durchlauf der DevOps-Methodik konzipiert.

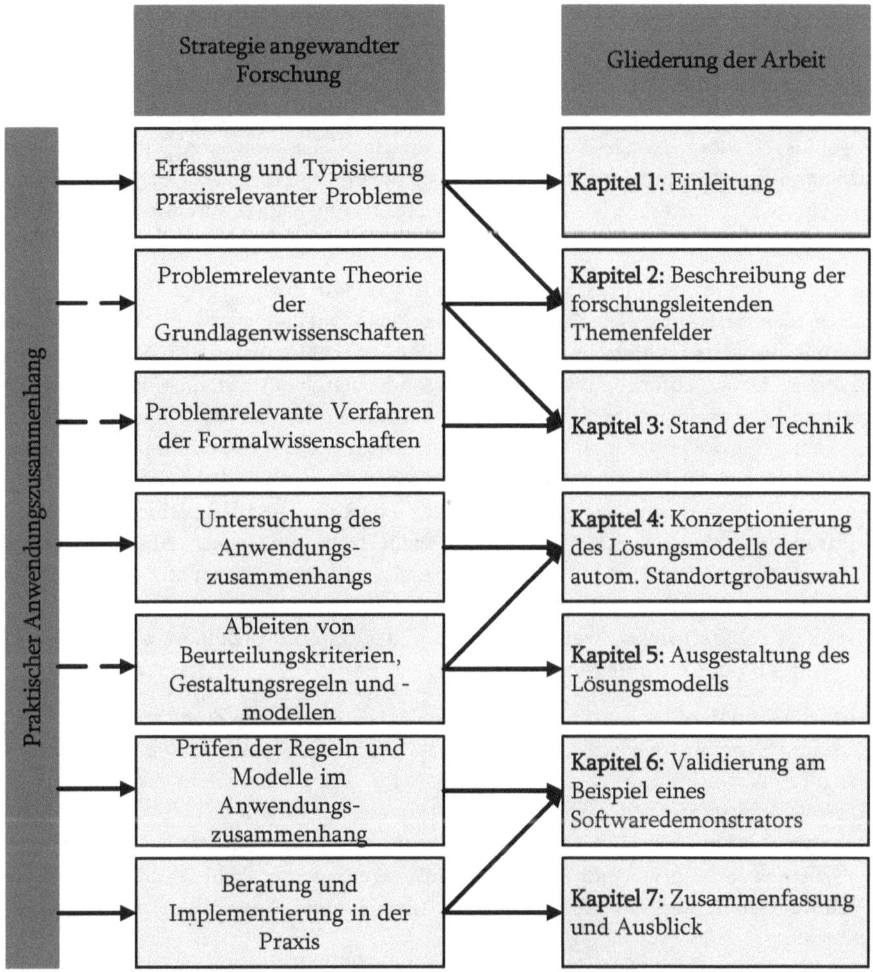

Abbildung 1-4: Aufbau der Arbeit basierend auf der Strategie angewandter Forschung[35]

[35] In Anlehnung an Ulrich et al. (1984), Management, S. 193.

Aufbauend auf dieser Vorbereitung wird schrittweise ein Entscheidungsunterstützungsmodell auf Basis der Fuzzy-Logik und Web Technologien aufgebaut. Diese werden in diesem Kapitel fokussiert dargestellt und bilden den Kern und die Innovation dieser Arbeit. Darüber hinaus werden weitere Methoden zur Analyse des Ergebnisses des Entscheidungsunterstützungsmodells sowie Optimierung zur stärkeren Reduzierung des Nutzeraufwands bzw. Optimierung der Nutzerfreundlichkeit entwickelt und erläutert. Das hier theoretisch aufgebaute Lösungsmodell stellt die Grundlage für die Umsetzung in Kapitel 6 als praktische Validierung dar.

In Kapitel 6 wird die Entwicklung eines Softwaredemonstrators des Lösungsmodells mit 25 Standortfaktoren aus fünf unterschiedlichen Quellen vorgestellt. Dafür werden anfangs die Entwicklungsumgebung und Rahmenbedingungen des Demonstrators umrissen. Darauf aufbauend werden die Besonderheiten des Demonstrators sowie die gesetzten Limitationen im Vergleich zum Lösungsmodell hervorgehoben. In diesem Zusammenhang werden auch Details sowie Herausforderungen und Probleme im Zuge der Umsetzung des Demonstrators erläutert sowie Lösungsmöglichkeiten präsentiert. Auch wird ein Berechnungsbeispiel der Fuzzy-Logik mit einer beispielhaften Auswahl an Standortfaktoren durchgeführt. Der Demonstrator wird nach Abschluss seiner Entwicklung mit Experten für industrielle Standortplanung begutachtet und bewertet. Mithilfe der Experten werden durch einen Fragebogen die Anforderungen aus Kapitel 4 validiert. Diese werden zum Ende des Kapitels detailliert betrachtet und hinsichtlich ihres Erfüllungsgrads bewertet.

Abschließend wird im letzten Kapitel dieser Arbeit eine kurze Zusammenfassung des Forschungsvorgehens sowie der Ergebnisse gegeben. Dazu wird die in Kapitel 1 gestellte Forschungsfrage herangezogen. Es wird geprüft, inwiefern die Forschungsfrage als beantwortet gelten kann. Es wird dezidiert auf weiteren Forschungsbedarf im Rahmen des Forschungskontextes eingegangen sowie die Qualität des Forschungsvorgehens zur Beantwortung der Forschungsfrage bewertet. Schlussendlich wird ein Fazit vorgestellt und ein kurzer Ausblick über weitere Anwendungsmöglichkeiten gegeben.

2 Beschreibung der forschungsleitenden Themenfelder aus Sicht der Praxis

Das nun folgende Kapitel gibt einen Überblick über alle wesentlichen Grundlagen und Begrifflichkeiten der Standortplanung sowie aller weiteren relevanten Themenfelder für diese Arbeit. Dafür wird in Kapitel 2.1 die Fabrikplanung zur übergreifenden Einordnung der Standortplanung vorgestellt. Anschließend wird auf diese in Kapitel 2.2 tiefer eingegangen, indem Zielsetzung, Planungsvorgehen sowie Standortfaktoren im Detail erläutert werden. Mit diesem Verständnis über den Bezugsrahmen wird im nächsten Schritt in Kapitel 2.3 die Brücke zum Themenfeld des Informationsmanagements geschlagen. Für dieses wird zuerst eine Definition des Begriffs „Information" erarbeitet. Darauf aufbauend wird eine Detaillierung in den Themenfeldern Informationsmanagement sowie Informationsbeschaffung im Sinne der Informationsextraktionsmethodik gegeben. Abschließend wird eine kurze Einführung in Konzepte zur Bewertung von Informationen vorgestellt. Abgerundet wird dieses Kapitel mit einer Einführung in das Entscheidungsmanagement in Kapitel 2.4. Es wird zuerst eine kurze Einführung gegeben, was Entscheidungsmanagement bedeutet. Darauf aufbauend wird eine Eingrenzung von sowohl analytischen, als auch heuristischen Entscheidungsverfahren sowie entsprechende Methoden vorgestellt. Diese konkreten Methoden zur Entscheidungsfindung bilden die Grundlage für die weiteren Arbeiten in den folgenden Kapiteln. Mit Hinblick auf den strategischen Charakter einer Standortentscheidung wird im Rahmen eines kurzen Exkurses noch das Thema Vertrauen in Entscheidungsmethoden präsentiert, in welchem besonders der Fokus auf automatisierte Entscheidungsunterstützung gelegt wird.

2.1 Grundlagen der Fabrikplanung

Der zentrale Bezugspunkt dieser Arbeit ist die Fabrikplanung. Unter diesem Fachbereich werden verschiedene Teilprozesse zusammengefasst, welche alle das Ziel verfolgen eine Fabrik vollständig zu planen. Der Prozess der Fabrikplanung kann generell als Investitionsprozess bezeichnet werden, in welchem methodisch wirtschaftliche Möglichkeiten für Standort, Werksstruktur, Gebäudestruktur und Produktionsprozesse erarbeitet und bewertet werden.[36]

Fabrikplanung wird laut VDI-Norm 5200 definiert als:[37]

„Systematischer, zielorientierter in aufeinander aufbauenden Phasen strukturierter und unter Zuhilfenahme von Methoden und Werkzeugen durchgeführter Prozess zur Planung einer Fabrik von der Zielfestlegung bis zum Hochlauf der Fabrik“

Die Fabrik als zentrales Element der Fabrikplanung wird dabei als Ort der Herstellung von industriellen Gütern unter Einsatz von Produktionsfaktoren definiert.[38] In anderen Definitionen wird die Begriffsdefinition um den Bau sowie die Inbetriebnahme der Fabrik erweitert.[39] Im Rahmen eines Planungsprozesses für eine Fabrik wird diese ganzheitlich und als Gesamtsystem betrachtet, um die unterschiedlichen Zielsetzungen, welche an die Fabrik gestellt werden, zu erfüllen.[40] Das Zielsystem jeder Fabrikplanung ist individuell. Dieses variiert abhängig vom Zielunternehmen sowie dem Planungsfall. Mögliche Planungsfälle werden im Anschluss kurz vorgestellt. Übergreifend können jedoch vier Zielfelder genannt werden, welche in Planungen meist genutzt und betrachtet werden: Wirtschaftlichkeit, Flexibilität und Wandlungsfähigkeit, Attraktivität sowie Energie- und Ressourceneffizienz.[41]

Aufgrund der hohen Komplexität und vielen Projektbeteiligten, wird die Planung in verschiedene Aufgaben geteilt. Übergeordnete Teilaufgaben sind dabei die Standortauswahl, die Gebäudeplanung und –anordnung sowie die Gestaltung von Produktions-, Logistik und Nebenprozessen sowie das Projektmanagement.[42] Die genau zu bearbeitenden Aufgaben sind neben dem Zielsystem auch stark vom Planungsfall abhängig. Planungsfälle unterscheiden sich abhängig von ihrem

[36] Vgl. Grundig (2018), Fabrikplanung, S. 11.
[37] VDI 5200 Blatt 1. (2011-02-00) VDI-11, S. 3.
[38] Vgl. VDI 5200 Blatt 1. (2011-02-00) VDI-11, S. 1.
[39] Vgl. VDI 5200 Blatt 1. (2011-02-00) VDI-11, S. 2.
[40] Vgl. Pawellek (2014), Ganzheitliche Fabrikplanung, S. 17f.
[41] Vgl. Grundig (2018), Fabrikplanung, S. 12; Wiendahl et al. (2014), Handbuch Fabrikplanung, S. 80.
[42] Vgl. Grundig (2018), Fabrikplanung, S. 1.

Ausgangspunkt sowie ihrer Tiefe. Die Literatur unterscheidet fünf grundlegende Planungsfälle:[43]

- Neuplanung (Greenfield): Planung eines (idealen) Fabrikneubaus als klassischer Grundfall der Fabrikplanung. Dieser Fall zeichnet sich durch die wenigsten Restriktionen und Auflagen aus.
- Umplanung (Brownfield): Im Rahmen von Umplanungen wird eine bestehende Fabrik an neue Rahmenbedingungen angepasst. Dabei stellen besonders bestehende Restriktionen und Produktionsfaktoren eine Herausforderung dar. Da dieser Planungsfall in operativen Fabriken häufig zur Regel wird, spricht man auch von „rollender Fabrikplanung“
- Erweiterung: In diesem Planungsfall wird an bestehenden Standorten eine Erweiterung vorgenommen. Ziel ist dabei meist die Vergrößerung bestehender Kapazitäten oder die Integration eines neuen Produkts. Dabei wird unterschieden, ob dies durch eine verbesserte Nutzung bestehender Flächen oder durch Akquisition von Nachbarflächen umgesetzt wird.
- Rückbau: Dieser Grundfall fokussiert die Stilllegung und Demontage einer Fabrik in Vorbereitung auf eine spätere Nutzung. Dieser Fall ist eine Vorbereitung für einen potenziellen Planungsfall Revitalisierung.
- Revitalisierung: In diesem Fall wird ein nicht mehr bewirtschaftetes Gelände für eine zukünftige (industrielle) Nutzung umgestaltet und saniert. Dieser Planungsfall ist in der Praxis noch wenig verbreitet, könnte jedoch durch zukünftig steigende Flächenrestriktionen von Regierungen relevanter werden.

Zur Umsetzung der verschiedenen Planungsfälle existieren in der Literatur verschiedenste Planungsprozesse, jedoch folgen alle einem grundlegenden Schema. Die VDI 5200 nimmt eine Unterteilung in vier Planungsphasen auf bis zu fünf Planungsebenen vor. Diese wurde in Abbildung 2-1 visualisiert. Zusätzlich definiert die Norm Planungsgrundlagen als Eingangsgröße sowie ein angestrebtes Planungsergebnis, welches den angestrebten Leistungsumfang beschreibt.[44]

[43] Vgl. VDI 5200 Blatt 1. (2011-02-00) VDI-11, S. 17ff.; Grundig (2018), Fabrikplanung, S. 4.

[44] Vgl. VDI 5200 Blatt 1. (2011-02-00) VDI-11, 5f.

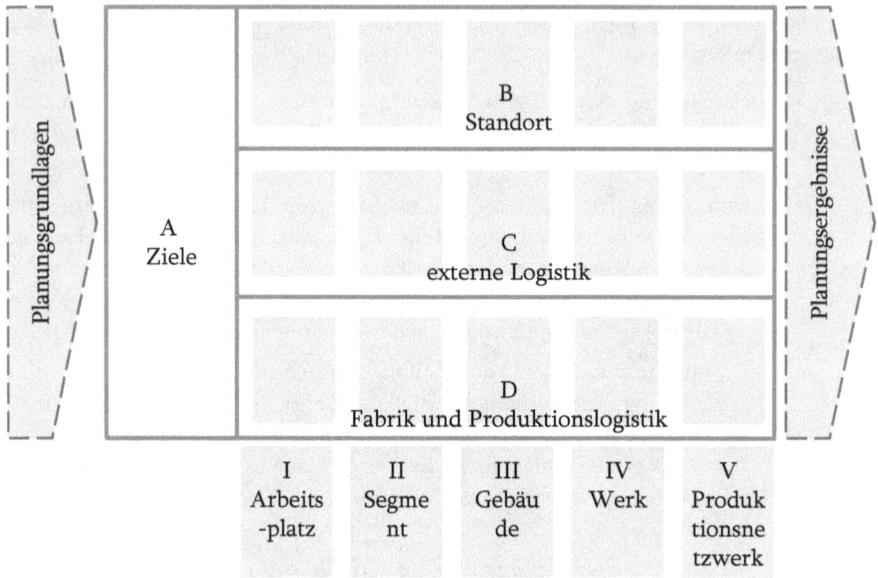

Abbildung 2-1: Planungsbereiche und -ebenen[45]

Innerhalb der Planungsphasen wird jeweils von grob nach fein geplant. Sub-Prozesse zur Erarbeitung und Definition der Planungsinhalte werden in jedem Bereich und Abschnitt abgearbeitet. Besonders interessant an diesem Planungsvorgehen ist das außerordentliche Hervorheben der Standortsuche und -auswahl im Planungsbereich B (siehe Abbildung 2-1). Als weiteres Vorgehen zur Einordnung der Standortplanung innerhalb der Fabrikplanung kann das Aachener Fabrikplanungsvorgehen nach MECKLENBORG[46] und NÖCKER[47] herangezogen werden. Im Rahmen des Vorgehens werden Arbeitspakete, sogenannte Planungsmodule, definiert, welche individuell für jeden Planungsfall konfiguriert sowie einfach oder mehrfach durchlaufen werden können. SCHUH ET AL. definieren in diesem Zusammenhang auch kommunale Planungsmodule, zu denen auch das Modul der Standortplanung gehört.[48]

[45] VDI 5200 Blatt 1. (2011-02-00) VDI-11, S. 6.
[46] Vgl. Meckelnborg (2015), Integrative Fabrikplanung durch effiziente Koordinationsmodelle.
[47] Vgl. Nöcker (2012), Zustandsbasierte Fabrikplanung.
[48] Vgl. Meckelnborg (2015), Integrative Fabrikplanung durch effiziente Koordinationsmodelle, S. 115.

Jedes Planungsmodul hat im Aachener Fabrikplanungsvorgehen den gleichen Aufbau. Ein Modul besteht aus einem Informationseingang aus anderen bzw. vorherigen Planungsmodulen, einem Informationseingang für externe Informationen sowie einem Informationsausgang in nachfolgende Planungsmodule.[49] Das entsprechende Modul für die Standortplanung ist in Abbildung 2-2 dargestellt. Besonders an diesem Modul ist, im Vergleich zu anderen Planungsmodulen, die hohe Anzahl an externen Informationen sowie die geringe Anzahl an eingehenden, internen Informationen. Im Gegensatz dazu kann die Layoutplanung genannt werden. Im Rahmen dieser werden Erkenntnisse aus Produktionsprozess, benötigten Kapazitäten, Segmentierungen zusammengeführt und zu Layoutvarianten verarbeitet.[50] Diese müssen jedoch gegebene Restriktionen beachten, welche u.a. durch die Standortplanung direkt (z. B. durch die Topologie) oder indirekt (z. B. behördliche Auflagen zum Grundstück) die Layoutplanung einschränken.

Hervorzuheben ist, dass die Standortplanung nicht in jedem Planungsfall relevant ist. Wenn diese jedoch relevant ist, kann aus dem Aachener Fabrikplanungsvorgehen entnommen werden, dass dieses einen weitreichenden Einfluss hat. Der Standort legt maßgebliche Restriktionen für die weiterführende Planung, aber auch für die strategische Unternehmensentwicklung fest. Aus diesem Grund wird dem Planungsschritt der Standortauswahl auch eine besondere Bedeutung zugemessen und ein Fokus auf analytische Methoden für diese gesetzt.[51]

Eine Herausforderung, auch in der Wissenschaft, ist an dieser Stelle die Zahl und Art der Beteiligten im Auswahlprozess. Neben einer planerischen Betrachtung beschäftigen sich die Disziplinen der Wirtschaftsgeografie sowie der Betriebswirtschaft (BWL) mit dem Prozess der Standortauswahl.[52] Im Folgenden wird tiefergehend auf das Vorgehen zur Standortauswahl eingegangen.

---

[49] Vgl. Nöcker (2012), Zustandsbasierte Fabrikplanung, S. 134.

[50] Vgl. Burggräf et al. (2021), Burggräf, Koch et al. 2021 – Layoutplanung, S. 409.

[51] Vgl. Meckelnborg (2015), Integrative Fabrikplanung durch effiziente Koordinationsmodelle, S. 144f.

[52] Vgl. Ottmann und Lifka (2010), Methoden der Standortanalyse, S. 2.

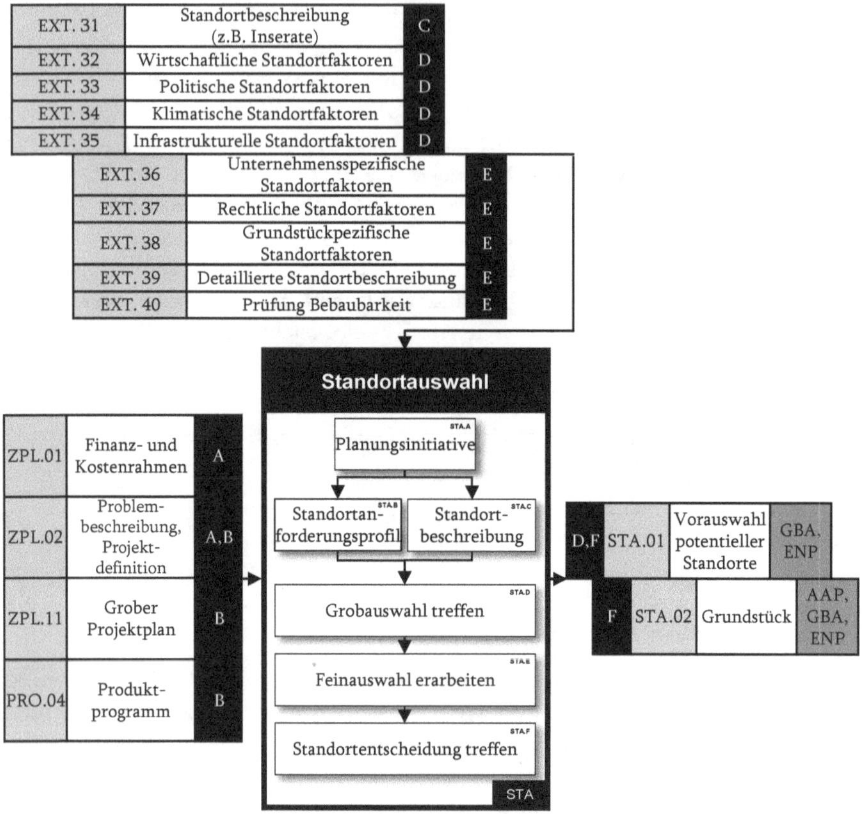

Abbildung 2-2: Erweitertes Modul „Standortplanung" aus dem Aachener Fabrikplanungsvorgehen[53]

[53] In Anlehnung an Nöcker (2012), Zustandsbasierte Fabrikplanung, S. 145; Schuh et al. (2011), Condition based factory planning, S. 8.

2.2 Standortplanung als essenzieller Planungsschritt innerhalb der Fabrikplanung

Die Standortauswahl und -planung ist ein essenzieller Teilschritt einer Fabrikplanung. Die Basis für eine Planungsinitiative ist immer eine strategische Betrachtung des Produktionssystems, auch Netzwerkbetrachtung genannt. OTTMANN bezeichnet dies als „Verbesserung der betrieblichen Standortausnutzung“ [54]. Im Rahmen des Prozesses wird geprüft, inwiefern bestehende Standorte optimiert werden können bzw. ob neue Standorte als Ressource notwendig sind.[55] Dies zeigt, dass eine Standortplanung verschiedene Motivationen haben kann. Man unterscheidet klassischerweise unternehmensinterne oder unternehmensexterne Gründe. Beispiele für unternehmensinterne Gründe sind z. B. die Neustrukturierung von Unternehmensteilen oder die Umstellung des Produktionskonzepts. Beispiele für unternehmensexterne Gründe sind gesetzliche Auflagen (Zölle oder Umweltauflagen) oder marktseitige Anforderungen (Absatz oder reduzierte Lieferzeiten).[56] Im Vergleich zu Planungsprojekten an bestehenden Standorten ist für einen neuen Standort und daher auch für die Standortplanung die Einbindung in das bestehende Produktions- und Logistiknetzwerk inklusive des Lieferantennetzwerks entscheidend.[57] In diesem Sinne kann die Standortplanung auch als Brücke zwischen dem Produktionsnetzwerkdesign und der detaillierten Fabrikausgestaltung angesehen werden.[58]

Die Entscheidung für einen spezifischen Standort hat weitreichende Auswirkungen auf den langfristigen Erfolg eines Unternehmens. Dies hängt neben dem Nutzungszeitraum einer Industrieimmobilie, welche in der Literatur mit zehn bis dreißig Jahren angegeben ist, auch an der hohen Kapitalbindung, welche mit der Investition in einen neuen Standort einhergeht.[59] Darüber hinaus kann die Entscheidung für einen Standort im Nachhinein nur sehr schwierig bzw. nur unter hohen Verlusten zurückgenommen werden. Daher kann die Standortentscheidung als Entscheidung mit einem hohen unternehmerischen Gesamtrisiko angesehen werden. Somit sollte das Problem der Standortentscheidung auch als klassisches Entscheidungsproblem angesehen und als solches bearbeitet werden. Diverse Prozesse und Methoden wurden bereits

[54] Vgl Ottmann und Lifka (2010), Methoden der Standortanalyse, S. 1.

[55] Vgl. Ottmann und Lifka (2010), Methoden der Standortanalyse, S. 6.

[56] Vgl. VDI-Fachausschuss Fabrikplanung (2012), Strategien und nachhaltige Wirtschaftlichkeit, S. 5.

[57] Vgl. Schuh (2005), Fabrikplanung in Zeiten der Globalisierung, S. 174.

[58] Vgl. Grundig (2018), Fabrikplanung, S. 239.

[59] Vgl. Pawellek (2014), Ganzheitliche Fabrikplanung, S. 116; Owen und Daskin (1998), Strategic facility location, S. 423f.

entwickelt, um eine sorgfältige und weitsichtige Bewertung der verfügbaren Standortalternativen zu ermöglichen.[60] Als Standortalternativen werden in diesem Zusammenhang alle möglichen und verfügbaren Standorte im Suchraster, ergo dem vom Unternehmen angestrebten physischen Standort, verstanden.[61]

2.2.1 Planungsablauf der Standortplanung

Das Prozessmodell der Standortplanung gliedert sich grundsätzlich in fünf Phasen bzw. sechs Schritte (siehe Abbildung 2-3). In der Literatur können verschiedene Ansätze identifiziert werden, welche sich jedoch nur geringfügig voneinander unterscheiden.[62] Grundsätzlich wird in allen Ansätzen zwischen einer strategischen und einer operativen Komponente unterschieden.[63] Im Folgenden wird der generelle Prozess der Standortplanung vorgestellt.

In einem initialen Schritt erfolgt eine strategische Bewertung des Bedarfs für eine Standortveränderung. Dafür wird zuerst auf Unternehmensebene eine Standortstrategie entwickelt sowie die dafür benötigten Grundlagen ermittelt. Essenzielle Grundlagen dafür sind auf der einen Seite die Unternehmensziele sowie die übergreifende Unternehmensstrategie. Im Rahmen der Unternehmensstrategie sollte für jedes Geschäftsfeld eine Geschäftsfeldstrategie definiert sein. Die Unternehmensziele und -strategie dienen als wichtige Einfluss- und Eingangsgrößen bei der Standortplanung. Auf Basis der Unternehmensstrategie können die Rahmenbedingungen für die Standortstrategie entwickelt werden. Diese bilden die Grundlage für die Suche nach einem neuen Produktionsstandort.[64] Vorab der Nutzung ist eine Prüfung der Aktualität der Strategie zu empfehlen. Klassischerweise sollte diese in regelmäßigen Abständen durch die Geschäftsführung bzw. die Leitung des Produktionswerkes vorgenommen werden. Die Evaluierung der richtigen Ziele auf Unternehmensebene ist entscheidend, um die korrekten Ausgangsrahmenparameter für die Standortplanung zu definieren und eine Änderung im späteren Planungsverlauf zu vermeiden.

Wenn die Eingangsgrößen geprüft sind, wird als erster Schritt eine Standortstrategie für den zukünftigen Standort erstellt. Grundlage für diese sind das (angestrebte)

[60] Vgl. VDI-Fachausschuss Fabrikplanung (2012), Strategien und nachhaltige Wirtschaftlichkeit, S. 3.
[61] Vgl. Ottmann und Lifka (2010), Methoden der Standortanalyse, S. 4ff.
[62] Bspw. Grundig (2018), Fabrikplanung, S. 263ff.; VDI-Fachausschuss Fabrikplanung (2012), Strategien und nachhaltige Wirtschaftlichkeit, S. 8ff.; Schulte (2017), Strategische Standortplanung, S. 285ff.; Hummel (1997), Internationale Standortentscheidung.
[63] Vgl. Schulte (2017), Strategische Standortplanung, S. 286.
[64] Vgl. VDI-Fachausschuss Fabrikplanung (2012), Strategien und nachhaltige Wirtschaftlichkeit, S. 9ff.

Produktportfolio, Prozesse sowie das Produktions- und Lieferantennetzwerk. Da ein häufiger Auslöser ein neues Produkt bzw. eine neue Produktgeneration ist, sind besonders die Betrachtung von Kommunalitäten auf Produkt- und Prozessebene entscheidend.[65] Bei der Umsetzung der Standortstrategie wird zwischen Neubau, Ausgliederung, Verlagerung, Dezentralisierung, Konzentration, Standortwechsel, Stilllegung oder Teilstillegung unterschieden.[66] Abhängig von der Strategie können Bestandteile der Standortstrategie eines anderen Standorts übernommen werden. Essenziell dafür ist, dass sich diese in die übergreifenden Netzwerkstrategie einfügt sowie die Beachtung von spezifischen Anforderungen für alle Standorte auf Basis der Standortstrategie.[67] Die Literatur nennt vier klassische Standortstrategiemuster: die Markterschließung, die Kostenreduktion, die „Following-Customer"-Strategie und die Technologieerschließung.[68] Eine Möglichkeit der Analyse und Entwicklung einer Standortstrategie bietet bspw. das „Global Footprint"-Design, welches die Konsolidierung der Auslandaktivitäten in den Mittelpunkt stellt und durch eine Eliminierung von Ineffizienz die Wirtschaftlichkeit des Unternehmens gewährleistet. Als Ergebnis beinhaltet der Global Footprint die Auswahl eines Konzepts für die optimale Wertschöpfungsverteilung auf vorhandene und neue Standorte.[69] Die anschließende systematische Standortwahl erfolgt auf Basis der Standortstrategie für den neuen Standort.

In Schritt zwei wird die Standortstrategie übersetzt: Zum einen in die Standortbeschreibung und zum anderen in das Standortanforderungsprofil. Das Anforderungsprofil enthält die Standortkriterien, die für das Unternehmen relevant sind. Eine Ausgangsbasis zur Definition der Standortkriterien bietet die Literatur. Dabei ist es wichtig, nicht alle möglichen Standortkriterien gleichzeitig zu untersuchen, sondern den Fokus auf die für die Standortstrategie erfolgskritischen Faktoren zu legen.[70] Die Kriterien werden unterteilt in K.O-Kriterien, welche zu einem direkten Ausschluss führen, Mindestkriterien, welche zwingend erfüllt werden müssen und Wunschkriterien, welche erfüllt sein sollten, jedoch nicht müssen. Die Kriterien dienen in Summe als Lastenheft für die Standortbestimmung.[71] Wichtig hervorzuheben ist, dass

[65] Vgl. VDI-Fachausschuss Fabrikplanung (2012), Strategien und nachhaltige Wirtschaftlichkeit, S. 19f.

[66] Vgl. Grundig (2018), Fabrikplanung, S. 261; VDI-Fachausschuss Fabrikplanung (2012), Strategien und nachhaltige Wirtschaftlichkeit, S. 21.

[67] Vgl. VDI-Fachausschuss Fabrikplanung (2012), Strategien und nachhaltige Wirtschaftlichkeit, S. 21.

[68] Vgl. Kinkel (2009), Erfolgsfaktor Standortplanung, S. 63.

[69] Vgl. Kampker et al. (2005), Global Footprint-Design, S. 237.

[70] Vgl. Kinkel (2009), Erfolgsfaktor Standortplanung, S. 60ff.

[71] Vgl. Grundig (2018), Fabrikplanung, S. 243; VDI-Fachausschuss Fabrikplanung (2012), Strategien und nachhaltige Wirtschaftlichkeit, S. 46ff.

Standortkriterien auch aus anderen Planungsmodulen, z. B. die mindestens benötigte Grundstücksfläche aus dem Planungsmodul Layoutplanung, erfolgt.[72] Auf Basis der Standortkriterien werden parallel in diesem Schritt Beschreibungen von verschiedensten Standorten gesammelt. Diese sollten Informationen zu allen bzw. den meisten Standortkriterien, Bilder sowie zusätzliche Informationen zur Nachbarschaft, Bestandsgebäuden oder anderen relevanten Punkten des Standorts enthalten.[73] Der Prozess der Informationssammlung ist individuell, abhängig vom Unternehmen sowie dem potenziellen Standort. Grundsätzliche Quellen hierfür können Veröffentlichungen z. B. auf dem Immobilienmarkt oder in Online-Portalen sein. Alternativ können auch lokale Wirtschaftsverbände oder professionelle Makler beauftragt werden, Standortbeschreibungen zu erstellen bzw. zu beschaffen.

Im dritten Planungsschritt erfolgt die Grobauswahl auf Basis von Standortkriterien und -beschreibungen. Grundsätzlich wird in diesem Schritt ein direkter Vergleich verschiedener Standortalternativen durchgeführt und ihr Erfüllungsgrad der Standortkriterien gemessen. Diese Methoden differenzieren sich dabei deutlich in Bezug auf ihrer Aussagekraft, Datenbasis und Vorgehensweise. Grundsätzlich können die Methoden in qualitative und quantitative Verfahren eingeteilt werden. Zu den qualitativen Verfahren gehört beispielsweise die Nutzwertanalyse (NWA). Bei den quantitativen Verfahren kann die Kapital- und Kostenrechnung zur Anwendung kommen.[74] Alle Alternativen, welche die K.O.-Kriterien nicht erfüllen, werden sofort ausgeschlossen. Die restlichen Alternativen werden absteigend nach ihrem Erfüllungsgrad sortiert mit Fokus auf den sogenannten Mindestkriterien. Die Wunschkriterien spielen in diesem Schritt eine untergeordnete Rolle. Aufgrund der hohen Anzahl von potenziellen Standorten sowie Standortkriterien wird in diesem Schritt häufig auf heuristische Lösungsmethoden zurückgegriffen. Diese reduzieren die betrachteten Standortbeschreibungen für die Analysen, indem durch eine vorgeschaltete Betrachtung von höheren Aggregationsebenen (Ländervergleich und oder Regionsvergleich) nicht im Betrachtungsfokus stehende potenzielle Standorte ausgeschlossen werden. Gefahr einer solchen Vorgehensweise ist der Ausschluss von Standorten, welche einen hohen Erfüllungsgrad haben, jedoch nie betrachtet werden. Ziel am Ende der Grobauswahl ist eine Vorauswahl an Standortalternativen, meist drei bis fünf Standorte, die in den nachfolgenden Schritten tiefergehend analysiert werden.[75]

---

[72] Vgl. Burggräf et al. (2021), Burggräf, Koch et al. 2021 – Layoutplanung, S. 420ff.

[73] Vgl. Grundig (2018), Fabrikplanung, S. 242ff.

[74] Vgl. Bodenmann (2005), Modelle zur Standortwahl von Unternehmen, S. 17ff.; Bogdanow (2018), Standortplanungsmodelle, S. 22ff.

[75] Vgl. VDI-Fachausschuss Fabrikplanung (2012), Strategien und nachhaltige Wirtschaftlichkeit, S. 50f.

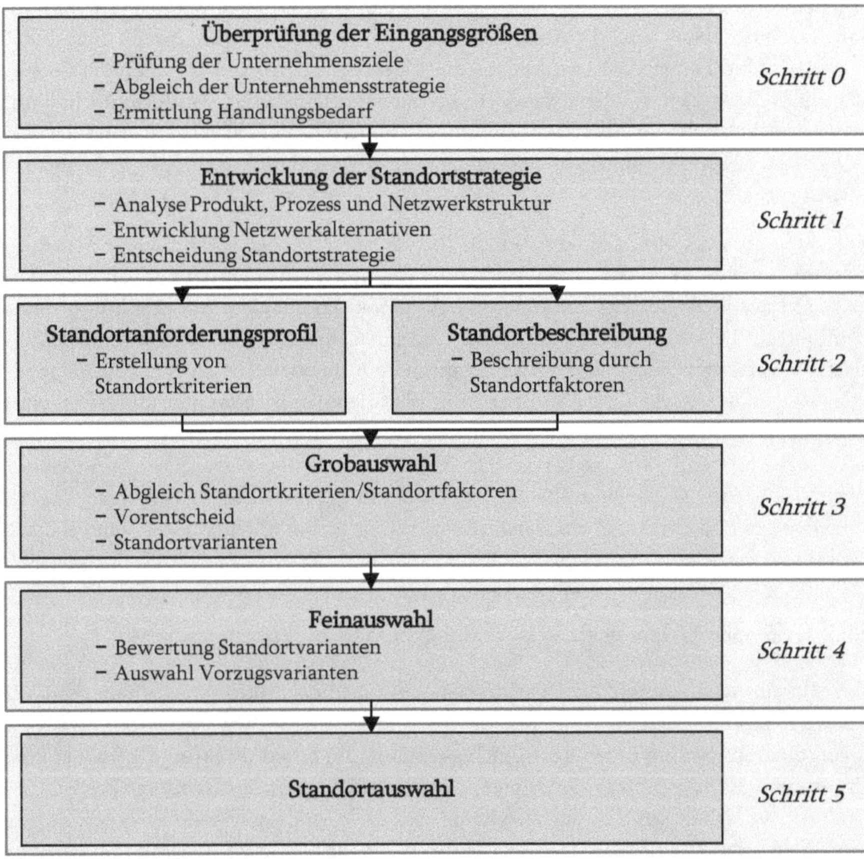

Abbildung 2-3: Planungsablauf der strategischen Standortplanung[76]

Schritt vier bildet die Feinauswahl auf Basis der Ergebnisse der Grobauswahl. Diese hat das Ziel den optimalen Unternehmensstandort zu identifizieren. Dafür werden weitere Recherchen, Vor-Ort-Besuche und erste Grobplanungen vorgenommen. Weiterhin wird Kontakt zu lokalen Behörden sowie dem Verkäufer aufgenommen um Detailfragen zu klären. Diese Informationen werden in die bestehenden Analysen der

[76] In Anlehnung an Grundig (2018), Fabrikplanung, S. 242; VDI-Fachausschuss Fabrikplanung (2012), Strategien und nachhaltige Wirtschaftlichkeit, S. 6.

Grobplanung eingefügt. Auch können diese verfeinert und durch weitere Methoden ergänzt werden. Ergebnis der Feinplanung ist eine eindeutige Standortempfehlung sowie eine erste Investitionsabschätzung für den ausgewählten Standort.[77] Auf Basis der Feinauswahl bestimmt die Unternehmensführung in einem letzten Planungsschritt den finalen Standort. Im Anschluss an die Standortentscheidung erfolgt schließlich die operative Standortausplanung, also weitere Planungen von Gebäuden, Produktion und Logistik. Grundlage dafür ist der Erwerb des Grundstücks.[78]

Zusammenfassend lässt sich feststellen, dass es sich bei der strategischen Standortplanung um einen Prozess handelt, der auf der einen Seite einen hohen Informationsbedarf voraussetzt und auf der anderen Seite einen komplexen Entscheidungsprozess beinhaltet.[79] Dies stellt besonders kleine und mittelständische Unternehmen (KMU), als auch Mittelständler ohne Fabrikplanungsabteilung vor nicht zu vernachlässigende Schwierigkeiten. Zwar ist ein Großteil der benötigten Informationen in öffentlichen Datenbanken zugänglich. Die Beschaffung und Einordnung der Informationen ist jedoch zeitaufwendig und teils komplex.[80] Selbst wenn alle relevanten Informationen zur Verfügung stehen, stellt die Verarbeitung und die Auswertung dieser Informationen in der Regel ein Hindernis dar. Dies ist vor allem auf Zeit- und Kapazitätsgründe zurückzuführen, aber auch auf mangelnde Erfahrung der Standortplaner.[81]

2.2.2 Standortfaktoren als Entscheidungsvariable im Planungsprozess

Wie bereits in Kapitel 2.2.1 beschrieben, sind Standortfaktoren essenziell für die Auswahl eines nachhaltigen Standorts. Diese beschreiben standortspezifische Eigenschaften, Bedingungen und Einflussgrößen, die einen direkten Einfluss auf die Unternehmensziele nehmen können.[82] Damit ermöglichen die Standortfaktoren eine Quantifizierbarkeit des Standortauswahlprozesses.[83] An dieser Stelle ist es wichtig zu erwähnen, dass nicht alle Standortfaktoren zwangsläufig numerisch eingeordnet werden können, sondern teils subjektiv interpretiert werden müssen. Aus diesem

[77] VDI-Fachausschuss Fabrikplanung (2012), Strategien und nachhaltige Wirtschaftlichkeit, S. 58ff.
[78] Vgl. Schulte (2017), Strategische Standortplanung, S. 285f.
[79] Vgl. Lay (2001), Leitfaden Globalisierung erfolgreich meistern, S. 83ff.
[80] Vgl. Lay (2001), Leitfaden Globalisierung erfolgreich meistern, S. 87.
[81] Vgl. Lay (2001), Leitfaden Globalisierung erfolgreich meistern, S. 83ff.
[82] Vgl. Pawellek (2014), Ganzheitliche Fabrikplanung, S. 216.
[83] Vgl. Grundig (2018), Fabrikplanung, S. 244f.

Grund werden Standortfaktoren oftmals in quantitative und qualitative Faktoren unterteilt.[84]

Quantitative Standortfaktoren zeichnen sich durch die Zuordnung von numerischen Werten aus, die eine stringente betriebswirtschaftliche Bewertung zulassen.[85] Zu den quantitativen Standortkriterien zählen zum Beispiel Grundstückskosten oder lokale Personalkosten für Logistikmitarbeiter. Unter qualitativen Standortfaktoren werden Faktoren verstanden, deren Bewertung nur auf subjektiver Ebene erfolgen kann. Ein Beispiel für einen qualitativen Faktor bildet beispielweise die Qualität der Bildungseinrichtungen in Standortnähe oder die Qualität der Mitarbeiter am potenziellen Standort.[86] Es ist jedoch anzumerken, dass eine klare Aufteilung der Standortfaktoren in quantitative und qualitative Faktoren nicht immer möglich ist. Unter gewissen Umständen ist es möglich, dass ein Standortfaktor sowohl quantitative, als auch qualitative Eigenschaften aufweisen kann. Ein Beispiel für dieses Phänomen zeigt GODAU[87] auf. Er weist nach, dass Standortkosten prinzipiell als quantitativer Faktor zu klassifizieren sind, da diese messbar sind. Liegt in einem betrachteten Land jedoch ein hohes Korruptionspotenzial vor, so können die Standortkosten nur noch schwerlich abgeschätzt werden. Demzufolge würden die Standortkosten in diesem Fall den qualitativen Faktoren zugeordnet werden.[88] Des Weiteren wird aus diesem Beispiel deutlich, dass eine losgelöste Betrachtung eines Standortfaktors von der Gesamtmenge der Standortfaktoren zu keinem optimalen Ergebnis führen wird.

Darüber hinaus kommt erschwerend hinzu, dass diese einem Bedeutungswandel unterliegen. Im Zuge der Globalisierung und einer steigenden wirtschaftlichen und politischen Volatilität verlieren quantitative Standortfaktoren zunehmend an Bedeutung.[89] Dahingehend gewinnen qualitative Faktoren, wie die Verfügbarkeit von qualifizierten Arbeitskräften, die politischen Rahmenbedingungen, die Infrastruktur oder auch die Nähe zu potentiellen Kunden, immer mehr an Relevanz.[90] Es kann also zusammengefasst werden, dass einzelne quantitative Faktoren wie niedrige Material- und Lohnkosten keine Garanten mehr für einen konkurrenzfähigen Standort sind. Es haben zunehmend die Standorte einen Vorteil, die einen ausgewogenen Mix an

84 Vgl. Pawellek (2014), Ganzheitliche Fabrikplanung, S. 216f.

85 Vgl. Kinkel (2009), Erfolgsfaktor Standortplanung, S. 58f.

86 Vgl. Kinkel (2009), Erfolgsfaktor Standortplanung, S. 58f.

87 Godau (2001), Die Bedeutung weicher Standortfaktoren.

88 Vgl. Godau (2001), Die Bedeutung weicher Standortfaktoren, S. 94.

89 Vgl. Kinkel und Zanker (2007), Globale Produktionsstrategien in der Automobilzulieferindustrie, S. 169.

90 Vgl. Börsig und Werder (2009), Globalisierung aus unternehmensstrategischer Sicht, S. 29; Kinkel und Zanker (2007), Globale Produktionsstrategien in der Automobilzulieferindustrie, S. 169.

vorteilhaften qualitativen und quantitativen Standortfaktoren bieten.[91] Der damit einhergehende Anstieg der Relevanz von qualitativen Standortfaktoren führt jedoch dazu, dass der Standortauswahlprozess weiter an Komplexität gewinnt. Dies liegt vor allem daran, dass besonders im Umgang mit qualitativen Standortfaktoren, auf subjektive Präferenzen zurückgegriffen werden muss. Die subjektiven Präferenzen sollten dabei optimalerweise auf Erfahrungen beruhen, damit ein bestmöglicher Standortauswahlprozess gewährleistet werden kann.

In der Literatur können diverse Listen mit Standortfaktoren und verschiedenen kategorischen Zuordnungen identifiziert werden, die einen Standort beschreiben können.[92] Jedoch basieren diese Standortfaktoren meist auf einer spezifischen Sichtweise des Autors. Daher hebt sich besonders die Handlungsempfehlung des VDI-Fachausschusses für Fabrikplanung in der Literatur ab. Diese greift im Vergleich zu anderen Quellen viele Standortfaktoren anderer Autoren auf und kann somit als Sammlung häufig verwendeter Standortfaktoren verstanden werden.[93]

2.2.3 Zwischenfazit

Standortplanung beschreibt einen strategischen Unternehmensprozess mit hoher Relevanz für die zukünftige Wirtschaftlichkeit eines produzierenden Unternehmens. Im Rahmen eines mehrschrittigen Prozesses werden von einem Team von Mitarbeitern verschiedenste sogenannte Standortfaktoren für diverse Standorte analysiert, priorisiert und bewertet. Essenziell für die letztendliche Entscheidung ist die Qualität der zur Verfügung stehenden Informationen sowie die Erfahrung der durchführenden Mitarbeiter. Aufgrund der großen Anzahl an benötigten Informationen wird auf Heuristiken zurückgegriffen, um den Entscheidungsraum auf ein für Menschen analysierbares Maß zu reduzieren. Darüber hinaus stellt die große Tragweite und die geringe Häufigkeit einer Standortauswahlentscheidung besonders KMUs vor Herausforderungen. Daher kann an dieser Stelle festgehalten werden, dass für eine erfolgreiche Standortauswahl zwei kritische Erfolgsfaktoren notwendig sind: Eine effiziente und aktuelle Bereitstellung von relevanten Informationen sowie ein strukturierter, transparenter und adaptiver Entscheidungsprozess. Daher werden im Folgenden die dafür relevanten Themenbereiche vorgestellt.

---

[91] Vgl. Börsig und Werder (2009), Globalisierung aus unternehmensstrategischer Sicht, S. 188.

[92] Beispielsweise Grundig (2018), Fabrikplanung, S. 266; Kinkel (2009), Erfolgsfaktor Standortplanung, S. 63ff.; Kinkel und Zanker (2007), Globale Produktionsstrategien in der Automobilzulieferindustrie, S. 119ff.

[93] Vgl. VDI-Fachausschuss Fabrikplanung (2012), Strategien und nachhaltige Wirtschaftlichkeit, S. 47ff.

2.3 Grundlagen des Informationsmanagements

Wie bereits im vorangegangenen Kapitel verdeutlicht wurde, sind Informationen die wichtigste Ressource innerhalb der Standortplanung. Um diese Ressource besser zu verstehen, wird sie in diesem Abschnitt eingeführt und weiterführend erläutert. Die voranschreitende Digitalisierung hat zum einen die Verfügbarkeit, aber auch den Bedarf an Informationen vergrößert. Daher wird zusätzlich in diesem Kapitel der Umgang mit Informationen im Sinne des Informationsmanagements sowie die darin enthaltenen Technologien vorgestellt.

2.3.1 Der Begriff „Information"

Die Betrachtung des Begriffs Information erfordert einen differenzierten Ansatz. Zum einen muss das vielschichtige Konstrukt der Information systematisch beschrieben und von artverwandten Begriffen abgegrenzt werden. Zum anderen muss der Wert dieses Konstruktes definiert werden.[94] Zur Analyse des Begriffs muss die Semiotik, die Theorie der Zeichen, betrachtet werden.

WITTMANN definiert eine Information als zweckorientiertes Wissen[95]. SEIFFERT fasst die Definition weiter und bezeichnet die Information als „eine gegenwarts- und praxisbezogene Mitteilung über Dinge, die uns im Augenblick zu wissen wichtig sind"[96]. RAHÄUSER UND KRCMAR haben zur Abgrenzung des Begriffs eine Gliederung in vier Ebenen vorgenommen (Abbildung 2-4). Auf der ersten Ebene werden Symbole und Zeichen betrachtet und auf ihre mathematisch-statistischen Zusammenhänge untersucht. Dies wird als die syntaktische Ebene bezeichnet.[97]

[94] Vgl. Paffrath und Reese (2017), Informationsmanagement - Strategien – Ressourcen – Prozesse, S. 20f.
[95] Vgl. Wittmann (1959), Unternehmung und Unvollkommene Information, S. 14.
[96] Vgl. Seiffert (1971), Information über die Information, S. 24.
[97] Vgl. Paffrath und Reese (2017), Informationsmanagement - Strategien – Ressourcen – Prozesse, S. 20f.

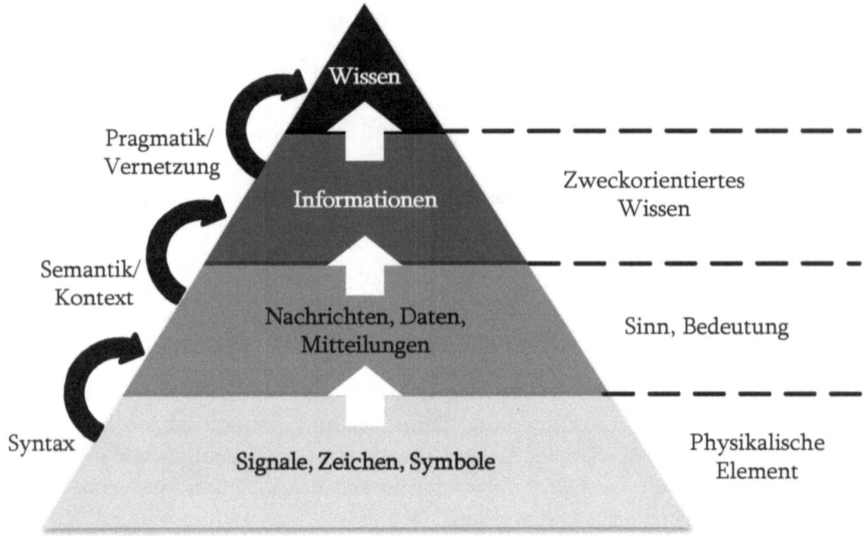

Abbildung 2-4: Die Betrachtungsebenen der Semiotik[98]

Durch die Zuschreibung von Bedeutung wird die syntaktische Ebene verlassen und in die semantische Ebene übergegangen. Dort werden Sinn und Bedeutung der vorliegenden Daten, Nachrichten und Mitteilungen betrachtet. Nach DIN 44300 sind Daten als „Zeichen [...], die aufgrund von bekannten oder unterstellten Abmachungen vorrangig zum Zwecke einer vom Sender zum Empfänger gerichteten Übermittlung von Informationen darstellen...“[99] definiert. Nach dem Sender-Empfänger-Modell von SHANNON UND WEAVER[100] ist die Voraussetzung für diesen Schritt eine gemeinsame Syntax, ein gemeinsamer Zeichenvorrat sowie eine störungsfreie Übertragung.

Die dritte Ebene ist die pragmatische Ebene. In dieser wird überprüft, inwiefern Nachrichten, Daten und Mitteilungen den Empfänger beeinflussen. Dies bedeutet, dass wenn Daten in einen Problemzusammenhang gesetzt werden, diese zu Informationen transformiert werden[101]. Sobald Handlungen oder Entscheidungen durch diese drei

98 Vgl. Rehäuser und Krcmar (1996), Wissensmanagement im Unternehmen, S. 3.

99 DIN 44300. (1988-11) DIN 88, S. 3.

100 Vgl. Shannon und Weaver (1998), The mathematical theory of communication, S. 65ff.

101 Vgl. Rehäuser und Krcmar (1996), Wissensmanagement im Unternehmen, S. 5.

Faktoren beeinflusst werden, handelt es sich um eine Information. Die weitere Steigerung ist die Vernetzung von mehreren Informationen. Somit entsteht Wissen.[102]

Offen ist jedoch die Frage nach dem Wert einer Information. In der Literatur werden Informationen unter anderem als Produktionsfaktor definiert[103]. Im Gegensatz zu anderen Produktionsfaktoren, im Besonderen zu physischen Gütern, ist eine Information deutlich komplexer. Zwar müssen Informationen ebenso erworben werden wie andere Produktionsfaktoren, doch ist der Wert der Information, im Gegensatz zu Betriebsmitteln oder auch Rohstoffen beispielsweise, erst dann erkennbar, wenn sie vorliegt. Es entstehen also Kosten, ohne dass der Nutzen garantiert ist.[104]

Eine Begründung dieser Zuordnung resultiert nach PIETSCH aus den folgenden Punkten[105]:

- Informationen stellen Entscheidungsgrundlagen dar und sind damit von interdisziplinärer Bedeutung.
- Die durch die Informationsansammlung, -transformation, -speicherung und -übertragung entstehenden Kosten werden als Informationsproduktionskosten betrachtet und beeinflussen die Rentabilität der Unternehmen.
- Informationen haben eigene Qualitätsmerkmale hinsichtlich Genauigkeit, Vollständigkeit, Verfügbarkeit, Schutzwürdigkeit und Aktualität; sie benötigen ein spezifisches Qualitätsmanagement.
- Sämtliche Geschäftsprozesse sind durch Informationsbeziehungen miteinander verbunden und bedürfen deshalb einer integrierten Informationsversorgung.

Damit ergibt sich, dass der Wert einer Information von der kontextspezifischen und der zeitlichen Verwendung abhängt. Um diesen Wert zu maximieren, ist der Umgang sowie die Verwertung von Informationen zu planen. Dies ist mithilfe des Informationsmanagements möglich.

---

[102] Vgl. Paffrath und Reese (2017), Informationsmanagement - Strategien – Ressourcen – Prozesse, S. 20f.; Heinrich und Roithmayr (1998), Wirtschaftsinformatik-Lexikon, S. 420; Ruf et al. (2007), Ganzheitliches Informationsmanagement, S. 5; Krcmar (2015), Informationsmanagement, S. 3f.

[103] Vgl. Dyckhoff (2006), Produktionstheorie, S. 23.

[104] Vgl. Pietsch et al. (1998), Strategisches Informationsmanagement, S. 18f.

[105] Vgl. Pietsch et al. (2004), Strategisches Informationsmanagement, S. 39.

2.3.2 Einführung in das Informationsmanagement

MINZ definiert das Informationsmanagements als „[] systematisches, methodengestütztes Planen, Steuern, Kontrollieren, Koordinieren und Führen der aufeinander abgestimmten Sammlung, Erfassung, Be- und Verarbeitung, Aufbewahrung und Bereitstellung von Information sowie die hierfür erforderliche Organisation“[106]. Dedizierter haben STAHLKNECHT UND HASENKAMP diese Information spezifiziert. Beide sehen es als primäre Aufgabe des Informationsmanagements an, den Produktionsfaktor Information zu beschaffen und in einer geeigneten Informationsinfrastruktur bereitzustellen.[107] Bei genauerer Betrachtung dieser Definitionen sind insbesondere die Bereitstellung und Verarbeitung von Informationen für die Fabrikplanung hervorzuheben. Um für Planungszwecke maximal nutzbar zu sein, muss die Möglichkeit des Austausches von Informationen zwischen Menschen, Maschinen oder Menschen und Maschinen gegeben sein. Die effiziente Gestaltung dieser Prozesse bedarf einer entsprechend strukturierten Kommunikation.[108]

BERTALAFANY gilt als der Erfinder der Systemtheorie. In seinem Buch definiert er ein System als eine Menge von geordneten Elementen mit Eigenschaften, die durch Relationen verbunden sind. Diese Definition beschreibt den strukturellen Ansatz der Systemtheorie. Dabei ist zu beachten, dass ein Element nicht weiter untergliedert werden kann und die Struktur des Systems durch die Menge der Relationen bestimmt wird.[109] Überträgt man den Systemgedanken auf die Anwendung des Informationsmanagements, so ergibt sich das zu definierende Konstrukt des Informationsmanagementsystems. Zu den Elementen des Systems gehören die Informationen selbst, die Verarbeiter der Informationen wie Menschen und Maschinen sowie die Informationsspeicher, die es erlauben, zusammengehörige Informationen zusammenzufassen.[110]

Die Aufgaben des Informationsmanagements lassen sich generell nach ihrem Wirkungshorizont unterteilen. Nach dem Top-Down-Ansatz wird die Aufgabe zunächst als Ganzes betrachtet und dann in die verschiedenen Dimensionen untergliedert. Dies hat den Vorteil, dass die Teilaufgaben unter einer zentralen Zielsetzung

[106] Vgl. Minz (1998), IT als Managementaufgabe begreifen, S. 170.
[107] Vgl. Stahlknecht und Hasenkamp (2002), Einführung in die Wirtschaftsinformatik, S. 440.
[108] Vgl. Ruf et al. (2007), Ganzheitliches Informationsmanagement, S. 17.
[109] Vgl. Bertalanffy (2015), General system theory.
[110] Vgl. Schönsleben (2001), Integrales Informationsmanagement, S. 6.

koordiniert werden. Das Aufgabenspektrum reicht von der Definition der Unternehmensstrategie bis hin zur Ausführung von Aktivitäten.[111]

Diese Untergliederung auf Basis des Wirkungshorizonts unterscheidet meist drei Stufen (siehe Abbildung 2-5): langfristig, mittelfristig und kurzfristig. Dementsprechend werden die Aufgaben als strategische Aufgaben (langfristig), aus welchen sich taktische Aufgaben (mittelfristig) ableiten, welche in operative Aufgaben (kurzfristig) aufgliedert werden.[112]

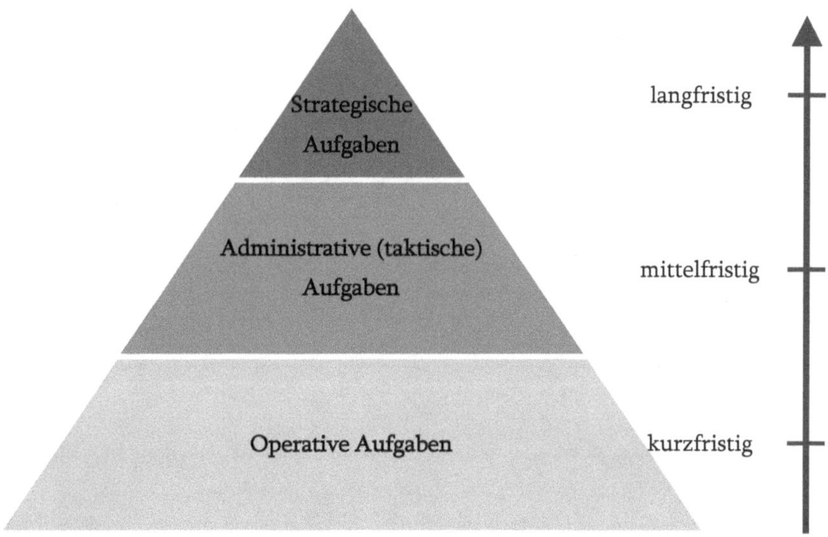

Abbildung 2-5: Einteilung der Managementaufgaben nach ihrem Wirkungshorizont[113]

Das Ziel des strategischen Informationsmanagements ist es, die Voraussetzungen für ein wettbewerbsfähiges Unternehmen zu schaffen. Zentrale Aufgabe ist es dabei, die grundsätzliche Vernetzung der Entscheidungsträger hinsichtlich der Informationsversorgung zu definieren.[114] Die Gestaltung der einzelnen Systemelemente und

---

[111] Vgl. Paffrath und Reese (2017), Informationsmanagement - Strategien – Ressourcen – Prozesse, S. 36f.

[112] Vgl. Paffrath und Reese (2017), Informationsmanagement - Strategien – Ressourcen – Prozesse, S. 37.

[113] Paffrath und Reese (2017), Informationsmanagement - Strategien – Ressourcen – Prozesse, S. 37; Heinrich et al. (2014), Informationsmanagement - Grundlagen, Aufgaben, Methoden, S. 1.

[114] Vgl. Paffrath und Reese (2017), Informationsmanagement - Strategien – Ressourcen – Prozesse, S. 37f.

-beziehungen liegt in der Verantwortung der taktischen Informationsmanagementebene. Diese Ebene konzentriert sich auf die Organisation und Planung der einzelnen Systemkomponenten.[115] Das betriebliche Informationsmanagement steht in einem Mittel-Zweck-Verhältnis. Im Mittelpunkt steht die optimale Nutzung des Informationsmanagementsystems, d. h. die Bereitstellung ausreichender Kapazitäten, um die benötigten Informationen rechtzeitig zur Verfügung zu stellen. Eine weitere wichtige Aufgabe ist das Management von Störungen und Fehlern.[116]

KRCMAR hat in einem nächsten Schritt das Informationsmanagement in verschiedene Ebenen und Managementaufgabenbereiche unterteilt (siehe Abbildung 2-6).[117] Er teilt das Informationsmanagement in vier grundlegende Managementbereiche auf, welche im Folgenden kurz vorgestellt werden.

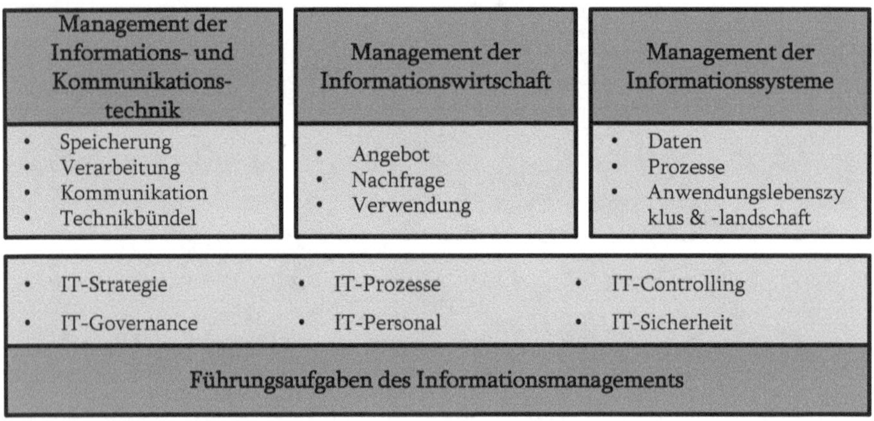

Abbildung 2-6: Modell des Informationsmanagement nach KRCMAR[118]

Zentral im Modell ist die Informationswirtschaft, die sich mit dem Management von Informationen selbst beschäftigt. Das Ziel der Informationswirtschaft ist den Bedarf an Informationen mit dem Angebot an Informationen in Einklang zu bringen, d. h. die Nutzer mit relevanten Informationen von hoher Qualität zu versorgen.[119] Um dieses Ziel zu erreichen, läuft der Managementprozess zyklisch ab und umfasst das Management der Informationsnachfrage, des Informationsbedarfs, der Informations-

[115] Vgl. Paffrath und Reese (2017), Informationsmanagement - Strategien – Ressourcen – Prozesse, S. 39.
[116] Vgl. Paffrath und Reese (2017), Informationsmanagement - Strategien – Ressourcen – Prozesse, S. 40.
[117] Vgl. Krcmar (2015), Informationsmanagement, S. 90ff.
[118] Krcmar (2015), Informationsmanagement, S. 107.
[119] Vgl. Heinrich et al. (2014), Informationsmanagement - Grundlagen, Aufgaben, Methoden, S. 63ff.

ressourcen, der Informationsquellen, des Informationsangebots und der Informationsverwendung (siehe Abbildung 2.5).[120] Der Lebenszyklus beginnt mit der Ermittlung des Informationsbedarfs des Benutzers. Wenn der Informationsbedarf nicht gedeckt ist, werden neue Informationsquellen identifiziert, die nutzbar gemacht und damit zu Informationsressourcen werden. Aus den vorhandenen Informationsressourcen werden Informationsprodukte und -dienste erstellt und dem Nutzer zur Verfügung gestellt bzw. übermittelt.[121]

Die zweite Ebene umfasst das Management von Informationssystemen (IS). Unter IS versteht man aufeinander abgestimmte Elemente der personellen, organisatorischen und technischen Struktur zur Erfüllung von Informationsanforderungen. Die technische Gestaltung von Informationssystemen kann einerseits durch Datenmanagementsysteme, z. B. Datenbanken oder sogenannten Data Warehouses — oder durch offene Informationsangebote, d. h. das World Wide Web (WWW) — realisiert werden.[122] Im Kern umfasst diese Ebene das Management von Daten, Prozessen sowie des Anwendungslebenszyklus und der Anwendungslandschaft.[123]

Informations- und Kommunikationstechnologie (IKT)-Management beschreibt das für das Informationsmanagement relevante Technologiemanagement im allgemeinen Sinne. Im Detail gehören dazu Speichertechnologien, Verarbeitungstechnologien, Kommunikationstechnologien sowie Technologiebündel. Grundsätzlich geht es auf dieser Ebene um das Management der benötigten Technologie-Infrastruktur und die Schaffung einer physischen Basis für die Anwendungslandschaft.[124]

Durch diese Betrachtungsweise übertrifft er vorhandene Konzepte in Inhalt und Systematik und dient daher als Orientierung für diese Arbeit.

[120] Vgl. Krcmar (2015), Informationsmanagement, S. 113ff.

[121] Vgl. Rehäuser und Krcmar (1996), Wissensmanagement im Unternehmen, S. 20ff.

[122] Vgl. Zehnder (1998), Zehnder 1998 – Informationssysteme und Datenbanken, S. 15f.

[123] Vgl. Krcmar (2015), Informationsmanagement, S. 173ff.

[124] Vgl. Krcmar (2015), Informationsmanagement, S. 108.

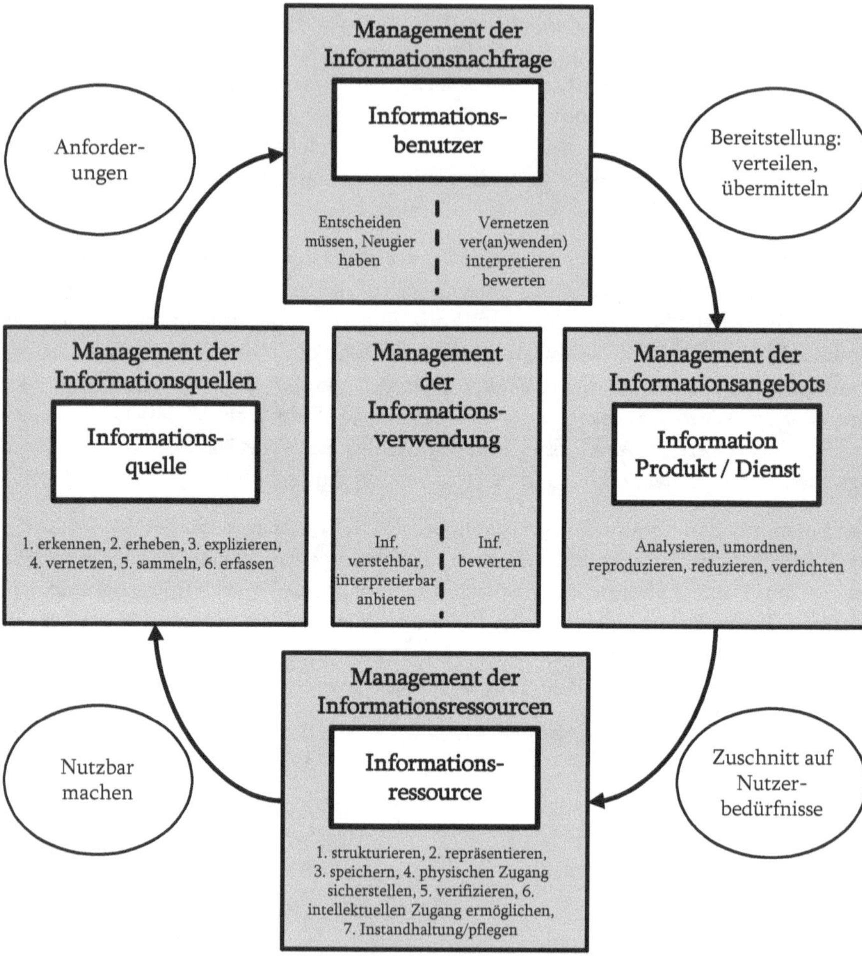

Abbildung 2-7: Lebenszyklusmodell der Informationswirtschaft nach KRCMAR[125]

[125] Krcmar (2015), Informationsmanagement, S. 119; Rehäuser und Krcmar (1996), Wissensmanagement im Unternehmen, S. 20.

2.3.3 Informationsbeschaffung als Teilbereich des Informationsmanagements

Die Informationsbeschaffung ist ein Teilprozess im Rahmen des Informationsmanagements. Der Informationsbeschaffungsprozess gliedert sich in mehrere Schritte. Zuerst müssen relevante Informationsquellen mittels Information Retrieval (IR) identifiziert werden. Im zweiten Schritt wird die gesuchte spezifische Information lokalisiert und extrahiert, unter Zuhilfenahme von sogenanntem Information Extraction (IE). Anschließend ist es jedoch notwendig, die extrahierten Informationen zu analysieren, wofür sogenannte Data Miner genutzt werden. Die Schritte werden im Folgenden näher definiert und erläutert. Dabei sei hervorzuheben, dass synonyme Begriffe wie Web Scraping, Web Harvesting, Information Retrieval etc., nicht genauer differenziert werden, da diese in der Funktion gleich sind.[126] Im Rahmen dieser Arbeit wird daher für den Prozess des Information Retrieval von Web Scraping gesprochen. Für Information Extraction wird der Begriff Web Mining für alle Synonyme genutzt. Darüber hinaus sei anzumerken, dass obwohl beide Methoden einen individuellen Zweck haben, beide häufig in der Praxis kombiniert eingesetzt werden und somit starke Schnittstellen bestehen.[127] Daher wird zuerst auf das übergreifende Data Mining eingegangen, bevor Web Crawling und Data Extraction erläutert werden.

Data Mining ist ein in das Informationsmanagement eingebetteter Prozessschritt und ein wichtiger Bestandteil der Informationswirtschaft. Sein Ziel ist es Informationsquellen nutzbar zu machen und damit neue Informationsressourcen zu schaffen.[128] Grundsätzlich läuft ein Data Mining-Prozess in fünf Phasen ab (siehe Abbildung 2-8). Zunächst wird ein geeigneter Datensatz aus einer großen Datenmenge ausgewählt. Diese Zieldaten werden vorverarbeitet, sodass bereinigte, fehlerfreie Daten zur Verfügung stehen. Anschließend werden die Daten in ein geeignetes Datenformat transformiert und darauf aufbauend das eigentliche Data Mining durchgeführt. Wie bereits erwähnt, werden Muster erkannt, die dann interpretiert und ausgewertet werden müssen, um Informationen und Erkenntnisse zu gewinnen. Zwischen den Phasen können mehrere Iterationen notwendig sein, um Informationen und Erkenntnisse zu generieren.[129]

[126] Vgl. Massimino (2016), Accessing Online Data, S. 34.
[127] Vgl. Kosala und Blockeel (2000), Web Mining Research, S. 2f.
[128] Vgl. Kellner und Schröder (2018), Data Mining mit unsicheren Daten, S. 605.
[129] Vgl. Usama Fayyad et al. (1996), From Data Mining to Knowledge, S. 42.

Data Mining kann in drei Kategorien unterteilt werden, abhängig davon, wie die Daten vorliegen. Daten können strukturiert sein, in Datenbanktabellen oder als Daten mit ähnlicher Struktur oder unstrukturiert als Bilder oder Text. Eine dritte Form sind semi-strukturierte Daten, was häufig auf Daten zutrifft, die von Websites stammen. Diese Daten liegen in der Regel in Form von Text vor, weshalb sie im Allgemeinen als unstrukturiert gelten. Webseiten haben jedoch eine auswertbare Struktur, weshalb die Daten dann als semi-strukturiert bezeichnet werden.[130]

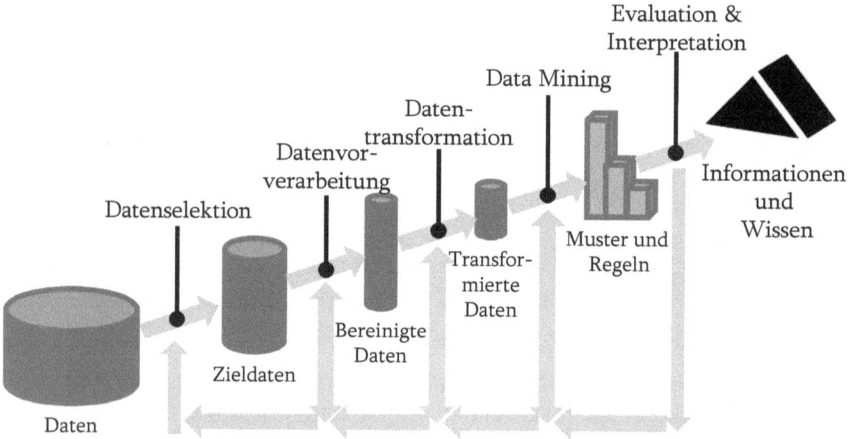

Abbildung 2-8: Ablauf eines Data Mining-Prozesses[131]

Data Mining im engeren Sinne beschäftigt sich mit Daten, die bereits strukturiert sind und nicht weiter zerlegt werden können, wie in relationalen Datenbanken. So können die Daten direkt mit Data Mining-Methoden analysiert werden. Im Gegensatz dazu werden Text Mining-Methoden auf Texte jeglicher Form angewendet, z. B. auf lokale und interne Dokumente. Um dies zu realisieren, müssen die Dokumente zunächst aufbereitet und die Daten in einem weiteren Schritt mit linguistischen und statistischen Methoden strukturiert werden.[132]

Für den Teilschritt der Datenselektion werden meist Web Crawler genutzt. Web Crawling ist die systematische, automatisierte Navigation durch eine Reihe von internetbasierten Referenzen sowie das effiziente Indizieren und Sammeln von

[130] Vgl. Cleve und Lämmel (2014), Data Mining, S. 37f.
[131] Vgl. Usama Fayyad et al. (1996), From Data Mining to Knowledge, S. 41.
[132] Vgl. Hippner und Rentzmann (2006), Text Mining, S. 287ff.

Dokumenten im Internet.[133] Der erste Crawler wurde von Matthew GRAY im Frühjahr 1993 implementiert. Er hieß "Wanderer" und sein Ziel war es, die Größe des Webs zu messen. Kurz danach im Jahr 1994 erschienen die ersten Crawler von Brian PINKERTON[134], der das Web indizierte.[135] Ein Web Crawler verwendet dabei eine oder mehrere Startreferenzen, die sogenannte Seed-Liste, auf Basis eines Uniform Ressource Locators (URLs), um eine Warteschlange für die Navigation zu initialisieren, die sogenannte Frontier-Liste, und hat den primären Zweck, den vollständigen Inhalt abzurufen, der mit jeder Referenz verbunden ist.[136]

Generell wird zwischen zwei Grundtypen von Web Crawlern in Literatur und Praxis unterschieden. Der erste Typ von Web Crawlern ist für die reine Datenaufnahme ausgelegt. Dieser Web Crawler hat zum Ziel, die rohen Webseiten aus dem WWW zu identifizieren und für die weitere Verarbeitung zu speichern. [137] Die Tätigkeit dieses Web Crawlers wird auch indizieren genannt und ist Grundlage für alle modernen Suchmaschinen. Daher wurde dieser Typ auch zuerst entwickelt. Der zweite Typ von Web Crawlern ist für die Datenverarbeitung aus einer Webseite gedacht. Mithilfe dieses Crawlers werden Rohdaten aufgenommen und extrahiert. Differenziert werden bei der Extraktion verschiedene Webseitenaufbaus sowie Informationsarten.[138] Darüber hinaus wird noch unterschieden, ob der Web Crawler einen Zweck besitzt. Sogenannte Broad-Crawler indizieren das Internet weitflächig und gröber mit dem Ziel möglichst viele passende Resultate zu indizieren, wohingegen Focused-Crawler nur einen kleinen bis mittleren Suchbereich haben, diesen jedoch sehr dezidiert prüfen und dokumentieren.[139]

Information Extraction (IE) beschreibt grundsätzlich die automatisierte Extraktion, Verarbeitung und Umwandlung von strukturierten und semistrukturierten Daten aus Internetquellen in ein strukturiertes, gut codiertes Format.[140] IE wird eingesetzt, um nützliche Informationen aus unstrukturierten Medien, wie z. B. einem Text, zu extrahieren, zu strukturieren und von irrelevanten Informationen zu trennen. Ziel ist es u. a., Datenbanken zu füllen, um die Daten anschließend weiter zu verarbeiten. Dabei werden die Textdokumente nach festen Regeln oder domänenspezifischen

[133] Vgl. Wu et al. (2012), Web crawler middleware for search, S. 57; Chowdhury (2010), Introduction to modern information retrieval, S. 1.

[134] Vgl. Pinkerton (1994), Finding What People Want.

[135] Vgl. van Deursen et al. (2015), Crawl-based analysis of web applications, S. 175.

[136] Vgl. Massimino (2016), Accessing Online Data, S. 34f.

[137] Vgl. Patel (2020), Getting Structured Data, S. 28.

[138] Vgl. Patel (2020), Getting Structured Data, S. 29.

[139] Vgl. Mohr et al. (2004), Introduction to Heritrix, S. 2.

[140] Vgl. Massimino (2016), Accessing Online Data, S. 35.

Lexikoneinträgen analysiert und die relevanten Passagen extrahiert. Der Erfolg von IE-Methoden wird durch die Präzision, d. h. die Relevanz der gefundenen Informationen, und Vollständigkeit, d. h. das Verhältnis der gefundenen Informationen zum Vergleich aller extrahierbaren Informationen, gemessen. Die beiden Parameter werden zum sogenannten F-Maß kombiniert, um die Qualität der IE-Methode zu bewerten.[141] In einigen Fällen kann ein IE-Algorithmus einfach aufgebaut sein, z. B. beim reinen Auslesen eines HTML (Hypertext Markup Language)-Baums und dem Extrahieren von Werten einiger Felder wie Titel und Überschrift. Für die kompliziertesten Anwendungsfälle müssen beispielsweise Natural Language Processing (NLP)-Algorithmen auf den Rohtext angewendet werden, um die Namen von Personen, Kontaktinformationen, Textzusammenfassungen usw. zu extrahieren.[142]

Die Quellen, aus denen die Informationen gewonnen werden, spielen bei der Betrachtung einer Informationsbeschaffung im generellen und einer IE im speziellen eine signifikante Rolle. Daher sollten in diesem Zusammenhang auch die Informationsquellen, in welchen die Informationen identifiziert und extrahiert werden sollen, näher beschrieben werden. Erster wichtiger Schritt ist die Identifikation von potenziellen Quellen und die Ermittlung der entsprechenden Bedarfsrelevanz. Dabei spielen verschiedene Kriterien, wie Informationskosten, Aktualität, Zuverlässigkeit und weitere eine entscheidende Rolle.[143]

In der Literatur finden sich vielfältige Möglichkeiten zur Klassifikation und Einteilung von Informationsquellen. Für diese Arbeit wird der weit verbreitete Ansatz nach AGUILAR verwendet, der eine Einteilung von Informationsquellen in vier Sektoren definiert. Der Autor unterscheidet zwischen externen und internen sowie persönlichen und unpersönlichen Quellen. Somit entsteht eine Vier-Felder-Matrix. Interne persönliche Quellen stammen von einer Person aus dem persönlichen oder kollegialen Kontext und unterliegen dadurch einer gewissen Individualität, aber auch einer hohen Zuverlässigkeit. Zu dieser Art von Informationen zählen u. a. auch dokumentierte Kommunikation, wie z. B. Gesprächsprotokolle aus unternehmensinternen Meetings.[144] Zu den internen unpersönlichen Quellen zählen dagegen Berichte und Mitteilungen, wie Lagerbestände, firmeninterne Zeitschriften oder Umsatzstatistiken. An dieser Stelle führt das fehlende Wissen über Erhebungsmethoden bzw. über die Erhebenden zu einer eingeschränkten Zuverlässigkeit. Im

[141] Vgl. Neumann (2001), Informationsextraktion, S. 448ff.
[142] Vgl. Patel (2020), Getting Structured Data, 29, 135-136.
[143] Vgl. Picot (1988), Die Planung der Unternehmensressource Information, S. 240f.
[144] Vgl. Fank (2018), Einführung in das Informationsmanagement, S. 52f.

Gegensatz zu internen Quellen sind externe Quellen nicht im persönlichen oder direkten zu finden. Jedoch wird auch bei diesen zwischen persönlichen und unpersönlichen Quellen unterschieden. Externe persönliche Quellen sind häufig Kontakte des Unternehmens zu anderen Unternehmen, Kunden oder externen Partnern, wie Banken, Verbände, o. ä. Im Vergleich untereinander sind externe, unpersönliche Quellen zahlenmäßig am häufigsten vertreten. Diese haben keinen direkten Kontakt oder Anknüpfungspunkt durch den Informationssuchenden und müssen ihre Zuverlässigkeit daher unter Beweis stellen. Dieser Kategorie gehören alle Quellen, die nicht in den vorherigen drei Bereichen verortet werden können, an. Daher ist die Bandbreite an verschiedenen Quellen sehr hoch und reicht beispielsweise von Fachzeitschriften, über Internetdatenbanken bis hin zu Zeitschriftenartikeln.[145] Es sei an dieser Stelle noch angemerkt, dass ein Wechsel einer Informationsquelle in eine andere Kategorie möglich und üblich ist.

Mehrfach verwendete Informationsquellen werden als Informationsressourcen bezeichnet. Die Informationen der Informationsressourcen werden überprüft, geordnet und für die Anwendung zugänglich gemacht. Nachdem die Informationen auf einem Informationsträger gespeichert wurden, sind alle Aspekte des Datenschutzes einzuhalten. Im Idealfall sollte der Zugang zu den Informationen für alle Nutzer durch die Vernetzung der Informationsträger sichergestellt werden. Für die Informationspflege sollte ein Management eingerichtet werden, welches die Bereitstellung, den Zugriff und die Pflege bzw. Instandhaltung des Informationsträgers betreut.[146]

Das Internet hat in Bezug auf die Informationsbeschaffung in den letzten Jahren immer mehr an Bedeutung gewonnen. Es ist an dieser Stelle jedoch anzumerken, dass es Webseiten möglich ist, ein automatisiertes Crawling zu verhindern, da dieses nicht erwünscht ist. Dafür werden sogenannte Spider-Traps genutzt oder ein Autorisierungstoken, vergleichbar mit einem Passierschein, der für alle Anfragen verlangt. Darüber hinaus ist es möglich, eine URIs in Form einer unentzifferbaren Zeichenfolge zu verschlüsseln, sodass diese nicht durch den Crawler ausgelesen werden kann.[147] Schließlich können Techniken mit der Absicht, nur menschliche Benutzer zuzulassen implementiert werden. Die bekannteste Methode ist die CAPTCHA-Methode mit eben dieser Absicht, nur menschliche Benutzer zuzulassen. CAPTCHA nutzt dafür Bilder, in welchen ein Benutzer entweder ein Element aus

[145] Vgl. Fank (2018), Einführung in das Informationsmanagement, S. 53f.
[146] Vgl. Krcmar (2015), Informationsmanagement, S. 133.
[147] Vgl. Hemenway und Calishain (2008), Spidering Hacks, 42, 51.

mehreren Bildern identifizieren muss oder aus dem Bild ein Wort ablesen und wiedergeben muss.[148] Um eine übergreifende Regelung zu treffen, hat die Organisation Robotstxt[149] bereits im Jahr 2000 eine standardisierte Formulierung eines Crawling-Verbots vorgenommen, in welcher einem Crawler klar vorgegeben wird, welches Verzeichnis er auslesen darf. Aus rechtlichen und ethischen Gründen sollte das Recht auf geistiges Eigentum respektiert werden und nur erlaubte Inhalte gecrawlt werden. Dies reduziert die Anzahl verfügbarer Quellen und sollte deshalb besonderer Beachtung finden. Einen gegenläufigen Trend dazu stellen die sogenannten „Open Data"-Datenbanken. Als Open Data wurden durch VON LUCKE „Daten, die von jedermann frei benutzt, weiterverwendet und geteilt werden können – die einzige Einschränkung betrifft die Verpflichtung zur Nennung des Urhebers" definiert[150]. Werden diese offenen Daten im Internet gehostet, wird von Linked Open Data (LOD) gesprochen. Zusätzlich wird zwischen Open Government Data, z. B. Statistischen Ämtern, und Open Business Data, welche den Herausgeber der Daten weiter spezifizieren, unterschieden.[151] Bekanntestes Beispiel für Linked Open Business Data ist das kostenlose online Lexikon Wikipedia[152].

Eine weitere Möglichkeit, um direkten und automatisierten Zugriff auf die einer Webseite zugrundeliegende Datenbank zu erhalten, ist durch die Verwendung einer API (Application Programming Interface) gegeben. Diese Methode ist dem Web Crawling und -Scraping vorzuziehen. Allerdings stellt nicht jede Webseite eine Informationsabfrage mittels API zur Verfügung[153]. Eine API ermöglicht die Anforderung und den Empfang von Daten, sowie eine direkte Kommunikation mit dem System. In den meisten Fällen ist eine Berechtigung notwendig, die beispielsweise in Form von Token-Schlüsseln vorliegen kann.[154] Ein Vorteil von APIs ist eine reduzierte Komplexität aufgrund der Modularisierung der Webinhalte, sodass ein Anwender auch ohne Detailkenntnisse die Inhalte der API abrufen und nutzen kann. Eine API reduziert nicht nur die Komplexität, sondern stellt anderen Entwicklern die Funktionen der Softwarekomponenten zur Verfügung, um diese in neue Anwendungen einzubetten.[155]

---

[148] Vgl. Ahn et al. (2003), CAPTCHA: Using Hard AI Problems, S. 294f.

[149] http://www.robotstxt.org

[150] Vgl. Lucke (2011), Innovationsschub durch Open Data, S. 262; Dapp et al. (2016), Open Data. The Benefits, S. 22.

[151] Vgl. Dapp et al. (2016), Open Data. The Benefits, S. 22.

[152] www.wikipedia.org

[153] Vgl. Krcmar (2015), Informationsmanagement, S. 686.

[154] Vgl. Bell (2020), Machine Learning, S. 47f.

[155] Vgl. Spichale (2017), API-Design, S. 9f.

Eine Anwendung von Web Crawlern für die industrielle Nutzung sollten daher Open Data Plattformen und APIs fokussieren. Besonders Open Government Data bringt zusätzlich eine hohe Neutralität und Datenqualität mit, welche bei Open Business Data oder offenen APIs nicht zwangsläufig gegeben ist. Im Gegensatz dazu können auch sogenannte Pay-For Use-Datenbanken oder APIs genutzt werden, welche aufbereitete Daten für ein Entgelt zur Verfügung stellen und somit auch ein Zuverlässigkeitsversprechen im Rahmen der Dienstleistung abgeben.

2.3.4 Konzept zur Bewertung von Informationen

Besonders für komplexe und interdisziplinäre Projekte, wie in der Produktentwicklung oder der Fabrikplanung, spielt eine hohe Verfügbarkeit korrekter Informationen eine erfolgskritische Rolle. Durch unterschiedliche fachliche Ausrichtungen der Akteure kann es bereits innerhalb eines Planungsteams zu einer Intransparenz der Informationsverteilung kommen. Somit treten Informationsdefizite auf, welche besonders bei schwach strukturierten und wissensintensiven Prozessen üblich sind.[156]

Dazu hat KNAUER ein Konzept entwickelt, das einen Informationsraum definiert, der eine Gesamtheit aller verfügbaren Informationen darstellt, unabhängig davon, ob es sich um unstrukturierte oder strukturierte Informationen handelt.[157]. Der Informationsraum wird dabei durch die drei Dimensionen Relevanz der Information (1), Informationsqualität (2) und Erreichbarkeit (3) beschrieben (siehe Abbildung 2-9)[158]. Die Informationen im Informationsraum können Verweise auf weitere Informationen enthalten, wie z. B. die Beschreibung des Informationsprozesses, Verweise auf die Quelle der Information oder die Geschichte ihrer Erstellung[159]. Die drei Dimensionen sowie der sich ergebende Informationsraum werden im Folgenden kurz vorgestellt:

- Relevanz: Informationen haben eine hohe und globale Relevanz, wenn sie in direktem Zusammenhang mit der Unternehmensstrategie stehen. Diese Informationen müssen für das Planungsprojekt berücksichtigt werden und als Indikator für die Unternehmenssteuerung global an allen relevanten Standorten verfügbar sein. Beziehen sich Informationen auf einen

[156] Vgl. Knauer (2015), Act Big - neue Ansätze, S. 52.
[157] Vgl. Knauer (2015), Act Big - neue Ansätze, S. 51.
[158] Vgl. Knauer (2015), Act Big - neue Ansätze, S. 54.
[159] Vgl. Knauer (2015), Act Big - neue Ansätze, S. 54.

bestimmten Standort oder eine geografische Region, haben sie regionale oder lokale Relevanz[160]

- Informationsqualität: Mithilfe der Informationsqualität wird eine Aussage über den inhaltlichen Zustand von Informationen getroffen. Nach KNAUER kann die Qualität nach den drei Kriterien Vollständigkeit, Konsistenz und Korrektheit bewertet werden
- Erreichbarkeit: Die letzte Dimension ist die Erreichbarkeit. In dieser Dimension wird die Möglichkeit, Informationen zu erhalten, bewertet. Die drei Abstufungen beziehen sich auf das Vorhandensein, die Zugänglichkeit und die Verfügbarkeit der Informationen

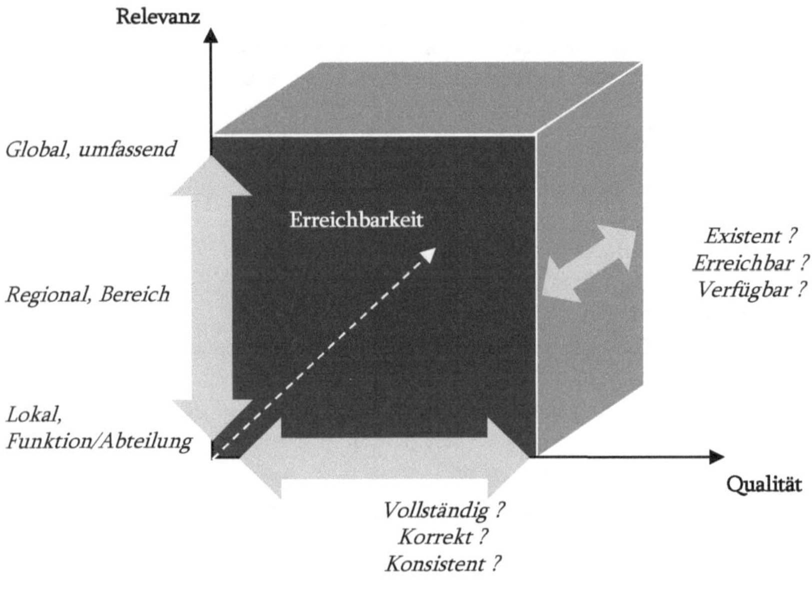

Abbildung 2-9: Darstellung des Informationsraums[161]

---

160 Knauer (2015), Act Big - neue Ansätze, S. 58.

161 Vgl. Knauer (2015), Act Big - neue Ansätze, S. 59ff.

Fügt man die drei Dimensionen Relevanz, Qualität und Erreichbarkeit zusammen, ergibt sich der in Abbildung 2-9 dargestellte Informationsraum. Über den eindeutigen Zustand im Dimensionsraum lassen sich Informationen bewerten und konzeptualisieren.

2.3.5 Zwischenfazit

In der Fabrikplanung muss eine große Menge an Informationen aus einem hochdynamischen Umfeld durch das Informationsmanagement strukturiert und bewertet werden, um sie über die Informationsinfrastruktur den Entscheidungsträgern in geeigneter Form zur Verfügung zu stellen. Dafür muss eine Transparenz über alle verfügbaren Informationen bestehen, die vor dem Hintergrund der jeweiligen Unternehmung reflektiert und bewertet werden müssen. Besonders die Standortplanung benötigt eine hohe Anzahl an externen Informationen, welche iterativ und in hoher Frequenz für eine Entscheidung beschafft und bewertet werden müssen. Web Technologien und ihre Fachmethoden ermöglichen die automatische Extraktion von Informationen aus strukturierten und semi-strukturieren Internetquellen. Diese müssten in einem strukturierten und automatisierten Verfahren verarbeitet werden, um nicht eine Überforderung des Planers durch eine Informationsflut zu verursachen. Daher werden im Folgenden das Vorgehen sowie die Methoden zur Entscheidungsfindung vorgestellt.

2.4 Grundlagen des Entscheidungsmanagements

Wie im vorangegangenen Kapitel hervorgehoben wurde, ist neben der Beschaffung und Bereitstellung von Informationen die Verarbeitung ein essenzieller Schritt. Besonders in einem Anwendungsfall wie der Standortplanung, in dem eine große Anzahl von Informationen verarbeitet werden muss, erfolgt dies zwingend systematisch und nachvollziehbar. Zusätzliche Herausforderungen, wie der Umgang mit mangelnden bzw. falschen Informationen, verkomplizieren den Entscheidungsprozess zusätzlich. Darüber hinaus sind die Einordnung und Priorisierung der Entscheidungs-variablen aufgrund der strategischen Relevanz einer Standortentscheidung individuell notwendig und maßgeblich für das Ergebnis der Entscheidung verantwortlich. Daher wird im Folgenden das Entscheidungsmanagement, die Lehre des Treffens von Entscheidungen sowie relevante Entscheidungsmethoden vorgestellt. Abschließend wird im Rahmen eines kurzen Exkurses das Thema Vertrauen in automatisierte Entscheidungsempfehlungen angesprochen.

2.4.1 Einführung in das Entscheidungsmanagement

Der Begriff Entscheidung kann durch die Abweichung von Ist- und Soll-Zustand charakterisiert werden. Demnach liegt eine Entscheidung vor, wenn der Entscheider durch die Wahl einer Handlungsalternative die Differenz zwischen dem Ist- und dem Soll-Zustand minimieren kann. Diese Definition gilt nur, wenn der Entscheider aus mindestens zwei Handlungsalternativen wählen kann. SCHUBERT verfolgt einen ähnlichen Definitionsansatz und charakterisiert eine Entscheidung durch zwei wesentliche Merkmale:[162]

- Es existieren mindestens zwei Alternativen, d. h. mindestens zwei unterschiedliche Möglichkeiten zur Erreichung eines definierten Ziels
- Es besteht mindestens eine Restriktion, sodass es nicht möglich ist, alle Alternativen gleichzeitig zu wählen.

Ähnlich wie die Definition einer Entscheidung kann ein Entscheidungsproblem als die Identifizierung und Auswahl von Alternativen zur Überwindung einer Differenz zwischen dem Ist- und dem Soll-Zustand definiert werden.[163] Der Entscheidungsträger

[162] Vgl. Schubert und Klein (2018), Das Politiklexikon, S. 88.
[163] Vgl. Pliego Marugán et al. (2017), Optimal decision-making via binary decision, S. 5272.

steht also vor dem Problem, sich zwischen zwei Alternativen entscheiden zu müssen, wobei die Konsequenzen der einzelnen Alternativen zu berücksichtigen sind.[164]

Sofern ein Entscheidungsproblem vorliegt, kann zwischen einem strategischen, taktischen und operativen Entscheidungsproblem unterschieden werden. Neben der eben genannten Klassifizierung kann das Entscheidungsproblem auch nach seiner Wiederholungsrate differenziert werden (siehe Abbildung 2-10).

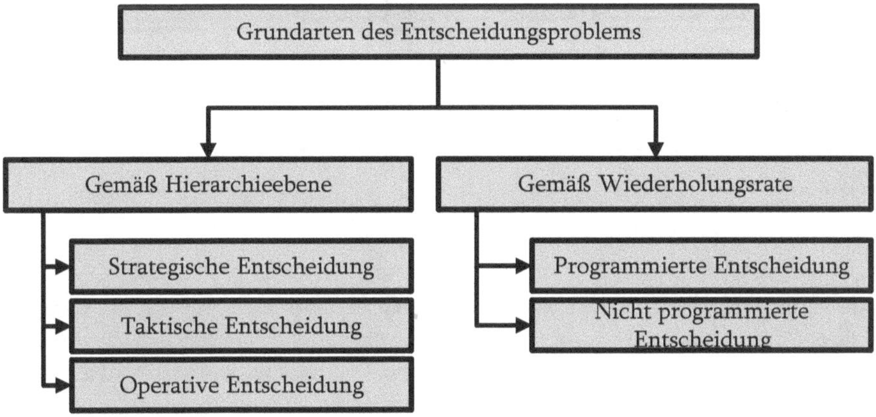

Abbildung 2-10: Differenzierung der Entscheidungsprobleme nach Hierarchieebene und Wiederholungsrate[165]

Eine strategische Entscheidung ist gekennzeichnet durch die Institutionalisierung eines umfassenden Prozesses, der die Ausrichtung des Unternehmens in den folgenden Geschäftsjahren maßgeblich bestimmen kann. Entsprechend ist eine strategische Entscheidung meist mit einem hohen finanziellen Risiko verbunden.[166] Ziel der taktischen Entscheidung ist es wiederum, die zuvor festgelegten strategischen Ziele in Teilziele zu zerlegen und diese für den operativen Entscheidungsprozess vorzubereiten.[167] Letztlich werden strategische und taktische Entscheidungen durch die Lösung von operativen Entscheidungsproblemen umgesetzt, indem der beste Handlungsrahmen ermittelt wird. Es ist zu erwähnen, dass dies unter Berücksichtigung der finanziellen und personellen Ressourcen geschieht, die kurz- und mittelfristig nicht verändert werden können. Dementsprechend ist der Spielraum für die Lösung

[164] Vgl. Grünig und Kühn (2013), Entscheidungsverfahren für komplexe Probleme, S. 7ff.
[165] Vgl. Pliego Marugán et al. (2017), Optimal decision-making via binary decision, S. 5273.
[166] Vgl. Kasprik (2002), Rationale Unternehmens- und Marketingplanung, S. 3ff.
[167] Vgl. Kasprik (2002), Rationale Unternehmens- und Marketingplanung, S. 3ff.

von operativen Entscheidungsproblemen stark begrenzt und hat ein geringes finanzielles Risiko. Eine Gegenüberstellung von strategischer, taktischer und operativer Entscheidungsfindung ist in Abbildung 2-11 dargestellt.[168]

	Strategische Entscheidung	Taktische Entscheidung	Operative Entscheidung
Fristigkeit	+5 Jahre, langfristig	1-5 Jahre, mittelfristig	> 1 Jahr, kurzfristig
Finanzielles Risiko	hoch	mittel	gering
Benötigte Informations-ressourcen	hoch	mittel	gering

Abbildung 2-11: Gegenüberstellung von strategischen, taktischen und operationalen Entscheidungen[169]

Wie bereits erwähnt, kann auch die Wiederholungsrate von Entscheidungsproblemen unterschieden werden. Liegt eine programmierte Entscheidung vor, so tritt das Entscheidungsproblem in regelmäßigen Zeitabständen auf und es kann sowohl eine standardisierte als auch eine vollautomatische Entscheidungsunterstützung bereitgestellt werden. Spricht man wiederum von einer unprogrammierten Entscheidung, so weisen die Entscheidungsprobleme geringe Synergieeffekte zu vorherigen Entscheidungsproblemen auf. Dementsprechend sind Entscheidungsprobleme dieser Art mit einem hohen Schwierigkeitsgrad verbunden und müssen von dedizierten Experten gelöst werden. Weiterhin ist eine vollständige Automatisierung zur Lösung des Entscheidungsproblems nicht oder nur unter sehr hohem Aufwand möglich.[170]

Aufbauend auf diesen Einordnungen soll nun genauer auf die Entscheidungstheorie eingegangen werden, welche der Entwicklung von Hilfestellungen zum Treffen von besseren Entscheidungen dient. Diese kann grundsätzlich in drei Forschungsfelder unterteilt werden (siehe Abbildung 2-12).[171]

---

[168] Vgl. Kasprik (2002), Rationale Unternehmens- und Marketingplanung, S. 3ff.

[169] Vgl. Kasprik (2002), Rationale Unternehmens- und Marketingplanung, S. 3ff.

[170] Vgl. Pliego Marugán et al. (2017), Optimal decision-making via binary decision, S. 5274.

[171] Vgl. Bamberg et al. (2008), Betriebswirtschaftliche Entscheidungslehre, S. 1.

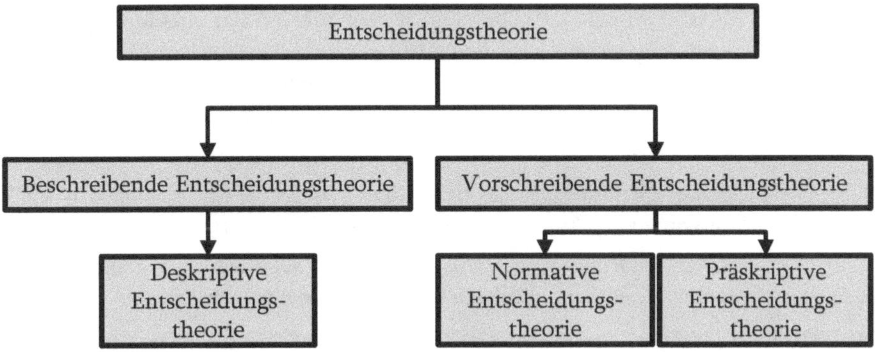

Abbildung 2-12: Entscheidungstheoretische Ansätze[172]

Die deskriptive Entscheidungstheorie beschäftigt sich mit der Frage, wie Entscheidungen in der Realität getroffen werden und versucht dementsprechend, menschliches Entscheidungsverhalten zu verstehen und letztlich vorherzusagen. So ist diese Teildisziplin in der Lage, auf der Basis umfangreicher empirischer Untersuchungen systematische Fehler beim Entscheidungsprozess aufzudecken und Empfehlungen auszusprechen, wie diese Fehler effektiv vermieden werden können.[173] Die normative Entscheidungstheorie wiederum beschäftigt sich damit, wie eine Entscheidung idealerweise getroffen werden sollte. Dazu geht diese von einem vollkommen rationalen Individuum, dem Homo oeconomicus, aus.[174] Der Homo oeconomicus zeichnet sich dadurch aus, dass ihm alle Informationen und unbegrenzte kognitive Fähigkeiten jederzeit zur Verfügung stehen. Die daraus abgeleiteten statischen Entscheidungsmodelle ermöglichen in diesem Zusammenhang die Systematisierung von Entscheidungsverhalten und die Entwicklung von Entscheidungsunterstützungssystemen. In realen, anwendungsbezogenen Situationen ist ein statisches Modell zur Beschreibung von Entscheidungssituationen jedoch nur bedingt einsetzbar. Zum einen ist es nur in den seltensten Fällen möglich, dass dem Entscheidungsträger alle notwendigen Informationen zur Verfügung stehen, zum anderen kann nicht davon ausgegangen werden, dass er über unendliche kognitive Fähigkeiten verfügt.[175] Die präskriptive Entscheidungstheorie hingegen beschäftigt sich mit der Frage, wie sich der Entscheidungsträger verhalten sollte, um bestimmte

[172] Vgl. Brown (1989), Toward a prescriptive science, S. 467.

[173] Vgl. Rommelfanger und Eickemeier (2002), Entscheidungstheorie, S. 2f.

[174] Vgl. Rommelfanger und Eickemeier (2002), Entscheidungstheorie, S. 2.

[175] Vgl. Schneeweiß (1991), Planung, S. 84.

Ziele bestmöglich zu erreichen.[176] Das Ziel der präskriptiven Entscheidungstheorie ist es, den Entscheidungsträger bei der Lösung eines Entscheidungsproblems zu unterstützen und so zu strukturieren, dass der Entscheidungsträger möglichst einfach und rational entscheiden kann.[177] Nach GRÜNIG ist eine Entscheidung in präskriptiver Hinsicht rational, wenn[178]

- der Entscheidungsprozess durchgängig zielgerichtet ist und sich somit konsequent an den übergeordneten Zielen orientiert.
- die im Entscheidungsprozess angestellten Überlegungen auf möglichst objektiven und vollständigen Informationen basieren.

Im Gegensatz zu einer normativen Entscheidungstheorie, die von einem Homo oeconomicus ausgeht, bezieht sich die präskriptive Entscheidungstheorie auf die realen Umstände einer Entscheidungssituation. Das heißt, sie berücksichtigt, dass der Entscheider zur Lösung seines Entscheidungsproblems über unvollständige Informationen verfügt und nicht auf unbegrenzte kognitive Fähigkeiten zurückgreifen kann.[179]

2.4.2 Abgrenzung von analytischen und heuristischen Entscheidungsverfahren

Mithilfe eines Entscheidungsverfahrens ist es grundsätzlich möglich, die Lösung für ein Entscheidungsproblem zu entwickeln. Daher können diese den Entscheidungsträger bei seiner Entscheidungsfindung aktiv unterstützen. Von einem Entscheidungsverfahren kann gesprochen werden, wenn es zum einen ein System gibt, das intersubjektiv nachvollziehbare Regeln nutzt und zum anderen zur Bewältigung einer bestimmten Art von Entscheidungsproblem eingesetzt werden kann.[180]

An dieser Stelle ist es wichtig zu beachten, dass bei Entscheidungsverfahren zwischen analytischem und heuristischem Vorgehen unterschieden werden kann. Verwendet der Entscheider ein analytisches Vorgehen, trifft er seine Entscheidung ausschließlich auf der Basis quantitativer Daten. Subjektive Einflüsse wie Erfahrung und Intuition werden nicht in den Entscheidungsprozess integriert. Angesichts dessen liegt der Hauptvorteil der analytischen Methode darin, dass sie immer die bestmögliche Lösung

[176] Vgl. Eisenführ et al. (2010), Rationales Entscheiden, S. 4ff.
[177] Vgl. Grünig und Kühn (2013), Entscheidungsverfahren für komplexe Probleme, S. 2.
[178] Vgl. Grünig und Kühn (2013), Entscheidungsverfahren für komplexe Probleme, S. 44f.
[179] Vgl. Eisenführ et al. (2010), Rationales Entscheiden, S. 4ff.
[180] Vgl. Streim (1975), Heuristische Lösungsverfahren, S. 144f.

für das Entscheidungsproblem identifiziert. Allerdings ist die analytische Lösungsmethode nur unter den folgenden restriktiven Bedingungen anwendbar:[181]

- Die Problembeschreibung enthält nur quantitative Daten oder kann zumindest auf diese reduziert werden.
- Dem Vorgehen sind klare Regeln zugeordnet, ab wann eine Lösung akzeptabel ist oder nicht. Sofern eine akzeptable Lösung vorliegt, wird von einem wohldefinierten Problem gesprochen. Ist dies nicht der Fall, wird von einem schlecht definierten Problem gesprochen.
- Die optimale Lösung muss unter einem akzeptablen Zeit- und Kostenaufwand gefunden werden. Wenn dies der Fall ist, ist das Problem gut strukturiert. Andernfalls liegt ein schlecht strukturiertes Problem vor.

Es kann folglich nur von einem analytischen Entscheidungsverfahren Gebrauch gemacht werden, wenn das Entscheidungsproblem ausschließlich quantitative Daten enthält und damit sowohl wohldefiniert als auch wohlstrukturiert ist.[182] Es ist jedoch zu erwähnen, dass die Anforderungen an ein analytisches Entscheidungsverfahren nur in den seltensten Fällen erfüllt sind. Dies ist sowohl auf die hohen Kosten eines analytischen Verfahrens, als auch auf den hohen Zeitaufwand für dessen Erstellung zurückzuführen. Für den Fall, dass ein analytisches Verfahren nicht gewählt werden kann, muss ein heuristischer Ansatz verwendet werden.[183]

Ein heuristischer Entscheidungsansatz zeichnet sich insbesondere dadurch aus, dass dieser trotz der Verwendung unvollständiger Informationen eine akzeptable Lösung ermöglicht. Im Einzelnen kann ein heuristisches Verfahren durch folgende Eigenschaften beschrieben werden:[184]

- Problemfaktorisierung: Wenn ein Entscheidungsproblem vorliegt, das nicht in einem Schritt gelöst werden kann, wird es in zahlreiche Teilprobleme zerlegt. Die resultierenden Teilprobleme können schließlich parallel oder sequenziell abgearbeitet werden.
- Modellbildung: Die jeweiligen Teilprobleme sind optimal zu strukturieren, sodass die Anwendung eines bewährten Lösungsverfahrens ermöglicht wird.

[181] Vgl. Simon und Newell (1958), Heuristic Problem Solving, S. 4ff.
[182] Vgl. Minsky (1961), Steps toward Artificial Intelligence, S. 8ff.
[183] Vgl. Nitzsch (2017), Entscheidungslehre, S. 28.
[184] Vgl. Grünig und Kühn (2013), Entscheidungsverfahren für komplexe Probleme, S. 88ff.

- Teilproblem-Reduktion: Den definierten Teilproblemen können wiederum weitere Teilziele zugeordnet werden, sodass eine Bewertung des Erfüllungsgrads des jeweiligen Problems möglich ist.
- Generieren und Testen: Eine Lösung ist nur dann zufriedenstellend, wenn sie für den Entscheider akzeptabel ist oder wenn keine bessere Alternative identifiziert werden kann.
- Begrenzte Rationalität: Das Ziel eines heuristischen Entscheidungsprozesses ist es nicht, die beste Lösung zu finden, sondern eine für den Entscheider akzeptable Lösung.

Allerdings hat ein heuristisches Entscheidungsverfahren ohne entsprechende Modifikationen verschiedene Einschränkungen. Analytische Methoden stoßen bereits bei einem computergesteuerten Gegner in einer Schachpartie an ihre Grenzen, weshalb Heuristiken eingesetzt werden müssen.[185] Trotz der verschiedenen Einschränkungen ist es jedoch erwähnenswert, dass die Ausgangsbasis von dieser Arbeit ein heuristisches Vorgehen in der Standortplanung ist. Dies liegt vorrangig daran, dass dies ein hochkomplexes Unterfangen ist, das durch einen analytischen Ansatz nicht vollständig beschrieben werden kann und die kognitiven Fähigkeiten des Menschen überfordert.

2.4.3 Übersicht relevanter Methoden zur Entscheidungshilfe

Heuristische Dekomposition

Die heuristische Dekomposition basiert auf der Tatsache, dass ein Problem in eine beliebige Anzahl von Teilproblemen zerlegt werden kann. Dieser Ansatz wird immer dann verwendet, wenn ein analytischer Ansatz aufgrund der Komplexität der Entscheidung nicht realisiert werden kann. Es sollte auch erwähnt werden, dass die Zerlegung eines Problems in Teilprobleme in vielen Entscheidungsmodellen enthalten ist und daher modular erweitert werden kann. Somit kann die heuristische Dekomposition als Grundlage für eine Individualisierung auf das Problem dieser Arbeit dienen. An dieser Stelle wird das Prinzip auf sieben Schritte beschränkt, sodass eine Integration weiterer Entscheidungsverfahren ermöglicht wird.[186] Der detaillierte Prozess einer heuristischen Dekomposition wird in Abbildung 2-13 dargestellt und im Folgenden näher erläutert.

[185] Vgl. Grünig und Kühn (2013), Entscheidungsverfahren für komplexe Probleme, S. 66.

[186] Vgl. Nitzsch (2017), Entscheidungslehre, S. 340.

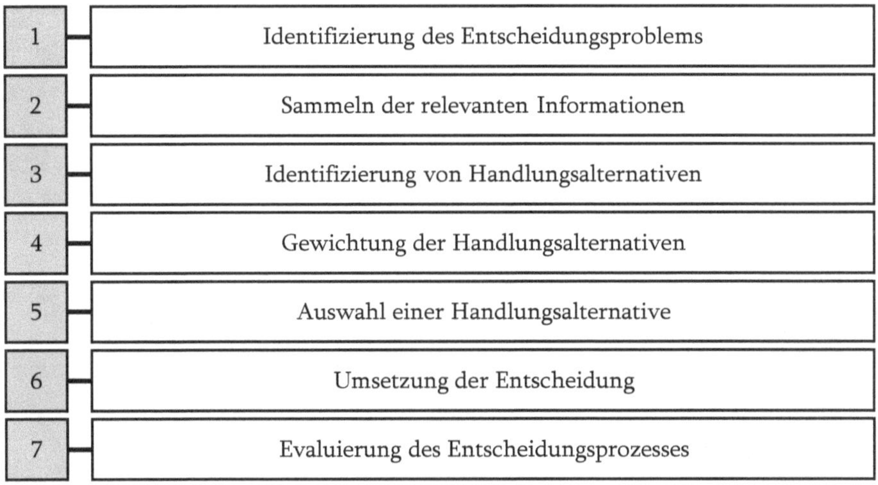

Abbildung 2-13: Sieben Schritte des Vorgehens der heuristischen Dekomposition[187]

Am Anfang der heuristischen Dekomposition steht die Identifikation des Entscheidungsproblems sowie des zu erreichenden Ziels. Diesem Schritt kann eine besondere Prägnanz zugesprochen werden, da die Klärung des Ziels in einem direkten Zusammenhang mit dem Erfolg einer Entscheidung steht. Es gilt: Je detaillierter die Definition des Ziels ist, desto gezielter können die Informationen gesammelt werden, die für eine effiziente Auswahl von Alternativen relevant sind.[188]

Im zweiten Schritt werden schließlich alle Information aggregiert, die für eine Auswahl der richtigen Entscheidungsalternative relevant sind. In diesem Schritt ist besonders die Art der Entscheidung relevant. Ist die Entscheidung bspw. strategischer Natur, ist davon auszugehen, dass diese noch einen hohen Anteil an Unsicherheit enthält. Aus diesem Grund muss die Informationsaggregration möglichst detailliert sein und es müssen ggf. weitere Informationen beschafft werden.[189]

Im darauffolgenden Schritt werden alle Alternativen identifiziert, die für das Entscheidungsproblem zur Auswahl stehen. An dieser Stelle sei jedoch erwähnt, dass die Identifikation der Alternativen wertneutral erfolgen sollte. Eine etwaige Gewichtung oder Kategorisierung der Alternativen erfolgt in diesem Schritt noch

[187] Vgl. Nitzsch (2017), Entscheidungslehre, S. 340.
[188] Vgl. Lunenburg (2010), Decision Making Process, S. 3f.
[189] Vgl. Kasprik (2002), Rationale Unternehmens- und Marketingplanung, S. 3ff.

nicht. Dies liegt vor allem daran, dass die Identifikation von möglichen Alternativen, im Falle einer direkten Bewertung, zu schnell eingegrenzt wird. Dies kann folglich dazu führen, dass vielversprechende Alternativen nicht weiter betrachtet werden.[190]

Im vierten Schritt werden die identifizierten Alternativen in Abhängigkeit von möglichen Umweltprognosen und Einflussfaktoren schließlich in eine Ergebnismatrix überführt, bevor im fünften Schritt die eigentliche Auswahl der besten Alternative erfolgt.[191] Die Auswahl erfolgt auf der Grundlage der Ergebnismatrix, des ganzheitlichen Wissens des Entscheiders und einer reflektierten Gewichtung der Alternativen.[192] Im sechsten Schritt folgt schließlich die Umsetzung der Entscheidung und im siebten Schritt wird das Ergebnis der umgesetzten Alternative evaluiert.[193]

Die heuristische Dekomposition zeichnet sich in der Nutzung durch ihre einfache Anwend- und Erweiterbarkeit in verschiedenen Einsatzbereichen aus. Darüber hinaus ist die klare Trennung zwischen der Verarbeitung von qualitativen und quantitativen Daten als Vorteil zu nennen. Klare Nachteile dieser Methode sind die fehlende Kompensation von Fachwissen aufseiten des Nutzers, dass Fehlentscheidungen nicht vermieden und heruntergebrochene Teilentscheidungen mit der Methode nicht wieder zusammengeführt werden können.[194]

Analytical Hierarchy Process

Der von SAATY entwickelte Analytical Hierarchy Process (AHP) ist eine Methode zur Lösung von multi-kriteriellen Entscheidungsproblemen, wie dem Standortauswahlverfahren. Dazu zerlegt der AHP das eigentliche Entscheidungsproblem in hierarchisch angeordnete Teilprobleme. Die schrittweise hierarchische Lösung erlaubt schließlich eine schrittweise Reduktion der Komplexität des Entscheidungsproblems. Dazu werden die einzelnen Komponenten der Hierarchie durch einen paarweisen Vergleich zueinander in Beziehung gesetzt. Dies ermöglicht einerseits eine ganzheitliche Erfassung des Entscheidungsproblems und andererseits eine Bewertung der einzelnen Teilsysteme. Zusätzlich bezieht dieses Verfahren die menschlich deduktive und systematische Denkweise mit ein. Daher kann diese Methode als benutzerfreundlich und intuitiv eingestuft werden.[195] Weiterhin kann der AHP zu den

[190] Vgl. Nitzsch (2017), Entscheidungslehre, S. 351ff.
[191] Vgl. Nitzsch (2017), Entscheidungslehre, S. 354ff.
[192] Vgl. Nitzsch (2017), Entscheidungslehre, S. 364.
[193] Vgl. Lunenburg (2010), Decision Making Process, S. 5f.
[194] Vgl. Grünig und Kühn (2013), Entscheidungsverfahren für komplexe Probleme, S. 71.
[195] Vgl. Saaty (1990), Decision making for leaders, S. 1ff.

Entscheidungsunterstützungssystemen gezählt werden. Ein solches ermöglicht die teilautomatisierte Entscheidungsunterstützung eines komplexen Problems.[196]

Am Anfang der Methode steht die Dekomposition des Entscheidungsproblems in eine Zielebene, eine Kriterienebene, eine Unterkriterienebene und eine Alternativenebene. Dieser Schritt ist analog zur heuristischen Dekomposition. Bei der Dekomposition gibt es zwei Dinge zu beachten. Zum einen steigt der Aufwand dieser Methode sukzessive an, sobald die Hierarchie mehrere Unterkriterien enthält. Zum anderen muss darauf geachtet werden, dass es keine horizontalen Abhängigkeiten auf der Kriterienebene gibt. Aus diesem Grund sollten die Unterkriterien so angeordnet werden, dass sie sich auf der gleichen Ebene wie die Werte des darüber liegenden Kriteriums befinden.[197] Abbildung 2-14 stellt das Vorgehen des AHP übersichtlich dar. Im Folgenden wird noch auf die Kernschritte des AHP eingegangen.

1	Definieren des Ziels des Entscheidungsprozesses
2	Strukturierung des Ziels in Kriterien und Subkriterien
3	Sammeln der notwendigen Informationen für den nachfolgenden Schritt
4	Durchführung eines paarweisen Vergleichs für jedes (Sub)-Kriterium
5	Berechnung der Gewichtung der einzelnen (Sub)-Kriterien
6	Evaluierung der Alternativen bezüglich ihrer Gewichtung
7	Evaluierung des Entscheidungsprozesses

Abbildung 2-14: Vorgehen des Analytical Hierarchie Process (AHP)[198]

In einem ersten Schritt wird das Entscheidungsziel definiert und schließlich hierarchisch in Kriterien und Unterkriterien unterteilt. Kriterien sind in diesem Zusammenhang Bedingungen, die erfüllt sein müssen, um das Entscheidungsziel zu erreichen. Unterkriterien hingegen sind Kriterien, die erfüllt sein müssen, damit das

[196] Vgl. Zarate (2013), Tools for Collaborative Decision-Making, S. 39ff.

[197] Vgl. Saaty (1990), Decision making for leaders, S. 30f.

[198] Vgl. Saaty (1990), Decision making for leaders, S. 92f.

übergeordnete Kriterium erfüllt werden kann.[199] Es ist möglich, die Hierarchie so detailliert wie gewünscht einzurichten. Der Detaillierungsgrad sollte jedoch in einem angemessenen Verhältnis zum Entscheidungsziel stehen, damit unnötige Komplexität vermieden werden kann. Nach der Strukturierung der Hierarchie, der Beschaffung der notwendigen Daten und der Entwicklung möglicher Handlungsalternativen werden schließlich die Kriterien und Unterkriterien paarweise miteinander verglichen. Dazu wird die Priorität von zwei Unterkriterien mit dem jeweils übergeordneten Kriterium verglichen. Um einen einheitlichen Bewertungsprozess zu gewährleisten, hat SAATY hierfür eine eigenständige Bewertungsskala definiert. Mithilfe dieser Bewertungsskala kann die Priorisierung der Kriterien von mehreren Personen vorgenommen und eine vorberechnete Priorisierung erstellt werden.[200]

Nach dem paarweisen Vergleich der Kriterien, Unterkriterien und Alternativen werden zunächst die Spaltendezimalwerte der jeweiligen Kriterien berechnet, um anschließend die Angemessenheitsmatrix normalisieren zu können. Abschließend werden die einzelnen Kriterien nach der folgenden Formel gewichtet:[201]

$$\mathbf{W_i} = \sum \frac{\sum_n^i \mathbf{x_n}}{\sum_n^i \mathbf{x_m}} \tag{2-1}$$

W_i:	Gewichtung des einzelnen Kriteriums, Sub-Kriteriums oder der Alternative
x_n:	Zeilensumme der normalisierten Matrix
x_m:	Anzahl der paarweisen verglichenen Kriterien

Im Anschluss werden die Gewichte der Kriterien, mit denen der Alternativen multipliziert, um eine Gesamtgewichtung zu erhalten. Auf Basis der Gesamtgewichtung ist die Auswahl der vorteilhaftesten Alternativen im definierten Zielrahmen möglich.[202]

$$\boldsymbol{AHP = \sum_{i}^{1} W_{SK} \times W_V} \tag{2-2}$$

AHP:	Gesamtgewichtung
W_{SK}:	Gewichtung der Sub-Kriterien
W_V:	Gewichtung der Alternativen

199 Vgl. Saaty (1990), Decision making for leaders, S. 30ff.

200 Vgl. Saaty (1990), Decision making for leaders, S. 72ff.

201 Vgl. Ghazvinei et al. (2017), Combine LCA and AHP, S. 29ff.; Saaty (1987), The analytic hierarchy process, S. 170ff.

202 Vgl. Ghazvinei et al. (2017), Combine LCA and AHP, S. 29ff.

Der Analytical Hierarchy Process zeichnet sich durch eine einfache Umsetzung und leichte Anpassbarkeit an die Komplexität eines spezifischen Entscheidungsproblems aus. Darüber hinaus ist die Integration von sowohl objektiven, als auch subjektiven Präferenzen von verschiedenen Entscheidungsträgern oder sogar Entscheidungsteams möglich. Auch können mithilfe der Entscheidungsmethode konfligierende Entscheidungen gelöst werden. Trotzdem ist der AHP ein sehr zeitaufwendiges Verfahren. Es besteht die Möglichkeit, dass Inkonsistenzen zwischen Beurteilungs- und Rangkriterien auftreten sowie die Interdependenzen zwischen Kriterien und Alternativen in der Anwendung nur schwer lösbar sind.[203]

Case Based Reasoning

Das Prinzip des Case Based Reasoning (CBR) beschreibt ein Entscheidungsunterstützungssystem, das den Entscheidungsträger mithilfe von Inferenzen aus vergangenen Entscheidungen unterstützt. Die Grundidee von CBR basiert auf der allgemeinen Denkweise eines Menschen zur Lösung eines Problems. Dazu werden Erfahrungen aus vorangegangenen Entscheidungsprozessen in sogenannten Fällen (engl. Cases) gespeichert. Im Falle von CBR ist ein Fall dadurch gekennzeichnet, dass in ihm die Problemdefinition des Entscheidungsproblems, die Vorgehensweise zur Lösung und die Ergebnisse der Entscheidung gespeichert sind.[204] Jede getroffene Entscheidung wird daher detailliert erfasst und in einer sogenannten Fallbibliothek gespeichert. Folglich steht die Größe der Fallbibliothek in direktem Zusammenhang mit der Effektivität dieses Verfahrens. Nur wenn eine ausreichend große Anzahl von Fällen in der Fallbibliothek vorhanden ist, kann CBR zufriedenstellende Ergebnisse erzielen.[205]

Der Prozess des CBR kann im Prinzip durch einen Prozesszyklus beschrieben werden, der sich in vier Hauptaufgaben unterteilen lässt. Diese sind in Abbildung 2-15 nach dem von AAMODT und PLAZA entwickelten CBR-Zyklus dargestellt.[206]

[203] Vgl. Velasquez und Hester (2013), An analysis of multi-criteria decision, S. 63.
[204] Vgl. Gilboa und Schmeidler (2001), A theory of case-based decisions, S. 34.
[205] Vgl. Wang (2000), Meta Decision Making, S. 113.
[206] Vgl. Lenz et al. (1998), Case-Based Reasoning Technology, S. 10.

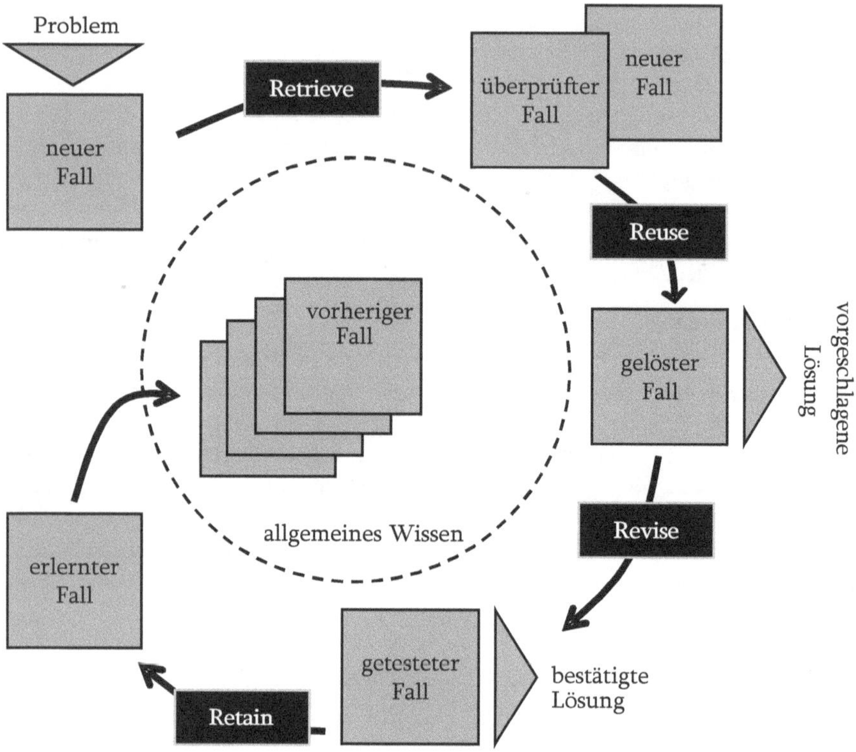

Abbildung 2-15: Case Based Reasoning-Zyklus nach AAMODT und PLAZA[207]

Die zusätzlichen Aufgaben, die das CBR-System ausführen muss, werden durch die vier R‘s definiert - Retrieve, Reuse, Revise und Retain. Retrieve charakterisiert einen Zustand, in dem auf Basis eines anstehenden Entscheidungsproblems mindestens ein Fall identifiziert wurde, der zur Unterstützung der Entscheidung verwendet werden kann. Daran anknüpfend beschreibt Reuse die Verwendung gespeicherter Problemlösungsvarianten, die potenziell zur Lösung des aktuellen Entscheidungsproblems verwendet werden können. Da der Schritt Reuse mit einer gewissen Ungenauigkeit behaftet ist, muss eine externe Validierung zwischengeschaltet werden, bevor mit dem Schritt Retain fortgefahren wird. Dadurch wird sichergestellt, dass nur solche Lösungs-

[207] Aamodt und Plaza (1994), Case-Based Reasoning, S. 54.

vorschläge in Betracht gezogen werden, die tatsächlich auf das aktuelle Entscheidungsproblem angewendet werden können. Dieser Schritt wird auch als Überarbeiten bezeichnet. Anschließend werden die Ergebnisse und das Wissen aus der Lösung des aktuellen Entscheidungsproblems und einer möglichen Überarbeitung in das System übertragen. Für diesen Schritt gibt es nicht die eine richtige Vorgehensweise, sondern es sind verschiedene Vorgehensweisen denkbar. So ist es bspw. möglich, jeden Fall mit einer spezifischen Erklärung zu versehen und ohne weitere Aktivität in der Fallbibliothek zu speichern. Es wäre auch möglich, das Wissen zu jedem Fall in Abhängigkeit von einem Ähnlichkeitsmaß oder von Matching-Regeln separat zu speichern. Dieser Ansatz würde einen Lernprozess darstellen, der mit jedem gespeicherten Fall effektiv zunehmen würde.[208]

Das CBR zeichnet sich durch eine einfache und schnelle Identifikation von Entscheidungsmöglichkeiten sowie einer verbesserten Lernfähigkeit im Gegensatz zu anderen Entscheidungsmethoden aus. Darüber hinaus passt sich das CBR automatisch an neue Rahmen- und Umgebungsbedingungen an. Jedoch ist das CBR nur eingeschränkt anwendbar bis eine ausreichende Fallzahl aus der Vergangenheit vorliegt. Darüber ist die Identifikation von passenden Fällen kompliziert und abhängig von der Komplexität des Entscheidungsproblems. Auch ist das Verfahren anfällig gegenüber inkonsistenten Daten und kann daher im Alltag nur auf klar definierte Entscheidungsprobleme angewendet werden.[209]

ELECTRE III

Die ELECTRE-Methode (Elimination of Choice Translation Reality) wurde von Bernard ROY in den 1960er Jahren entwickelt. Da die ELECTRE-Methode in zahlreiche Varianten unterteilt werden kann, die jeweils eine andere spezifische Funktion erfüllen, wird im Verlauf dieses Abschnitts die ELECTRE III-Methode ausführlicher beschrieben. Obwohl alle Varianten auf dem gleichen Grundprinzip beruhen, erlaubt die ELECTRE III-Methode die Implementierung eines Ranking-Problems. Dies wird insbesondere dann genutzt, wenn die relative Wichtigkeit der Entscheidungskriterien gewichtet werden soll.[210]

Das Vorgehen dieser Methode lässt sich in sieben Schritte unterteilen, welche in Abbildung 2-16 abgebildet sind, sowie im Folgenden erläutert werden.

[208] Vgl. Lenz et al. (1998), Case-Based Reasoning Technology, S. 10f.

[209] Vgl. Velasquez und Hester (2013), An analysis of multi-criteria decision, S. 63.

[210] Vgl. Zimmermann und Gutsche (1991), Multi-Criteria Analyse, S. 204ff.

1. Definieren des Ziels und Bereitstellung der relevanten Daten
2. Normierung der Entscheidungsmatrix
3. Gewichtung der normierten Entscheidungsmatrix
4. Berechnung des Konkordanzindexes
5. Berechnung des Diskordanzindexes
6. Bestimmung der Glaubwürdigkeitsmatrix
7. Erstellung der Rangfolge der Alternativen

Abbildung 2-16: Vorgehen der ELECTRE III-Methode

Zu Beginn des Entscheidungsprozesses müssen die für die Entscheidung relevanten Daten bereitgestellt werden. Diese dienen dann als Gewichte für die entscheidungsrelevanten Kriterien und werden folglich in eine Entscheidungsmatrix übertragen. In einem zweiten Schritt werden die Kriterien x_{ij} innerhalb der Entscheidungsmatrix normiert. Dazu wird die folgende Formel verwendet:[211]

$$r_{ij} = \frac{x_{ij}}{\sqrt{\sum_{i=1}^{m} (x_{ij})^2}} \; \textbf{für alle } 1 \leq i \leq m; 1 \leq j \leq n \qquad (2\text{-}3)$$

Es folgt die Gewichtung der standardisierten Entscheidungsmatrix. Dazu werden die Kriterien auf Basis der subjektiven Einschätzung des Entscheiders gewichtet. Die gewichteten Kriterien spiegeln letztlich die Entscheidungspräferenzen des Entscheiders wider. Folglich wird die standardisierte Entscheidungsmatrix mit der Gewichtung der Kriterien multipliziert. Die Schritte vier und fünf der ELECTRE III-Methode stellen den Kern des Verfahrens dar. Im vierten Schritt wird die sogenannte Konkordanzmatrix erstellt. Die Konkordanzmenge C_{kl} besteht aus allen Indizes der Kriterien, für die die Alternative a der Alternative b vorgezogen wird oder mindestens

[211] Zimmermann und Gutsche (1991), Multi-Criteria Analyse, S. 208.

gleichwertig ist. Der in der Konkordanzmatrix enthaltene Konkordanzindex misst die Stärke der soeben beschriebenen Hypothese, dass die Alternative a mindestens so gut ist wie die Alternative b und wird nach folgender Formel berechnet:[212]

$$C_{kl} = \frac{\sum_{j \epsilon c_{kl}} W_j}{\sum_{j=1}^{n} W_j} \tag{2-4}$$

W_j: Gewichtung der einzelnen Kriterien

C_{kl}: Menge der Kriterien, für welche gilt, dass Alternative a gleich bzw. besser als Alternative b ist

Im fünften Schritt folgt schließlich die Bestimmung des Gegenstücks zur Konkordanzmatrix. Die sogenannte Diskordanzmatrix D_{ab} misst die Argumente, die gegen eine Bevorzugung von Alternative a gegenüber Alternative b sprechen. Dafür werden statt der Kriteriengewichtung die Differenzen aus der Attributsausprägungsmatrix V genutzt mittels nachfolgender Formel:[213]

$$D_{ab} = \frac{\max\limits_{j \in D_{ab}} |V_{ab} - V_{1b}|}{\max\limits_{j \in J} |V_{ab} - V_{1b}|} \tag{2-5}$$

$$f\ddot{u}r\ alle\ 1 \leq a; 1 \leq b\ mit\ a \neq 1$$

Als eine Art Puffer wird ein Präferenzstellenwert eingeführt, der prüft, ab wann eine Wertzuweisung vorgenommen werden kann. Dieser muss vom Entscheider definiert werden. Die Veto-Schwelle kann wiederum für Kriterien definiert werden, die der Entscheider für besonders wichtig hält. Der sechste Schritt schließlich ist die Bestimmung der Glaubwürdigkeitsmatrix, die die Zuverlässigkeit der zuvor definierten Hypothese angibt. Wenn der Konkordanzindex für alle Kriterien größer oder gleich dem Diskordanzindex ist, dann ist der Grad der Glaubwürdigkeit gleich dem Konkordanzindex. Ist der Konkordanzindex wiederum niedriger als der Diskordanz-index, dann ist der Glaubwürdigkeitsgrad gleich dem Konkordanzindex, der in direkter Beziehung zur Wichtigkeit der Diskordanz gesenkt wurde. Schließlich wird im siebten und letzten Schritt die Rangfolge der Alternativen bestimmt.[214]

---

[212] Zimmermann und Gutsche (1991), Multi-Criteria Analyse, S. 209.

[213] Zimmermann und Gutsche (1991), Multi-Criteria Analyse, S. 210.

[214] Vgl. Zimmermann und Gutsche (1991), Multi-Criteria Analyse, S. 207ff.

FUZZY-Logik

Die von ZAHDEH[215] entwickelte FUZZY-Logik bietet eine theoretische Grundlage für die Darstellung von Unsicherheitsfaktoren. Der Begriff Unsicherheit beschreibt in diesem Zusammenhang eine Form der Ungewissheit bei quantitativen und insbesondere bei qualitativen Daten. Der Begriff der Unsicherheit lässt sich grundsätzlich in drei Kategorien einteilen:[216]

- Von stochastischer Unsicherheit spricht man, wenn das Eintreten einer Entscheidung nicht mit Sicherheit, d. h. mit objektiven Wahrscheinlichkeiten, vorhergesagt werden kann.
- Lexikalische Unsicherheit ist die Unsicherheit, die sich aus sprachlichen Ungenauigkeiten ergibt. Dazu gehören z. B. Begriffe wie ca. oder über. Eine besondere Form der lexikalischen Unschärfe wird durch sogenannte Fuzzy-Relationen gebildet. Diese entstehen, wenn mehrere Objekte in eine unscharfe Beziehung gesetzt werden, bspw. "Ich mag X lieber als Y."
- Informatorische Unsicherheit besteht, wenn bestimmte Begriffe auf subjektiven Festlegungen beruhen, für die zum Teil keine objektiven Bewertungsparameter verfügbar sind.

Lexikalische Unsicherheiten und unscharfe Beziehungen sind keine seltenen Phänomene in komplexen Entscheidungsproblemen. Diese Phänomene stellen jedoch kein großes Problem für den Entscheidungsträger dar, da der Mensch gelernt hat, diese Unschärfen zu klassifizieren. Ein Entscheidungsmodell, das auf einer zweiwertigen Logik [0, 1] basiert, ist nicht in der Lage, unscharfe Relationen richtig zu klassifizieren. Abstufungen in der Sprache und damit in der Entscheidungsfindung sind in der strategischen Entscheidungsfindung nicht zu vernachlässigen. An dieser Stelle erlaubt die Fuzzy-Logik die Integration von graduellen Abstufungen und der damit verbundenen Unschärfe. Eine solche unscharfe Menge A lässt sich durch eine reellwertige Funktion $\mu_A: X \rightarrow [0,1]$ beschreiben:[217]

- $\mu_A(x) = 0$, wenn x keine Schnittmenge mit der unscharfen Menge A hat
- $\mu_A(x) = 1$, wenn x vollständiger Bestandteil der unscharfen Menge A ist
- $0 < \mu_A(x) < 1$, wenn x eine Schnittmenge zur unscharfen Menge A hat

[215] Zadeh (1965), Fuzzy sets.

[216] Vgl. Nissen (2007), Ausgewählte Grundlagen der Fuzzy Set, S. 2f.

[217] Vgl. Sudaryanto (2003), A fuzzy multi-attribute decision making, S. 92f.

Eine weit verbreitete technische Anwendung der Fuzzy-Logik ist der Fuzzy-Regler. In den ersten Jahren der Fuzzy-Logik beschränkte sich der Einsatz sogar auf diesen. Fuzzy-Regler bilden dabei eine Möglichkeit, die Integration von Unschärfe in ein Entscheidungsmodell zu integrieren. Vereinfacht werden Fuzzy-Regler eingesetzt, um die Komplexität des menschlichen Wissens in nicht-linearen Prozessen transparent und damit modellierbar zu machen. Dies bedeutet jedoch, dass bei der Anpassung der Methode an ein Auswertungsmodell einige Besonderheiten berücksichtigt werden müssen. Dabei kann der Prozessablauf der Entscheidungsfindung automatisiert und das Expertenwissen des Entscheiders aktiv mit einbezogen werden. Das Expertenwissen wird durch sogenannte Wenn-Dann-Beziehungen realisiert. Hinzuzufügen ist, dass die Ein- und Ausgangswerte des Fuzzy-Reglers in den Fällen genau beschrieben sein müssen. Die eigentliche Entscheidungslogik hingegen ist unscharf formuliert. So findet eine bestmögliche Integration des Fachwissens des Entscheiders statt. Ermöglicht wird dies vor allem durch die Schritte Fuzzifizierung, Inferenz und Defuzzifizierung.[218]

Unter dem Begriff der Fuzzyfizierung wird die Definition eines sogenannten Fuzzy-Sets verstanden. Dabei werden alle Eingangsgrößen so umgewandelt, dass diese in einem gleichen Format im späteren Prozess genutzt werden können[219]. Wurden die Eingangsdaten in einem ersten Schritt erfolgreich fuzzyfiziert, findet in einem zweiten Schritt die sogenannte Inferenz statt. Unter Inferenz versteht man die Auswertung der Eingangsdaten auf der Basis der implementierten Regeln. In den meisten Fällen beruhen die Regeln auf Expertenwissen. Die Defuzzifizierung ist das Gegenteil der Fuzzifizierung. Sie bewirkt, dass das Ergebnis der Bewertung für den Entscheider in einer verständlichen Form vorliegt.[220]

Im Falle einer technischen Anwendung wird der Regelkreis des Fuzzy-Reglers mehrfach durchlaufen, sodass das Ergebnis durch Anhängen von Regelkreisen optimiert werden kann. Aus diesem Grund muss die Entwicklung des Fuzzy-Reglers mehrere Iterationsschritte durchlaufen. Auf diese Weise kann die Funktionalität des Reglers sichergestellt werden. Bei der spezifischen Anpassung an ein Entscheidungsproblem muss berücksichtigt werden, dass das Regelwerk nicht auf eine kleine Anzahl von Regeln beschränkt werden kann. Dies liegt vor allem an der Fülle der Informations-anzahl, die für ein Entscheidungsproblem relevant sind. Aus diesem Grund müssen die Regeln nach ihrer Relevanz sortiert werden. Außerdem ist die Ausgabe des Endwertes zwar ein scharfer, „crisp", Wert, jedoch ist aufgrund des

[218] Vgl. Nissen (2007), Ausgewählte Grundlagen der Fuzzy Set, S. 27ff.
[219] Vgl. Bothe (1995), Fuzzy Logic, S. 10f.
[220] Vgl.Bothe (1995), Fuzzy Logic, S. 12f.

heuristischen Charakters der FUZZY-Logik nicht garantiert, dass dies das bestmögliche Ergebnis ist. Aus diesem Grund bleibt eine kritische Reflexion des automatisch gelieferten Ergebnisses unumgänglich.[221]

Durch eine Steigerung von Rechenleistung und Datenverfügbarkeit stieß die Fuzzy-Logik besonders im letzten Jahrzehnt auf großes Interesse. Vorteile dieser sind der gute Umgang mit sowohl qualitativ, als auch quantitativ unscharfen Daten, dem Umgang mit linguistischen Unsicherheiten sowie dem Wegfall von Vereinfachungen. Demgegenüber steht ein hoher Entwicklungsaufwand aufgrund des iterativen Vorgehens und ein fehlender Nachweis der Korrektheit des Ergebnisses.[222]

Goal Programming

Das Goal Programming (GP) ist ein rechnerischer Ansatz, der es erlaubt, trotz Zielkonflikten die bestmögliche Entscheidung zu berechnen.[223] Der GP-Ansatz wird hierbei auf der Basis von linearen Gleichungen realisiert und stellt einen der am weitesten verbreiteten Ansätze zur Lösung von multi-kriteriellen Problemen dar.

Der Ansatz der Zielprogrammierung kann in die gewichtete und die lexikalische Zielprogrammierung unterteilt werden. Bei der gewichteten Zielprogrammierung werden die Abweichungen entsprechend ihrer relativen Wichtigkeit für das Entscheidungsproblem gewichtet und als archimedische Summe minimiert.[224]

$$\min z = \sum_{i=1}^{k} (u_i n_i + v_i p_i) \qquad (2\text{-}6)$$

z:	Zielwert
n_i, p_i:	Negative und positive Abweichung von z
u_i, v_i:	positive Gewichtung die mit den Abweichungen in der Leistungsfunktion z verbunden sind

Der lexikographische Ansatz wiederum erlaubt es, abweichenden Variablen einen Satz von Prioritätsstufen zuzuweisen und sie schließlich im lexikographischen Sinne zu minimieren. Dafür wird sequenziell jede Priorität unter Beibehaltung der Mindestwerte der höheren Priorität minimiert.[225]

---

221 Vgl. Nissen (2007), Ausgewählte Grundlagen der Fuzzy Set, S. 31f.
222 Vgl. Velasquez und Hester (2013), An analysis of multi-criteria decision, S. 63.
223 Vgl. Nissen (2007), Ausgewählte Grundlagen der Fuzzy Set, S. 31f.
224 Vgl. Velasquez und Hester (2013), An analysis of multi-criteria decision, S. 63.
225 Vgl. Tamiz et al. (1998), Goal programming for decision making, S. 569ff.

Die Vorgehensweise zur Implementierung einer dieser beiden Methoden ist gleich und unterscheidet sich nur in der mathematischen Umsetzung. Das Verfahren kann in sechs Schritte unterteilt werden (siehe Abbildung 2-17).

Im ersten Schritt wird das Entscheidungsproblem definiert und die relevanten Ziele werden herausgearbeitet. Anschließend werden interne, externe und Stakeholder-Daten gesammelt und systematisch ausgewertet. Im nächsten Schritt werden die sogenannten Problemsets erstellt. Mithilfe der Problemsets werden, die im ersten Schritt definierten Ziele klassifiziert und die jeweiligen Prioritäten der Ziele festgelegt. Ferner enthalten die Problemsets alle Entscheidungsvariablen und mögliche Szenarien, die als Folge einer getroffenen Entscheidung auftreten können. Nachdem die Problemsets erstellt wurden, werden im vierten Schritt den in den Problemsets enthaltenen Parametern Zielwerte zugewiesen. Schließlich werden Lösungsfunktionen nach dem Prinzip der gewichteten GP oder lexikalischen GP entwickelt. Für den Fall, dass die durch den GP-Ansatz vorgeschlagene Lösung nicht der bestmöglichen Lösung für den Entscheider entspricht, kann der Prozess nicht abgeschlossen werden. Stattdessen muss die Problemmenge überarbeitet werden und die nachfolgenden Schritte müssen erneut durchlaufen werden. Erst, wenn das bestmögliche Ergebnis berechnet wurde, kann der Prozess abgeschlossen werden.[226]

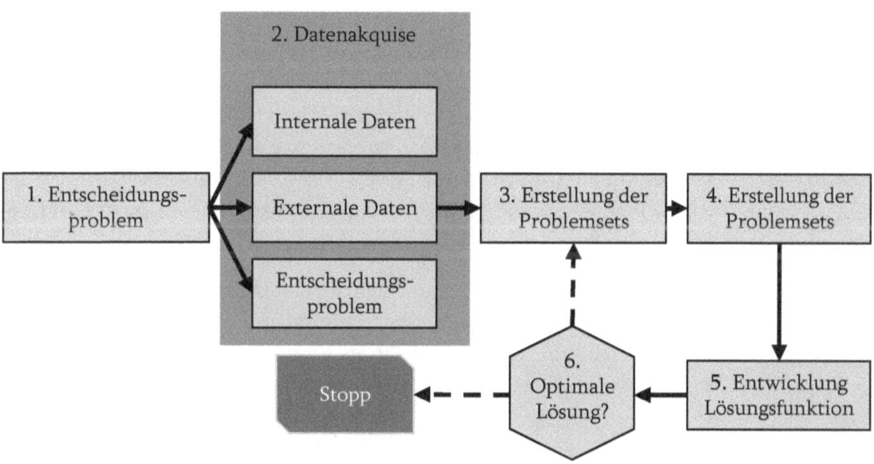

Abbildung 2-17: Vorgehen des Goal Programming (GP) nach MUNOZ[227]

[226] Vgl. Munoz et al. (2018), A goal programming approach, S. 410.

[227] Vgl. Munoz et al. (2018), A goal programming approach, S. 410.

Die Vorteile des Goal Programmings sind der im Vergleich zu anderen Entscheidungsverfahren geringe Aufwand zur Lösungsbestimmung sowie die gute Nachvollziehbarkeit für den Entscheider. Darüber hinaus können verschiedenste Lösungsvarianten, für einen Fall generiert werden. Jedoch muss der Entscheidung für eine erfolgreiche Nutzung der Methode schon zum Start eine sehr genaue Problembeschreibung sowie eine klare Präferenzformulierung vorliegen. Darüber hinaus reagiert das GP sehr sensibel auf Veränderungen in den Nutzerpräferenzen, da diese direkt die Vergleichbarkeit mit vergangenen Fällen beeinflussen. Daher kann in Summe die Empfehlung gegeben werden, dass ein erfolgreiches GP immer mit einer anderen Entscheidungsmethode kombiniert werden sollte, um ein verlässliches Ergebnis zu erhalten.[228]

Multi-kriterielle Auswahl von Alternativen

Bei einer Vielzahl von komplexen Entscheidungsproblemen sieht sich ein Entscheider mit dem Problem konfrontiert, mehrere Merkmale einer verfügbaren Alternative mit denen einer anderen Alternative vergleichen zu müssen. In den meisten Fällen ist es nicht ungewöhnlich, dass Merkmale von Alternativen einander widersprechen können, wodurch ein Zielkonflikt innerhalb des Entscheidungsproblems entsteht. Dies ist darauf zurückzuführen, dass bei einem komplexen Entscheidungsproblem sowohl qualitative als auch quantitative Merkmale berücksichtigt werden müssen. Eine Bewertung sowohl der quantitativen als auch der qualitativen Daten für die Auswahl einer Alternative kann durch die multi-kriterielle Auswahl von Alternativen, auch Nutzwertanalyse (NWA) genannt, erfolgen. Diese ermöglicht es, den erzielbaren Nutzen einer Lösungsvariante trotz des Vorliegens sowohl quantitativer, als auch qualitativer Faktoren zu bestimmen und damit eine Auswahlentscheidung zu unterstützen.[229] Eine Übersicht der fünf Schritte der Nutzwertanalyse kann Abbildung 2-18 entnommen werden.

In einem ersten Schritt muss das Zielsystem definiert werden. Im zweiten Schritt werden die sogenannten Bewertungskriterien festgelegt. Durch die Definition des Zielsystems wird die zu lösende Aufgabe beschrieben und damit das Entscheidungsproblem grundlegend strukturiert. Die anschließende Definition der Bewertungskriterien, die für die Zielerreichung des Zielsystems notwendig sind, ermöglicht im weiteren Verlauf den Vergleich der verschiedenen Handlungsalternativen.

---

[228] Vgl. Velasquez und Hester (2013), An analysis of multi-criteria decision, S. 63.

[229] Vgl. Grundig (2018), Fabrikplanung, S. 182.

1. Zielsystem festlegen und Alternativen definieren
2. Bewertungskriterien definieren
3. Gewichtung der Bewertungskriterien
4. Erfüllungsgrad der Bewertungskriterien bestimmen
5. Berechnung der Nutzerwerte der Alternativen

Abbildung 2-18: Vorgehen der Nutzwertanalyse[230]

Bei der Definition der Bewertungskriterien müssen jedoch einige Anforderungen berücksichtigt werden, die im Folgenden aufgeführt sind:[231]

- Vollständigkeit: Alle wichtigen Aspekte des Entscheidungsproblems müssen bekannt und abgedeckt sein.
- Operational: Attribute müssen so gestaltet sein, dass sie in der Analyse verwendet werden können.
- Zerlegbar: Attribute müssen in Teilattribute zerlegbar sein.
- Nicht redundant: Attribute dürfen sich in ihren Eigenschaften nicht mit denen anderer Attribute überschneiden.

Im dritten Schritt werden die Bewertungskriterien durch Zuweisung von Zahlenwerten gewichtet. Dabei ist zu beachten, dass ein steigender Nutzen des Kriteriums mit einer steigenden Gewichtung einhergehen sollte. Außerdem sollte die Summe der Gewichte normiert, d. h. einer festen Größe zugeordnet werden. Dies gilt insbesondere für die Bildung von Kriterienhierarchien. Die eigentliche Gewichtung basiert auf quantitativen Daten oder auf subjektiv bewerteten Abständen zwischen den Zahlenwerten. Durch die Integration der subjektiven Gewichtung ermöglicht die Nutzwertanalyse folglich auch die Integration von qualitativen Bewertungskriterien.[232]

[230] In Anlehnung an Winterfeldt und Edwards (1993), Decision analysis and behavioral research, S. 273.
[231] Vgl. Keeney et al. (1979), Decisions with Multiple Objectives, S. 403.
[232] Vgl. Kühnapfel (2014), Nutzwertanalysen in Marketing und Vertrieb, S. 10ff.

Im folgenden Schritt wird der jeweilige Teilnutzen der Bewertungskriterien herausgearbeitet. Dazu wird jedes Bewertungskriterium durch die manuelle Zuordnung von Punkten bewertet. Um eine einheitliche Punktevergabe zu ermöglichen, sollte zuvor eine Bewertungsskala festgelegt werden. Ein niedriger Zahlenwert steht für einen niedrigen Erfüllungsgrad und umgekehrt. Wenn die Bewertungskriterien nur vage bewertet werden können, sollte eine kleinteilige Bewertungsskala verwendet werden.[233] Anschließend werden die Nutzwerte der Entscheidungsalternativen berechnet. Dies geschieht durch Multiplikation von Gewichtungsfaktoren mit den jeweiligen Teilnutzwerten. Das anschließende Summieren der Nutzwerte aller Bewertungskriterien ergibt den Gesamtnutzwert der jeweiligen Entscheidungsalternative.[234]

$$GN_i = \sum_{j=1}^{n} g_j \times TN_{ij} \quad \text{(2-7)}$$

GN_i:	Gesamtnutzwert der Handlungsoption
g_j:	Gewicht des Bewertungskriterium j
TN_{ij}:	Teilnutzen der Handlungsoption i in Bezug auf das Bewertungskriterium j
n:	Anzahl der Bewertungskriterien

Folglich stellt die Entscheidungsvariante mit dem höchsten Gesamtnutzwert formal die bevorzugte Variante dar.[235] In Summe kann hervorgehoben werden, dass mit der multi-kriteriellen Auswahl von Alternativen quantitative und qualitative Daten in einem mehrdimensionalen Zielsystem verglichen und bewertet werden können. Dabei erreicht sie meist ein sehr hohes Akzeptanzlevel aufgrund der Nachvollzieh- und Überprüfbarkeit des Ergebnisses. Jedoch ist dieses Verfahren ein im Vergleich aufwendiges Verfahren, welches stark durch subjektive Einflüsse geprägt und beeinflusst werden kann. Darüber hinaus ist die Interdependenz zwischen Auswahlkriterien und Alternativen nur schwer lösbar.[236]

Aufgrund der verschiedenen Stärken und Schwächen der NWA ist diese häufig in Kombination mit weiteren Entscheidungsmethoden üblich, um zum einen eine generelle Lösbarkeit eines Entscheidungsproblems herzustellen und zum anderen die

[233] Vgl. Kühnapfel (2014), Nutzwertanalysen in Marketing und Vertrieb, S. 16.
[234] Vgl. Zangemeister (2014), Nutzwertanalyse in der Systemtechnik, S. 84.
[235] Vgl. Kühnapfel (2014), Nutzwertanalysen in Marketing und Vertrieb, S. 19.
[236] Vgl. Vahs und Burmester (2005), Innovationsmanagement, S. 288.

Akzeptanz des Entscheiders zu verbessern. Denn unabhängig vom Ergebnis einer Entscheidungsmethode muss in vielen Fällen die finale Entscheidung durch den Entscheider, also den Menschen, getroffen werden. Abhängig von der Auswirkung der Entscheidung ist ein unterschiedliches Maß an Vertrauen in die Entscheidungsempfehlung notwendig. Aufgrund der hohen Unsicherheit sowie der großen Auswirkungen werden besonders strategische Entscheidungen nur nach reiflicher Prüfung getroffen. Daher ist es wichtig zu verstehen, welche Maßnahmen und Wirkmechanismen das Vertrauen in Entscheidungsmethoden beeinflussen.

2.4.4 Exkurs: Vertrauen in (teil-) automatisierte Entscheidungsempfehlungen

Da ein Entscheidungsmodell direkt mit dem Entscheidungsträger interagiert und ihn aktiv unterstützt, im Fall dieser Arbeit in der strategischen Wahl eines industriellen Standorts, steht das Entscheidungsmodell in einem direkten Vertrauensverhältnis zum Entscheidungsträger. Aus diesem Grund ist neben der Optimierung der Akzeptanz des Entscheidungsmodells das Vertrauen in die automatisch bereitgestellten Empfehlung ein ebenso wichtiger Aspekt.[237] MEYER ET AL. beschreiben Vertrauen als eine Absicht oder Bereitschaft zu handeln. Dieses basiert auf den drei Dimensionen Fähigkeit, Wohlwollen und Integrität. Fähigkeit spiegelt die subjektive Wahrnehmung einer Person wider, dass die Person, der vertraut werden soll, über die notwendigen Kompetenzen und Eigenschaften verfügt, die es ihr ermöglichen, ein bestimmtes Ziel zu erreichen. Wohlwollen beschreibt den Zustand, dass die zu vertrauende Person nicht nur ihre eigenen Ziele im Auge hat, sondern auch gemeinsame Ziele verfolgt. Die letzte Dimension der Integrität spiegelt wiederum die Wahrnehmung wider, dass die Person, der man vertraut, ähnlichen Werten folgt wie man selbst.[238] Offensichtlich zielt dieser Definitionsansatz auf eine Mensch-Mensch- bzw. Mensch-Organisation-Interaktion ab und ist daher nur bedingt als Grundlage für die Verbesserung des Vertrauensverhältnisses zwischen Mensch und Technik bzw. Maschine geeignet.[239] Aus diesem Grund haben SÖLLNER ET. AL. die Vertrauensbildung zwischen Empfehlungstechnologie und Mensch näher untersucht. Empfehlungstechnologien sind in diesem Zusammenhang Systeme, die automatisch eine Reihe von Aufgaben im Interesse des Entscheiders durchführen und schließlich auf Basis der spezifischen Profile des Entscheiders Handlungen empfehlen.[240] Schließlich identifizierten SÖLLNER

[237] Vgl. Söllner et al. (2014), Understanding the Formation of Trust, S. 40.

[238] Vgl. Mayer et al. (1995), An Integrative Model of Organizational, S. 709ff.

[239] Vgl. Söllner et al. (2014), Understanding the Formation of Trust, S. 41.

[240] Vgl. Lee und Moray (1992), Trust, control strategies and allocation, S. 1243ff.

ET. AL.[241] aufbauend auf der Arbeit von LEE UND MORAY[242] Faktoren, die den Erfolg für den Aufbau von Vertrauen zwischen dem Benutzer und dem Empfehlungssystem beschreiben können. Diese Faktoren haben eine zweistufige Struktur und sind in Abbildung 2-19 dargestellt.[243]

Auf der ersten Ebene befinden sich die Faktorenkategorien Leistung, Prozess und Zweck. Leistung bezieht sich in diesem Zusammenhang auf die Fähigkeit des Systems, den Entscheider so zu unterstützen, dass er seine gesetzten Ziele erreichen kann. Der Prozess spiegelt die Wahrnehmung des Entscheidungsträgers wider, inwieweit die eingesetzten Algorithmen der Empfehlungstechnologie sinnvoll zur Lösung der Aufgabe beitragen können. Der Zweck des Systems beschreibt die subjektive Meinung des Entscheiders, inwieweit die Programmierung der Empfehlungstechnologie durch den Programmierer sinnvoll erfolgt ist.[244]

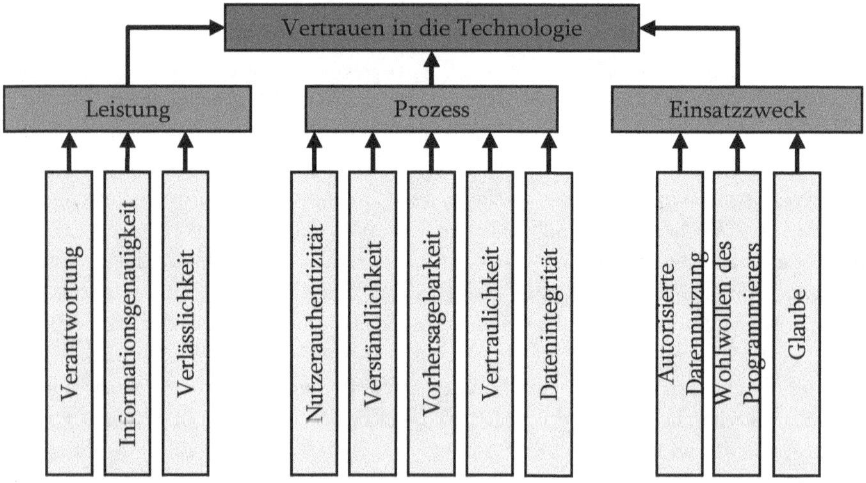

Abbildung 2-19: Einflussfaktoren auf das Vertrauen für Empfehlungstechnologien nach SÖLLNER ET AL.[245]

[241] Söllner et al. (2014), Understanding the Formation of Trust.
[242] Lee und Moray (1992), Trust, control strategies and allocation.
[243] Vgl. Söllner et al. (2014), Understanding the Formation of Trust, S. 44ff.
[244] Vgl. Söllner et al. (2014), Understanding the Formation of Trust, S. 43.
[245] In Anlehnung an Söllner et al. (2014), Understanding the Formation of Trust, S. 46.

An dieser Stelle ist anzumerken, dass die Kategorie Zweck den größten Einfluss auf die Vertrauensentwicklung zwischen dem Nutzer und der Empfehlungstechnologie hat. Danach folgen die Faktorenkategorien Prozess und Leistung. Diese drei Faktorenkategorien werden im nächsten Schritt weiter aufgeschlüsselt und im Folgenden beschrieben:[246]

- Verantwortung: Wahrnehmung des Entscheidungsträgers, dass die Empfehlungstechnologie über alle Funktionalitäten verfügt, um das Ziel des Entscheidungsträgers zu erreichen.
- Informationsgenauigkeit: Stellt die subjektive Wahrnehmung des Entscheidungsträgers dar, ob die dargestellten Informationen korrekt sind.
- Verlässlichkeit: Beschreibt, ob der Entscheidungsträger das Gefühl hat, dass er sich auf die Empfehlungstechnologie verlassen kann, um sein Ziel zu erreichen.
- Authentizität: Beschreibt die Wahrnehmung des Entscheidungsträgers, dass das System eine Aktion nicht ohne seine Zustimmung ausführen kann.
- Verständlichkeit: Beschreibt, inwieweit der Entscheidungsträger versteht, wie die Empfehlungstechnologie funktioniert.
- Vorhersagbarkeit: Die Wahrnehmung des Entscheidungsträgers, wie genau er den nächsten Schritt der Empfehlungstechnologie vorhersagen kann.
- Vertraulichkeit: Befasst sich mit der Vertraulichkeit der Eingabedaten und dem Gefühl, dass niemand außer dem Entscheidungsträger selbst Zugriff auf seine Daten hat.
- Datenintegrität: Einstellung des Entscheidungsträgers, dass keine externe Partei seine Daten verändern darf.
- Berechtigte Datenverwendung: Das Verständnis des Entscheiders, dass seine Daten nur im Zusammenhang mit der Empfehlungstechnologie verwendet werden.
- Glaube: Umfasst die Wahrnehmung des Entscheidungsträgers, dass er sich auch in Zukunft auf die Empfehlungstechnologie verlassen kann.

[246] Vgl. Söllner et al. (2014), Understanding the Formation of Trust, S. 45f.

Für jeden Faktor konnten SÖLLNER ET AL. einen Einfluss auf die initiale Vertrauensentwicklung messen.[247] Dementsprechend können diese Faktoren als Leitfaden dafür dienen, wie ein Entscheidungsmodell im Hinblick auf den anfänglichen Vertrauensaufbau zwischen dem Entscheider und dem Entscheidungsmodell gestaltet werden sollte. An dieser Stelle soll noch ergänzt werden, dass Vertrauenswürdigkeit, Daten-integrität und Datennutzung Faktoren sind, die den größten Einfluss auf die Vertrauensbildung im Rahmen der Standortauswahl haben. Es ist auch zu beachten, dass sich die relevanten Technologieakzeptanzmodell(TAM)-Faktoren teilweise mit den Faktoren von SÖLLNER ET AL. überschneiden. Aus diesem Grund müssen die beiden Ansätze nicht individuell betrachtet werden, um das bestmögliche Ergebnis zu erzielen, da bereits eine große Schnittmenge vorhanden ist.

2.5 Zwischenfazit

Dieses Teilkapitel hat gezeigt, dass das Treffen einer Entscheidung ein komplizierter und anspruchsvoller Prozess sein kann. Die Bewertung, welche Entscheidungsalternative die geeignetste für die Fragestellung ist, hängt sowohl von den relevanten Entscheidungsvariablen, welche subjektive und objektive Kriterien sein können, als auch von individuellen Faktoren und Präferenzen des Entscheiders ab. Dies trifft besonders auf eine strategische Entscheidung wie der industriellen Standortplanung, zu. Daher wurden in der Vergangenheit bereits verschiedenste Entscheidungsverfahren entwickelt, welche jedoch stark auf einen individuellen Entscheidungsprozess angepasst werden müssen. Somit gibt es keine markante Methode, sondern es müssen individuell passende Methoden identifiziert oder durch Kombination verschiedener Entscheidungsmethoden erarbeitet werden. Grundlage ist dabei immer eine korrekte und ausführliche Beschreibung des Problems, welche häufig über Entscheidungsfaktoren erfolgt. Dies ist die Brücke zum Informationsmanagement. Zum Treffen einer Entscheidung ist es essenziell, alle relevanten Informationen, in aktuellster Form zur Verfügung zu haben. Das Entscheidungsverfahren übernimmt in diesem Sinne die Datenverarbeitung und erzeugt als Ergebnis eine Empfehlung für den Entscheider. Besonders für die Standortplanung ist ein individualisiertes und kombiniertes Entscheidungsverfahren zu bevorzugen, da ein mehr als 100 Faktoren für diese Entscheidung herangezogen werden müssen. Eine hohe Aktualität sowie die Verfügbarkeit der Informationen für diese Faktoren stellen den Menschen vor eine große Herausforderung. Wichtig zu beachten ist, dass ein Entscheider ein hohes Maß

[247] Vgl. Söllner et al. (2014), Understanding the Formation of Trust, S. 49.

an Vertrauen in den Entscheidungsprozess haben muss, um die Entscheidungsempfehlung zu akzeptieren und im besten Fall sogar zu befolgen. Deshalb muss dieses Vertrauen durch ein hohes Maß an Integrität, Transparenz und Verlässlichkeit in der Informationsbeschaffung sowie der Entscheidungsbewertung erarbeitet werden.

Daher kann das benannte Forschungsfeld als relevant eingestuft werden und eine Recherche zum Stand der Technik beider Themenfelder sollte darüber Aufschluss geben, inwiefern bereits Ansätze existieren.

3 Stand der Technik aus Sicht von Wissenschaft und Praxis

Aufbauend auf den Ergebnissen des vorangegangenen Kapitels soll nun auf Basis der aktuellen Literatur geprüft werden, ob und welche Ansätze sowohl der Informations beschaffung (Kapitel 3.1) sowie der Entscheidungsverfahren (Kapitel 3.2.) im Rahmen der Standortplanung genutzt werden. Falls keine passenden Ansätze gefunden werden, wird der Suchradius auf die gesamte Fabrikplanung und Produktionstechnik ausgeweitet, da dies themenverwandte Anwendungsgebiete sind. Alternativ wird nach vergleichbaren Ansätzen aus anderen Bereichen gesucht. Zur Durchführung der Literaturrecherche wird ein standardisiertes Vorgehen angewendet, welches in Anhang 8.1 grundlegend erläutert und für die beiden Suchen individuell spezifiziert wird (siehe Kapitel 3.1.1 und Kapitel 3.2.1).

3.1 Bestehende Ansätze integrierter Informationsmanagementsysteme in Fabrikplanung und Produktionstechnik

3.1.1 Festlegung der Zielkriterien und Ergebnisübersicht

Bevor die Ergebnisse der Recherche vorgestellt werden, soll eine kurze Herleitung zu diesen erfolgen. Als Grundlage wurde zuerst eine unstrukturierte Stichwortsuche durchgeführt, um ein Grundverständnis über das Themenfeld des Informationsmanagements sowie die relevanten Suchtermini zu erlangen. Im Rahmen dieser Vorabrecherche wurden ca. 3600 wissenschaftliche Veröffentlichungen identifiziert, die innerhalb des Suchfelds liegen. Da eine solch große Zahl nur mit außerordentlichem Aufwand analysiert werden könnte, wurde neben einer Schärfung der Suchbegriffe mithilfe einer Mindmap, eine Analyse der für das Themenfeld relevantesten wissenschaftlichen Journale durchgeführt. Dafür wurden auf Basis der 3600 identifizierten Journale alle nicht passenden ausgeschlossen sowie zwanzig Journale und Konferenzen mit den meisten Nennungen für die detaillierte und strukturierte Suche definiert. Darüber hinaus konnte festgestellt werden, dass erst ab 1990 ein signifikanter Anstieg von wissenschaftlichen Veröffentlichungen zum Themenfeld erfolgte. Deshalb wird das Suchfeld auf den Zeitraum von 1990 bis 2020 eingegrenzt. Eine Übersicht aller Suchmerkmale nach der STARLITE-Methode sind in der folgenden Tabelle 3-1 dokumentiert.

Tabelle 3-1: Recherchemerkmale zum Themenfeld Informationsmanagement auf Basis der STARLITE-Methode[248]

Merkmal	Kategorie
S: Auswahlstrategie (Sampling strategy)	Selektiv: Betrachtung aller Literatur innerhalb festgeschriebener Grenzen
T: Studientypen (Type of Studies)	Wissenschaftliche Zeitschriftenartikel und Bücher
A: Methode (Approaches)	Schlagwortsuche in Datenbanken
R: Zeitraum (Range of years)	1990 – 2020 (einschließlich)
L: Beschränkungen (Limits)	- Deutsche und englische Sprache - Manuelle Eingrenzung der Ergebnisse über Überschriften und Zusammenfassungen
I: Einbeziehung und Ausschluss (Inclusion and exclusion)	Fokus auf „Facility Location Planning“ und „Web Technologies“
T: Schlagwörter (Terms used)	- "Facility Location Planning", "Information retrieval" "Location Factory" AND "Databases" OR "Open Access Databases" OR "GIS" - "Location Factors" OR "Location Planning " AND "Retrieval Technologies" - "Location Planning" AND "Crawler/Scraper"

[248] In Anlehnung an Booth (2006), Brimful of STARLITE, 424.

E: Elektronische Datenbanken (Electronic sources)	- IEEE International Conference on Emerging Technologies and Factory Automation - Advances in Intelligent Systems and Computing - CRIP Annals - CIRP Journal of Manufactury Technologies Communications in Computer And Information Science - Computers in Industry - IEEE Conference on Emerging Technologies and Factory Automation - Experts Systems with Applications - IFIP Advances in Information and Communication Technology - International Journal of Computer - Integrated Manufacturing - International Journal of Production Research - International Journal of Production Economics - Manufacturing Computer Solutions - Procedia CRIP - Procedia Manufacturing - International Business Information Management Association Conference - Proceedings of the Industrial Computing Conf. - Production Planning and Control - Zeitschrift für Wirtschaftlichen Fabrikbetrieb - American Society for Information Science and Technology

Als Ergebnis wurden mit den genannten Suchkriterien 1470 wissenschaftliche Veröffentlichungen identifiziert, von denen 116 mehrfach identifiziert wurden und daher bereinigt wurden. Die verbleibenden 1354 Beiträge wurden nun in einem dreischrittigen Verfahren analysiert und bewertet. Im ersten Schritt wurden auf Basis der Titel der Veröffentlichungen 769 Beiträge aufgrund eines mangelnden Bezugs zur Forschungsfrage ausgeschlossen. Dies entspricht ungefähr 55% aller Titel. Für die verbleibenden 585 Veröffentlichungen wurden im nächsten Analyseschritt die entsprechenden Abstracts bzw. Kurzzusammenfassungen bzgl. ihres Bezugs zur Fragestellung geprüft. In diesem Schritt wurden weitere 536 Beiträge ausgeschlossen. Dies entspricht ca. 92% der Titel ausgeschlossen. Die verbleibenden 49 Beiträge wurden im Anschluss vollständig gelesen und hinsichtlich ihres Beitrags zur Lösung der Forschungsfrage analysiert. Als Ergebnis wurden fünf relevante Veröffentlichungen identifiziert sowie über die Vorwärts-/ Rückwärtssuche um zwei Titel ergänzt. Diese werden im folgenden Teilkapitel detailliert vorgestellt.

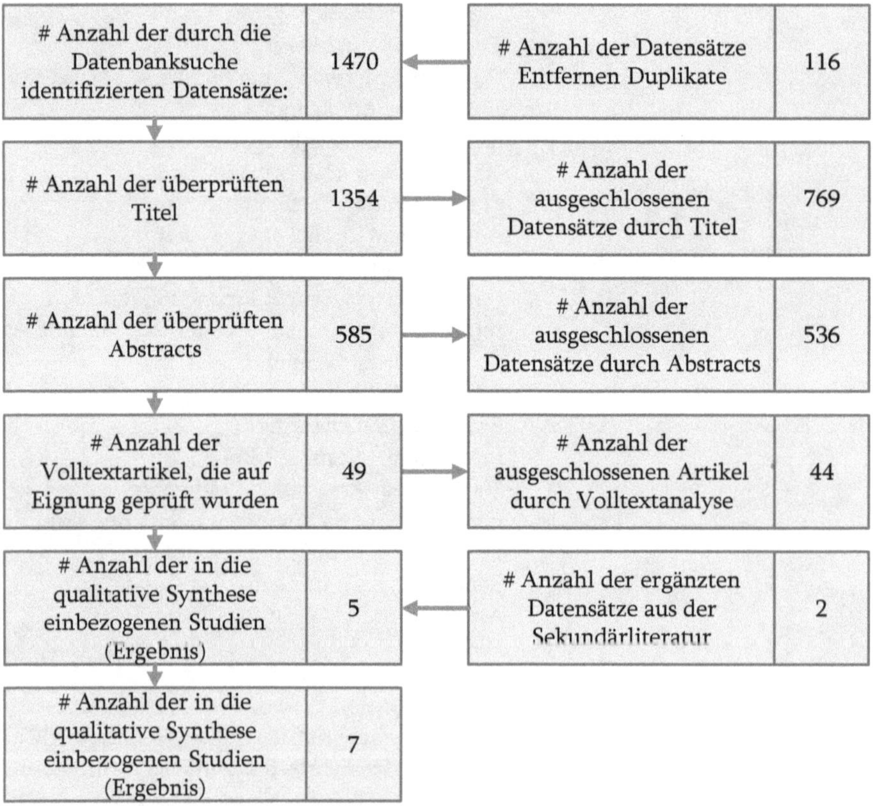

Abbildung 3-1: Zusammensetzung der Suchergebnisse für das Themenfeld Informationsmanagement

3.1.2 Vorstellung bestehender Ansätze von Informationsmanagement in Fabrikplanung und Produktionstechnik

HUMMEL: Internationale Standortentscheidung

HUMMEL[249] ist einer der ersten Autoren, der die Wichtigkeit der Informationsaktivitäten sowie die Relevanz von Informationssystemen im Entscheidungsprozess der internationalen Standortwahl hervorhebt. In seiner Arbeit identifiziert er zunächst relevante Standortfaktoren für Industrieunternehmen[250], ehe er den Standortentscheidungsprozess als Basis für die Identifikation und Analyse der Informationsaktivitäten im Detail erläutert[251]. Es wird aufgezeigt, dass der Entscheidungsprozess im Rahmen der Standortplanung in jeder Stufe zwingend mit Informationsprozessen gekoppelt werden sollte. Dies begründet HUMMEL damit, dass in jeder Planungsphase Informationen gespeichert, analysiert und ggf. verändert werden müssen. HUMMEL beschreibt weiterhin Methoden und Verfahren, welche für die Informationsbedarfsanalyse, -beschaffung und -verarbeitung genutzt werden können, um eine fundierte Standortentscheidung zu ermöglichen.[252] Abschließend schätzt er das Einsatzpotenzial computergestützter Informationsverarbeitungssysteme für die Standortplanung ab. Dabei stellt er fest, dass sowohl in der Entscheidungsgeschwindigkeit und -qualität signifikante Verbesserungen durch Informationsverarbeitungssysteme erreicht werden können. Diese quantifiziert HUMMEL jedoch nicht genauer.[253] Er hebt hervor, dass bestehende Lösungsansätze zur Durchführung einer Standortauswahl einen großen Fokus auf Kostenoptimierung legen, dabei jedoch viele weitere relevante Standortfaktoren nicht oder nur in geringem Anteil berücksichtigt werden. Daher stellt der Autor ein selbstentwickeltes Rohkonzept für die Umsetzung eines intelligenten Entscheidungsunterstützungssystems vor (siehe auch Abbildung 3-2).[254] Abschließend hält Hummel fest, dass mit Hilfe von Datenbanken, intelligenten Methoden und einem aktiven Dialogmanagementsystem Standortplaner in ihrer Arbeit vielfältig unterstützt könnten, wobei der ökonomisch sinnvolle Einsatz sichergestellt werden muss. Der Autor empfiehlt abschließend weitere Forschung in diesem Bereich.

---

[249] Hummel (1997), Internationale Standortentscheidung.
[250] Vgl. Hummel (1997), Internationale Standortentscheidung, S. 71ff.
[251] Vgl. Hummel (1997), Internationale Standortentscheidung, S. 155ff.
[252] Vgl. Hummel (1997), Internationale Standortentscheidung, S. 176ff.
[253] Vgl. Hummel (1997), Internationale Standortentscheidung, S. 354ff.
[254] Vgl. Hummel (1997), Internationale Standortentscheidung, S. 359ff.

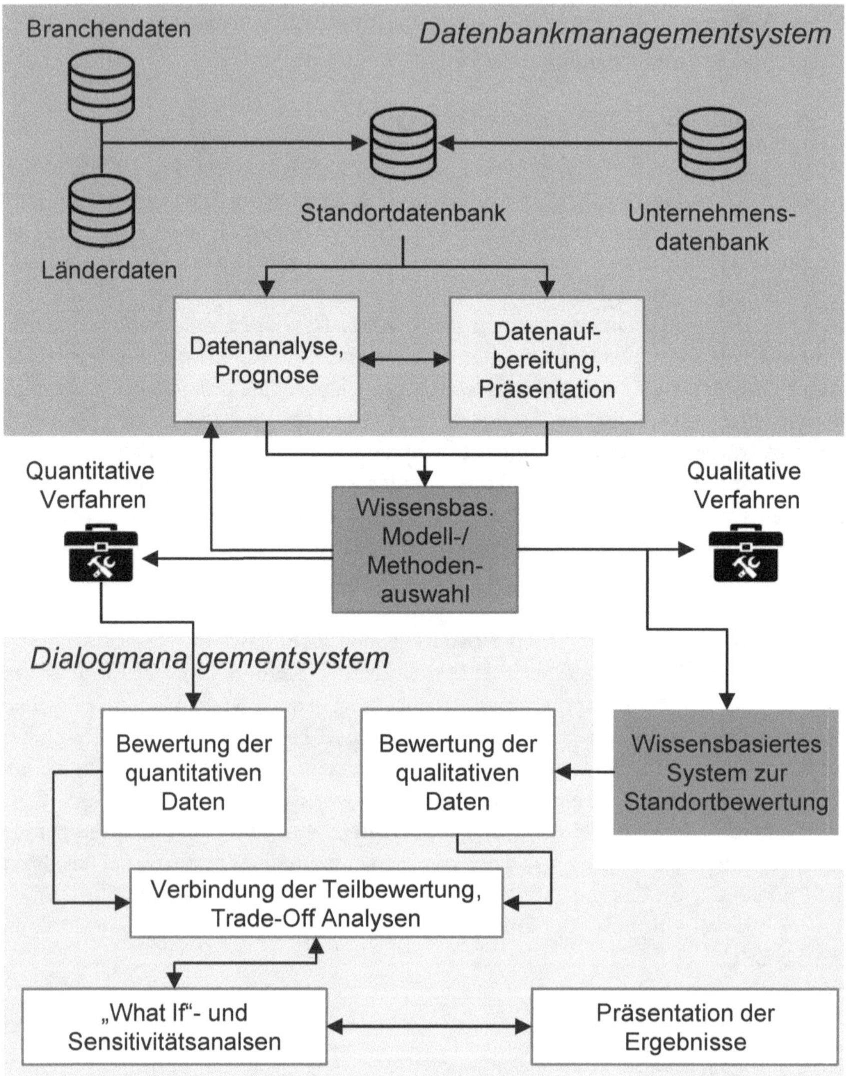

Abbildung 3-2: Rohkonzept einer intelligenten Entscheidungsunterstützung[255]

[255] In Anlehnung an Hummel (1997), Internationale Standortentscheidung, S. 360.

Das von HUMMEL verfolgte Vorgehen zum Aufbau einer Systemarchitektur für die automatische Informationsbeschaffung ist einfach, effizient und heute noch in Grundzügen nutzbar. Besonders die Identifikation der relevanten Standortfaktoren bildet eine sehr gute Ausgangsbasis für den Automatisierungsprozess ab, da sich diese in den letzten 20 Jahren nur geringfügig verändert haben. Weiterhin wird die Aufteilung der Informationsprozesse in Informationsbedarfsanalyse, -beschaffung und -verarbeitung für diese Arbeit übernommen, um Algorithmen nach ihrer Funktion zu gliedern und zu verknüpfen. Auch sieht HUMMEL den starken positiven Nutzen von Informationsmanagementsystemen für die Standortplanung. Trotz, dass ihm moderne Informationsmanagementsysteme nicht zur Verfügung standen, wäre die Umsetzung von HUMMELS Ansatz zu seiner Zeit fraglich, jedoch im Vergleich zu heutigen Methoden auch deutlich weniger weitreichend und effizient gewesen. Dies bedeutet im Gegensatz, dass mit heutigen Mitteln eine Umsetzung noch weitreichendere positive Effekte erzeugen sollte. Daher ist es wichtig, das theoretische Konzept von Hummel zu aktualisieren sowie mit heutigen Möglichkeiten zu ergänzen und im Sinne eines Demonstrators umzusetzen. Nur so kann zum einen eine wirkliche Funktionalität und Praktikabilität nachgewiesen und zum anderen der Nutzen konkret beziffert werden. Indes bleibt festzuhalten, dass HUMMEL eine gute Ausgangsbasis für die weitere Forschung im Themenfeld darstellt.

BOGDANOW: Softwarelösungen und deren praktische Bedeutung in Frachtumschlag und Lagerei

Der Ansatz von BOGDANOW[256] beschäftigt sich mit Softwarelösungen zur Optimierung von Standorten und Standortnetzwerken im Bereich der Logistik. Im Rahmen seiner Arbeit analysiert er in einem ersten Schritt bestehende Standortplanungsmodelle und fokussiert sich dabei sowohl auf qualitative, als auch quantitative Standortfaktoren[257]. Basierend auf diesen Modellen und den relevanten Standortfaktoren analysiert der Autor verschiedenste Optimierungsverfahren hinsichtlich ihrer Anwendbarkeit[258] sowie Softwarelösungen zur Umsetzung der Optimierungsverfahren[259] einerseits und anderseits für die Standortplanung hinsichtlich ihres Nutzens[260]. Dabei fokussiert BOGDANOW stark die Softwareunterstützung für die Standortplanung und führt in diesem Abschnitt verschiedenste digitale Schnittstellen zu unternehmensinternen Systemen z. B. dem ERP-System SAP sowie Erweiterungen für in der Planung

[256] Bogdanow (2018), Standortplanungsmodelle.
[257] Vgl. Bogdanow (2018), Standortplanungsmodelle, S. 8ff.
[258] Vgl. Bogdanow (2018), Standortplanungsmodelle, S. 22ff.
[259] Vgl. Bogdanow (2018), Standortplanungsmodelle, S. 52f.
[260] Vgl. Bogdanow (2018), Standortplanungsmodelle, S. 53ff.

geläufige digitale Hilfsmittel wie MS Excel, ein. Dabei erfüllen die insgesamt 13 vorgestellten Softwarelösungen entweder die Funktion der Datenbereitstellung bzw. Datenbeschaffung oder die Funktion der Lösung von Optimierungsgleichungen. Die vorgestellten Softwarelösungen werden mittels 14 definierten Nutzungskriterien[261] bewertet mit dem Ergebnis, dass kommerzielle Software eine höhere Funktionalität und Nutzerfreundlichkeit erreicht, als kostenlose Programme. Jedoch kann der Nutzer nur auf Basis dieser Recherche keine Rückschlüsse auf den praktischen Nutzen ziehen. Aus diesem Grund wird eine Expertenumfrage mit sieben Teilnehmern zur Klärung von sechs Hypothesen durchgeführt.[262] Kernergebnis dieser Umfrage ist eine Reihenfolge der Standortfaktoren gemäß ihrer Wichtigkeit. Zusätzlich zeigt sie aktuelle Anwendungsgebiete von Softwareprogrammen in der Standortplanung auf.[263] Darüber hinaus wurde gefragt, ob eine Unterstützungssoftware in ihren Unternehmen genutzt wird, was von den meisten Experten verneint wurde. Begründet wurde dies zum einen mit der Komplexität der Software und dem damit einhergehenden fehlenden, qualifizierten Personal sowie zum anderen den hohen Kosten.[264] Fazit der Arbeit ist, dass spezifische Software für die Standortplanung und –optimierung existiert, diese jedoch sehr spezifisch ist und auch von den Nutzern, zumindest im Bereich Lageristik und Transport, nur eingeschränkt genutzt wird.[265]

Der Ansatz von BOGDANOW ist ein aktueller Ansatz zur Automatisierung in der Standortplanung. Dabei wird der Fokus auf den Bereich der Lagerei und Transportlogistik sowie die Optimierung von Standorten im Sinne des Netzwerk-Designs gelegt. Daher ist der vorherrschende Optimierungsfaktor für den Autor die Reduzierung von Transportkosten. Dieser Fokus ist nicht auf alle Bereiche der Standortplanung anwendbar, kann aber als Beispiel für einen Standortfaktor herangezogen werden. Die vom Autor vorgestellte Bewertung von existierenden Softwareunterstützungen stellen eine Grundlage für Anforderungen an ein Informationsmanagement dar. Jedoch betrachtet der Ansatz von BOGDANOW nur Logistikstandorte. Durch eine Erweiterung der Anforderungen auf alle Standortarten könnte ein Transfer möglich sein. In diesem Beitrag wird weder ein konkretes Lösungsmodell oder eine direkte Vernetzung von Informationsbeschaffungselementen sowie -bewertungselementen

[261] Siehe Ergebnistabelle, Bogdanow (2018), Standortplanungsmodelle, S. 59.
[262] Vgl. Bogdanow (2018), Standortplanungsmodelle, S. 61ff.
[263] Vgl. Bogdanow (2018), Standortplanungsmodelle, S. 65ff.
[264] Vgl. Bogdanow (2018), Standortplanungsmodelle, S. 70.
[265] Vgl. Bogdanow (2018), Standortplanungsmodelle, S. 78ff.

vorgenommen. Dieser Schritt wird explizit vom Autor ausgeklammert, bildet aber einen guten Anknüpfungspunkt für diese Arbeit.

MASSIMINO: Accessing Online Data[266]

MASSIMINO stellt die Methoden des Web Crawlings, welches automatisch das World Wide Web (WWW) durchsucht, analysiert und gegebenenfalls nach bestimmten Kriterien sortiert, und des Internet Scrapings, der Informationsgewinnung von Webseiten durch gezieltes Extrahieren von Daten als Möglichkeit für das Supply-Chain-Management vor.[267] Er beschreibt die Einsatzmöglichkeiten der beiden Methoden im Kontext des Supply-Chain-Managements und ordnet diese in den Kontext bestehender Tätigkeiten und Prozesse ein. Darüber hinaus wird die Anwendung anhand von Beispielen detailliert erläutert.[268] In einem Anwendungsbeispiel werden aufbauend auf einer Referenzliste, mithilfe des Web Crawlers, alle assoziierten Internetseiten oder Dokumente abgerufen. Anschließend wird ein Web Scraper verwendet, um die jeweiligen Internetseiten bzw. Dokumente zu durchsuchen, wobei festgelegt werden muss, welche Informationen gesucht werden sollen. Auch werden Einschränkungen bzw. Probleme der Methoden erläutert, z. B. ist das Auslesen eines bestimmten Feldes oder einer bestimmten Klasse in einem Dokument, wie der Namen des Autors, nur möglich, wenn der Autor das Dokument oder die Internetseite so formatiert hat, dass die Informationen den Feldern eindeutig zuzuordnen sind.[269] Als weitere Möglichkeit wird gezeigt, wie der Inhalt einer Webseite basierend auf einer Baumstruktur untersucht werden kann, falls diese vorliegt. Dabei werden Webseiten entlang ihrer Struktur aufgerufen und Inhalte an einer bestimmten Stelle abgerufen. Dies ist allerdings nur realisierbar, wenn die Struktur für alle zu untersuchenden Seiten konsistent ist und die gesuchte Information immer an der gleichen Stelle vorliegt.[270] Darüber hinaus bewertet der Autor die Möglichkeiten von Web Crawlern und Information Scrapern hinsichtlich der drei Leistungsmerkmale Robustheit, Skalierbarkeit sowie soziale Aspekte.[271] Als Fazit stellt MASSIMINO fest, dass es sinnvolle Anwendungsfälle im Rahmen des Supply-Chain-Managements für Web Crawler und Web Scraper gibt, diese aber begrenzt sind und mit weiteren Lösungen zur Erfüllung aller Anforderungen ergänzt werden müssen.[272]

---

[266] Massimino (2016), Accessing Online Data.
[267] Vgl. Massimino (2016), Accessing Online Data, S. 35f.
[268] Vgl. Massimino (2016), Accessing Online Data, S. 36ff.
[269] Vgl. Massimino (2016), Accessing Online Data, S. 37.
[270] Vgl. Massimino (2016), Accessing Online Data, S. 37.
[271] Vgl. Massimino (2016), Accessing Online Data, S. 38ff.
[272] Vgl. Massimino (2016), Accessing Online Data, S. 40f.

Der Ansatz von MASSIMINO nutzt moderne Informationssysteme im Rahmen des Supply-Chain-Managements. Die vom Autor vorgestellten Methoden bilden eine gute Übersicht über den Stand der Technik und können auch im Rahmen der Standortsuche zur Informationsbeschaffung in Online-Datenbanken bzw. gut strukturierten Webseiten genutzt werden. Beispiele für solche sind nationale oder überregionale statistische Ämter oder die von MASSIMINO erwähnte Google Maps API. Weiterhin können mit Web Crawlern Dokumente und Webseiten identifiziert werden, welche mit Information Scrapern zur Analyse und dem Auslesen von unstrukturierten Inhalten verarbeitet werden. Der Autor beschäftigt sich explizit nicht mit der Verarbeitung der beschafften Informationen. Daher kann die Arbeit von MASSIMINO für diese Forschung als methodische Zusammenfassung genutzt werden, muss jedoch in eine umfassende Softwarearchitektur eingebettet werden. Darüber hinaus sollte eine Kombination verschiedenster Methoden in Betracht gezogen werden, um die Effizienz und Geschwindigkeit im Zugriff auf verschiedene Quellen zu optimieren.

FRANCALANZA: Developing and evaluation of a knowledge-based decision making approach for designing changeable manufacturing systems

FRANCALANZA ET AL. beschäftigen sich in ihrem Beitrag mit dem Problem der Planung und Bewertung von Flexibilität während der Planung einer Fabrik sowie dessen Implikationen auf den Lebenslauf der Fabrik.[273] Dabei stellten sie fest, dass die Festlegung von verschiedenen Variablen einen sehr langfristigen Einfluss auf die Flexibilität für heutige und zukünftige Produkte haben, welche durch einen Planer nicht zu beziffern sind. Aufgrund der vielen gleichzeitig zu betrachtenden Faktoren sowie des unklaren Zielsystems leiteten die Autoren her, dass es sich um ein „wicked“ Problem handelt.[274] Dadurch können klassische Problemlösungsverfahren nach Meinung der Autoren nicht angewendet werden, da sowohl Ziel, als auch Problemstellung nicht im vollen Maße erfasst werden können. Zur Lösung dieses Dilemmas wurde ein proaktives Entscheidungsunterstützungssystem entwickelt, welches sowohl Designkonsequenzen, als auch Designunterstützung für u. a. die strategische Produktentwicklung, die Prozessplanung sowie die Fabrikplanung bringen soll.[275] Das Entscheidungsunterstützungssystem ist in verschiedenen Layern aufgebaut (vgl. Abbildung 3-3) mit dem Ziel einer Vernetzung von Unternehmenswissen aus diversen internen und externen Quellen sowie deren direkte Verarbeitung und Auswertung.

[273] Vgl. Francalanza et al. (2017), Dev. and eval. of a knowledge-based decision-making approach, S. 1.
[274] Vgl. Francalanza et al. (2017), Dev. and eval. of a knowledge-based decision-making approach, S. 7f.
[275] Vgl. Francalanza et al. (2017), Dev. and eval. of a knowledge-based decision-making approach, S. 12ff.

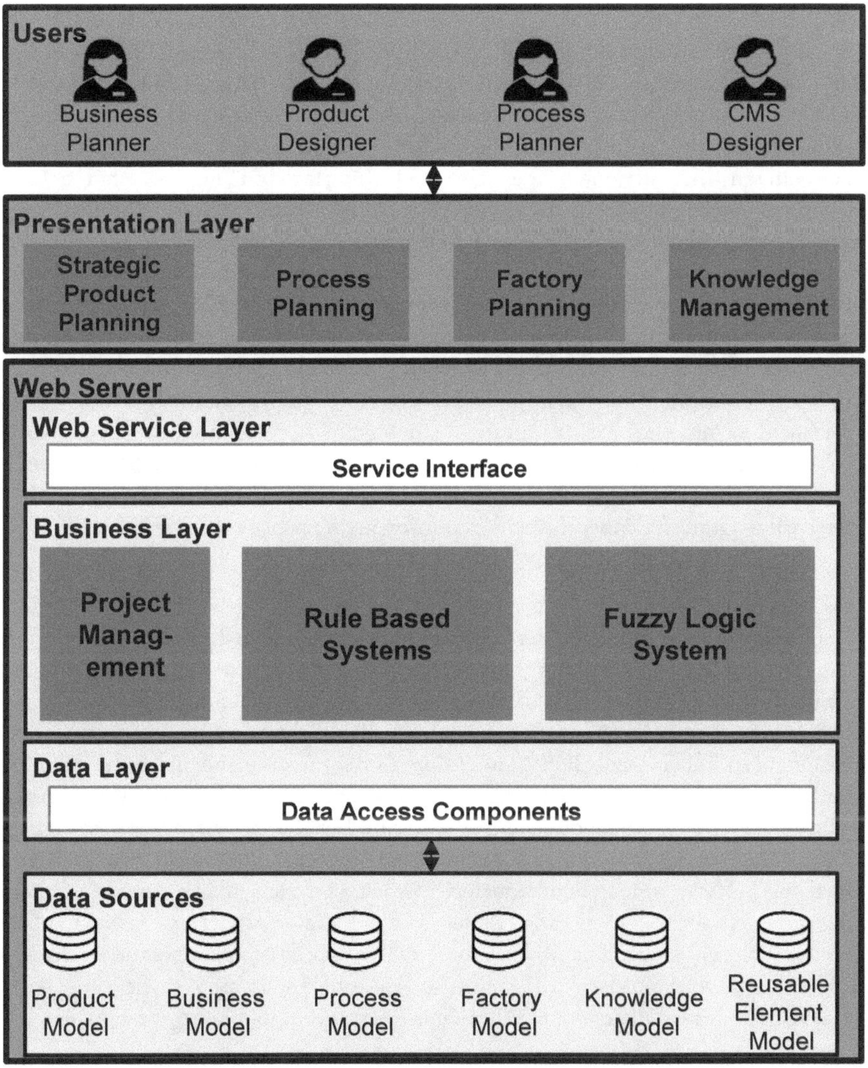

Abbildung 3-3: Systemarchitektur eines wissensbasierten Entscheidungssystems für flexible Fertigungssysteme[276]

Die Datenquellen werden über einen Datenschnittstellen-Layer einem Business Layer zur Datenverarbeitung zur Verfügung gestellt. Für die Verarbeitung im Business Layer wird ein klassisches Regelsystem sowie ein auf Fuzzy-Logik basierendes Entscheidungsvorgehen durch FRANCALANZA ET. AL. vorgeschlagen. Jedoch wird die genaue Ausgestaltung für beides nicht im Detail erläutert. Schlussendlich werden die verarbeiteten Informationen über ein Web Interface einem Presentation-Layer zugeführt, welches durch die Nutzer aufrufbar ist.[277] Dieses Entscheidungsunterstützungssystem wurde durch die Autoren in Form eines Softwaredemonstrators umgesetzt und mit potenziellen Nutzern aus Management, Betrieb und Forschung überprüft. Als Ergebnis dieser Umfrage konnte festgestellt werden, dass mithilfe der Entscheidungsunterstützung Konsequenzen und Möglichkeiten im Produktionssystem transparenter sind und durch den Planer aktiver genutzt werden, ohne dabei seine Freiheiten einzugrenzen. Auch wurde die integrierte Informationsbereitstellung und -verarbeitung als sehr positiv durch die Befragten hervorgehoben. Jedoch wurde ebenfalls klar hervorgehoben, dass der Demonstrator und die gezeigten Beispiele nicht die vollständige Komplexität betrieblicher Praxis abbilden. Der Beweis einer aktiven Unterstützung müsste daher durch die Autoren noch nachgewiesen werden.[278]

Der Ansatz von FRANCALANZA ET AL. bildet ein gutes Beispiel für die Integration verschiedener Datenquellen zur Schaffung von neuem Wissen. Die Verknüpfung verschiedener Datenmodelle über Produkt, Produktion, Fabrik, Finanzen und mehr stellt eine ähnliche Ansammlung von relevanten Daten dar, wie es für die Standortplanung notwendig ist. Die Lösung verschiedene Datenquellen über einen spezifischen Daten-Layer, welcher individuelle Schnittstellen bereitstellt, zur Verfügung zu stellen, ermöglicht eine system- und softwareunabhängige Verknüpfung von Daten. Jedoch gehen die Autoren nicht detailliert auf die Umsetzung der Schnittstelle ein, sondern nehmen diese als gegeben hin. Darüber hinaus werden zusätzliche externe Quellen nicht in den Entscheidungsprozess mit einbezogen, wodurch zum einen die Systemschnittstellen reduziert werden und zum anderen nur ein lokales Optimum gefunden werden kann. Daher lässt sich dieser Ansatz nur bedingt auf die Standortplanung anwenden. Jedoch sind einige Schnittstellen, besonders für die Kombination von internen und externen Unternehmensdaten sowie die Datenverarbeitung der Fabrikdaten ein hilfreicher Anknüpfungspunkt für diese Arbeit.

---

[276] Francalanza et al. (2017), Dev. and eval. of a knowledge-based decision-making approach, S. 15.
[277] Vgl. Francalanza et al. (2017), Dev. and eval. of a knowledge-based decision-making approach, S. 14ff.
[278] Vgl. Francalanza et al. (2017), Dev. and eval. of a knowledge-based decision-making approach, S. 18ff.

CONSTANTINESCU ET. AL.: Information support and interactive planning in the Digital Factory[279] & Towards Knowledge Capturing and Innovative Human-system Interface in an Open-Source Factory Modelling and Simulation Environment[280]

CONSTANTINESCU ET AL. veröffentlichte Mitte der 2010er Jahre zwei Beiträge, welche sich mit dem Thema digitale Fabrik und Just-in-Time Information Retrieval (JITIR) beschäftigen. In seinem ersten Beitrag verknüpft der Autor das vom amerikanischen Massachusetts Institut of Technology (MIT) entwickelte Human-System Interfacting (H-SI) zur Informationsbeschaffung mit dem Themenfeld der Produktionsplanung und -kontrolle.[281] Zielbild der Autoren ist die Erweiterung der digitalen Fabrik um weitere interne und externe Informationen sowie der Nutzung von Smart Factory Daten. Jedoch soll nicht nur eine reine Erweiterung des Informationshorizonts erzielt werden, sondern es sollen dem Nutzer nur Informationen mit hoher Relevanz in genau dem Moment, in dem er diese benötigt, zur Verfügung gestellt werden. Eine Sortierung und Priorisierung muss daher vorab stattfinden. Dafür schlagen CONSTANTINESCU ET AL. die Nutzung von Just-in-Time Information Retrieval Agenten (JITIRs) vor.[282] Dies sind Software-Agenten, die ihre Aktionen auf die lokale Umgebung des Benutzers ausrichten, um für den Benutzer relevante Echtzeitinformationen zur Verfügung stellen, die für ihn nützlich sind.[283] Die Autoren setzen das Agentensystem in Industrie Use Cases um. Dafür werden zwei türkische Industrieunternehmen betrachten, einerseits für den produzierenden Betrieb, andererseits für deren Fabrikplanung. Für den produzierenden Bereich lassen sich signifikante Einsparungen in den Bereichen Effizienz, Flexibilität, Medienverbrauch sowie Entscheidungsqualität identifizieren. Jedoch liegen besonders für den Use Case der Fabrikplanung nicht ausreichend Planungsdaten für eine Evaluation vor.[284] CONSTANTINESCU ET AL. stellen fest, dass eine reine Bereitstellung aller relevanten Informationen für einen Fabrikplaner nicht ausreichend ist. Es wird daher ein Human-System Interface (H-SI) vorgeschlagen und relevante Eigenschaften für dieses definiert. Das Fabrikplanungs- und Simulationssystem muss proaktiv Informationen für den Anwender bereitstellen. Der Benutzer sollte nicht suchen oder das System aktiv abfragen müssen. Das System sollte die Umgebung/Aktivität des Benutzers und die dafür relevanten Informationen entsprechend bereitstellen. Damit es zu keiner Informationsüberlastung beim

[279] Constantinescu et al. (2014), Information Support and Interactive Planning.
[280] Constantinescu et al. (2015), Towards Knowledge Capturing and Innovative.
[281] Vgl. Constantinescu et al. (2014), Information Support and Interactive Planning, S. 269f.
[282] Vgl. Constantinescu et al. (2014), Information Support and Interactive Planning, S. 270.
[283] Vgl. Constantinescu et al. (2014), Information Support and Interactive Planning, S. 270.
[284] Vgl. Constantinescu et al. (2014), Information Support and Interactive Planning, S. 272.

Anwender kommt, ist es wichtig, dass die Schnittstelle so gestaltet ist, dass unaufgeforderte Informationen nicht von der eigentlichen Aufgabe des Benutzers ablenken.[285] Somit sollte das H-SI die Informationen so präsentieren, dass sie ignoriert werden können, aber dennoch leicht zugänglich sind, wenn dies gewünscht wird. Der Benutzer muss entscheiden können, ob er eine bestimmte Information in Abhängigkeit von seiner aktuellen Aufgabe und dem Grad der kognitiven Belastung ansehen oder ignorieren möchte.[286] Die H-SI sollte Informationen aus sich dynamisch ändernden Quellen bereitstellen, basierend auf der Relevanz für den sich schnell ändernden lokalen Kontext eines Benutzers. Dies würde erfordern, dass die H-SI den lokalen Kontext der räumlich lokalen Umgebung des Benutzers erfasst, einschließlich seiner aktuellen Aufgabe. Die H-SI sollte daher dem Anwender zusätzliche Informationen zur Verfügung stellen, die für diesen in seinem Kontext nützlich sein könnten, aber den Benutzer nicht aus seinem aktuellen Kontext herausziehen.[287] Zusammengefasst wurden durch die Autoren Proaktivität, Zugänglichkeit, Zurückhaltend sowie Bezug zum auf lokalen Arbeitskontext als relevante Eigenschaften identifiziert und für die Umsetzung einer H-SI Schnittstelle für einen JITIR festgelegt.

In ihrem zweiten Beitrag entwickeln CONSTANTINESCU ET AL. ein dazu passendes Best-Practice (BP) zur Modellierung von Organisationswissen. Für die BP-Modellierung werden vier System-Wissensmodellierungssprachen betrachtet: die System Modeling Language (SysML), die Business Process Modeling Notation (BPMN), die Integration Definition Language (IDEF) und der Core Manufacturing Simulation Data (CMSD).[288] Weiterhin definieren die Autoren 14 Kriterien und bewerten die vier Modellierungssprachen hinsichtlich dieser Kriterien.[289] Als Ergebnis wurde das SysML als passendste ausgewählt und mithilfe einer Open Source-Software als Grundlage für die Umsetzung eines JITIR-Agenten genutzt.[290] Die Autoren sehen die Vorteile von JITIR-Agenten darin, dass sie automatisch arbeiten und damit die Kosten für die Suche deutlich reduzieren. Allerdings werden die Abfragen automatisch generiert und haben daher nicht die Genauigkeit, die eine menschliche Abfrage haben könnte. Somit sind JITIRs nicht nur eine zeitsparende Suchmöglichkeit, sie ermöglichen auch eine Informationsbeschaffung in Echtzeit, wenn der Benutzer nicht willens, fähig oder bewusst ist, dass eine Suche fruchtbare Informationen liefern könnte.[291] Um diese Vorteile nutzen zu

---

[285] Vgl. Constantinescu et al. (2014), Information Support and Interactive Planning.
[286] Vgl- Constantinescu et al. (2014), Information Support and Interactive Planning, 273, 275f.
[287] Vgl. Constantinescu et al. (2014), Information Support and Interactive Planning, 273, 276.
[288] Vgl. Constantinescu et al. (2015), Towards Knowledge Capturing and Innovative, S. 24.
[289] Vgl. Constantinescu et al. (2015), Towards Knowledge Capturing and Innovative, S. 25.
[290] Vgl. Constantinescu et al. (2015), Towards Knowledge Capturing and Innovative, S. 25ff.
[291] Vgl. Constantinescu et al. (2015), Towards Knowledge Capturing and Innovative, S. 26.

können, ist ein aktives Nutzerinterface notwendig, um die Aufmerksamkeit des Nutzers zu koordinieren. Hier schließt sich der Kreis zum ersten Beitrag über das H-SI.[292]

Der von CONSTANTINESCU ET AL. entwickelte Ansatz verbindet den Bedarf nach einer Automatisierung von Informations- und Wissensmanagement aufgrund der hohen Komplexität mit dem steigenden Bedarf an Informationen. Insbesondere wird hier auch die Fabrikplanung von den Autoren als Anwendungsfeld angesprochen. Zur Lösung des Problems nutzen die Autoren einen Just-in-Time Information Retrieval (JITIR) Ansatz, um analog zum Grundsatz der Logistik einem Planer zur richtigen Zeit die richtige Information in der korrekten Qualität zukommen zu lassen. Dieser Ansatz ist sehr vielversprechend und adressiert auch eine der Kernherausforderungen der Standortplanung. Darüber hinaus haben die Autoren erkannt, dass es zentral ist, JITIR aktiv in die Arbeit eines Planers einzubinden, sodass dieser von ihm profitiert, ohne gestört zu werden. Dafür nutzen CONSTANTINESCU ET AL. das H-SI des MIT. Dieses überwacht die Tätigkeit des Benutzers und stellt diesem relevante Informationen zu seiner aktuellen Tätigkeit zur Verfügung. Die Autoren lassen jedoch offen, wie das H-SI angelernt wird, damit es erkennt, welche Informationen für den Planer relevant sein könnten. Hier fehlt die Verknüpfung zur Praxis, insbesondere zu einer komplexen Tätigkeit wie der Fabrikplanung sowie einer Informationsübersicht innerhalb von Fabrikplanungstätigkeiten. Jedoch ist der Ansatz nachvollziehbar und könnte theoretisch für den Planer zu einer Verbesserung in gewissen Planungstätigkeiten führen. Besonders für die Standortplanung ist eine Anwendbarkeit jedoch fraglich, da zu den Zeitpunkten der Grobauswahl und der Feinauswahl große Mengen an Informationen für verschiedenste Planungsvarianten gleichzeitig zusammengeführt werden müssen. Daher ist ein aktives Monitoring der Arbeit des Planers nicht systemisch möglich. Darüber hinaus unterstützt das von CONSTANTINESCU ET AL. entwickelte System den Planer nicht in der Auswertung der Informationen was aufgrund der hohen Anzahl an Informationen ein wichtiges Unterstützungselement ist. Auch geben die Autoren kein Indiz, welche Potenziale sie durch die Einführung ihres Systems für die Fabrikplanung sehen. Es werden nur Kennwerte für die Produktionsplanung und -kontrolle des ersten Praxisbeispiels gegeben.

[292] Vgl. Constantinescu et al. (2015), Towards Knowledge Capturing and Innovative, S. 27f.

JIAN ET AL.: A multi-agent based knowledge search framework to support the product development process[293]

JIAN ET AL. entwickeln eine Wissenssuchmethodik auf Basis von autonomen, intelligenten Multi-Agenten zur Unterstützung von Mitarbeitern im Produktentwicklungsprozess.[294] Dafür führten die Autoren eine Studie mit der Vaillant Group sowie dem chinesischen Flugzeughersteller Aviation Industry Corporation of China (AVIC) durch, um Wissensbrüche zu identifizieren.[295] Als Ergebnis der Studien wurden drei Kernwissensbrüche identifiziert: 1. Ineffiziente Informationsbeschaffung über verschiedene Designstudios, 2. Mangelndes Verständnis über den Informationsinhalt und 3. Mangelndes Verständnis der Muttersprache.[296] Im Weiteren vergleichen die Autoren die Möglichkeiten und Nutzungen von Unternehmensinformationen mit externen Informationen aus dem World Wide Web (WWW).[297] JIAN ET AL. entwickeln daraufhin eine Systemarchitektur um sowohl einen Host-Computer, als auch das Internet über einen Suchserver zu durchsuchen (siehe Auszug über Suchserver in Abbildung 3-4). Beide Systeme sind über eine TCP/IP-Schnittstelle angebunden, sodass diese hardwareunabhängig genutzt werden können. Der Suchserver ist eine virtuelle Maschine, welche die drei eigenständigen Agenten ausführt. Der Disponent-Agent versendet Suchanfragen an den Suchagenten und den lernenden Agenten. Der Suchagent greift auf relevante Datenbanken mittels Subagenten zu, extrahiert Text, Bilder, Videos etc. und meldet das Suchergebnis zurück. Der lernende Agent entwickelt dabei kontinuierlich die Suchagenten weiter, um besonders den Vertrauenswert in die beschafften Informationen zu verbessern.[298] Für die Umsetzung dieses Systems prüfen die Autoren bestehende Multi-Agenten-Systeme und definieren Agentenklassen und -designs.[299] Als Ergebnis halten JIAN ET AL. fest, dass Agentensysteme eine Möglichkeit sind, um die steigenden Anforderungen und Komplexitäten in der internen und externen Informationsbeschaffung zu begegnen. Sie sehen Chancen, alle drei genannten Informationsbrüche zu schließen. Dadurch können Agentensysteme besonders für Unternehmen eine starke Erleichterung bewirken, da die Schnittstelle zum Nutzer sich nicht bzw. nur sehr gering zu heutigen

[293] Jian et al. (2010), A multi-agent based knowledge search.
[294] Vgl. Jian et al. (2010), A multi-agent based knowledge search, S. 238.
[295] Vgl. Jian et al. (2010), A multi-agent based knowledge search, S. 238ff.
[296] Vgl. Jian et al. (2010), A multi-agent based knowledge search, S. 240.
[297] Vgl. Jian et al. (2010), A multi-agent based knowledge search, S. 240ff.
[298] Vgl. Jian et al. (2010), A multi-agent based knowledge search, S. 242.
[299] Vgl. Jian et al. (2010), A multi-agent based knowledge search, S. 243ff.

Computerschnittstellen ändern würden.[300] Somit könnte mit dieser Lösung schnell eine hohe Nutzerakzeptanz erreicht werden.

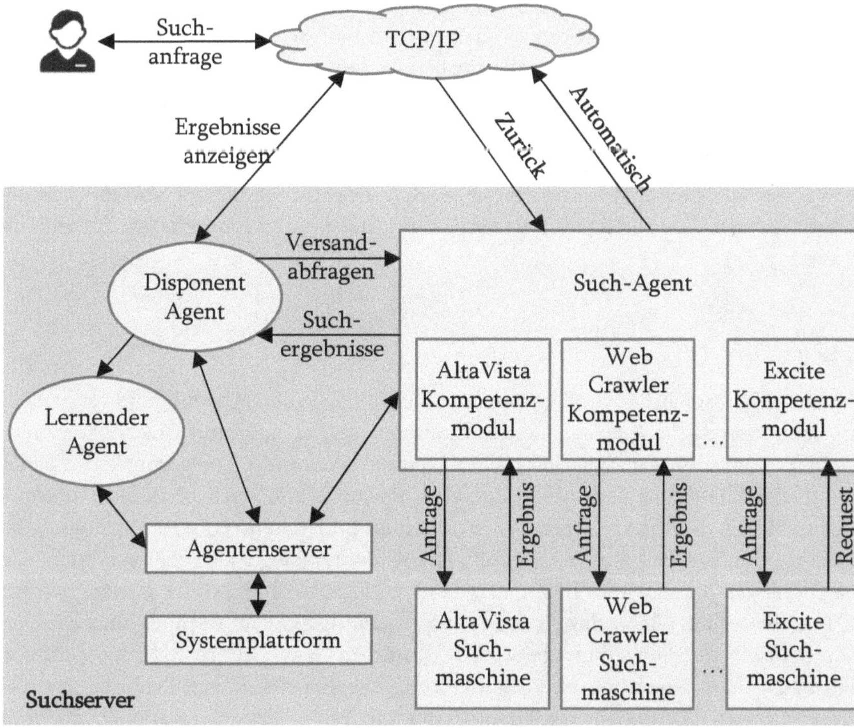

Abbildung 3-4: Struktur eines Suchserver-Agentensystems nach JIAN ET AL.[301]

Der Ansatz von JIAN ET AL. ist ein Konzept zur Lösung der Informationsasymmetrie in der Standortplanung. Die Produktentwicklung ist eine vergleichbare planerische Herausforderung wie die Standortplanung, da in dieser verschiedenste Informationen aus internen und externen Quellen beschafft, verarbeitet und schlussendlich in eine Entscheidungsempfehlung transformiert werden müssen. Daher könnten viele Elemente analog für die Standortplanung genutzt werden. Jedoch wird besonders eine Nutzen-Aufwand-Betrachtung von JIAN ET AL. nicht einbezogen, wodurch weder die Veränderung für den späteren Anwender sowie der Aufwand für den Aufbau und die

[300] Vgl. Jian et al. (2010), A multi-agent based knowledge search, S. 246.

[301] Ausschnitt aus Jian et al. (2010), A multi-agent based knowledge search, S. 243.

Integration des Multi-Agenten-Systems nicht bewertet werden. Darüber hinaus nutzen die Autoren feste Datenbanken, in den Informationen gesucht werden, was nicht der Realität der Standortplanung entspricht. Auch wird nicht deutlich, welche Informationsmengen für die Standortplanung beschafft werden müssen. Aufgrund der hohen Variantenanzahl in der Standortplanung müssen schnelle Zugriffszeiten und hohe Datenmengen transportiert werden. Darüber hinaus fehlen ein zentrales Speicherelement sowie der Anschluss an eine automatisierte Verarbeitung der Informationen, um diese aufbereitet an den Nutzer zu geben. Somit hat der Ansatz noch Schwachstellen und kann so nicht auf den Anwendungsfall der Standortplanung angewendet werden, bildet jedoch einen interessanten Anknüpfungspunkt für weitere Forschung.

Zwischenfazit

Von der wissenschaftlichen Gemeinschaft wurde das Problem von einem steigenden Informationsbedarf sowie der Beschaffungskomplexität aufgrund diversifizierender Quellen und Informationsgeschwindigkeiten erkannt. Die Literatur bietet verschiedene Technologien und Ansätze an, um unternehmensinterne und -externe Informationen zu strukturieren, zu beschaffen und einem Nutzer zugänglich zu machen. Dabei wird ein besonderer Fokus daraufgelegt, den Nutzer nicht zu überfordern. Es konnte jedoch kein Ansatz identifiziert werden, welcher spezifisch auf die Problemstellung der industriellen Standortplanung eingeht. Darüber hinaus fehlen allen Ansätzen,neben den gezeigten Ansätzen zur Informationsbeschaffung, Methoden zur Auswertung und Verarbeitung der Informationen. Dadurch können weitere Potenziale erhoben werden, da Planern nicht nur Rohinformationen, sondern verarbeitete Informationen, z. B. Ergebnisse oder Empfehlungen, verfügbar gemacht werden. Um dieses Themenfeld soll sich in der folgenden Forschungsarbeit fokussiert werden.

3.2 Bestehende Ansätze zur automatisierten Entscheidungsfindung in der Standortplanung

3.2.1 Festlegung der Zielkriterien und Ergebnisübersicht

Als Grundlage für diese Recherche wurde zuerst eine unstrukturierte Stichwortsuche durchgeführt, um ein Grundverständnis über das Themenfeld der Entscheidungsverfahren sowie die relevanten Suchtermini zu erlangen. Auf Basis dieser Vorabrecherche wurde eine Mindmap erstellt, die die wichtigsten Zusammenhänge im Themenfeld Standortplanung und Entscheidungsverfahren zusammenführte. Dabei konnte identifiziert werden, dass verschiedene Entscheidungsverfahren, z. B. das AHP-Verfahren, das ELECTRE Verfahren, die Fuzzy-Logik und die Nutzwerkanalyse sowohl in der Vergangenheit, als auch aktuell Bestandteil des wissenschaftlichen Exkurses für die Entscheidungsdefinition in der Standortplanung sind. Darüber hinaus konnte festgestellt werden, dass die Abgrenzung des Themenfelds entscheidend ist. Mit unspezifischen Suchbegriffen wie „location planning decision" wurden neben dem gesuchten Themenfeld auch Beiträge über die Optimierung von Produktionsnetzwerken, Simulationsansätze und weitere gefunden. Darüber hinaus ist der Begriff Standort bzw. Location im Englischen ein sehr weitreichender Begriff. Somit wurden auch andere Anwendungsfelder als die industrielle Anwendung auf Fabriken, z. B. für die allgemeine Stadtentwicklung, Hotellerie oder den Einzelhandel identifiziert. Daher ist es für diesen Abschnitt relevant, an dieser Stelle spezifische Entscheidungsverfahren in die Suchkriterien einzubinden. Dabei wird sich auf die in Kapitel 2.4.3 beschriebenen Methoden begrenzt. Daher ergeben sich als Ausgangspunkt für diese Literaturrecherche folgende Suchcharakteristika.

Aufgrund der hohen Anzahl anpassender Ergebnisse, werden die auf Basis der Einschätzung des Autors dieser Arbeit passendsten und neuesten Ansätze im Folgenden vorgestellt. Als passend wird an dieser Stelle die Anwendbarkeit für die Standortplanung sowie eine Verknüpfbarkeit mit einer automatisierten Informationsbeschaffung angesehen.

Tabelle 3-2: Recherchemerkmale zum Themenfeld automatisierte Entscheidungsfindung auf Basis der STARLITE-Methode[302]

Merkmal	Kategorie
S: Auswahlstrategie (Sampling strategy)	Selektiv: Betrachtung aller Literatur innerhalb festgeschriebener Grenzen
T: Studientypen (Type of Studies)	Wissenschaftliche Zeitschriftenartikel und Bücher
A: Methode (Approaches)	Schlagwortsuche in Datenbanken
R: Zeitraum (Range of years)	2000 – 2020 (einschließlich)
L: Beschränkungen (Limits)	- Deutsche und englische Sprache - Manuelle Eingrenzung der Ergebnisse über Überschriften und Zusammenfassungen
I: Einbeziehung und Ausschluss (Inclusion and exclusion)	Keine
T: Schlagwörter (Terms used)	- Automated Location Planning - Decision Support System Location - Planning/ Selection - Multicriteria Decision Tool for Location Planning/ Selection - Fuzzy-Logic Location Planning/ Selection - Fuzzy Facility Location Selection - ELECTRE Location Planning - Nutzwertanalyse Standortauswahl - Valuation Model Site Selection
E: Elektronische Datenbanken (Electronic sources)	Google Scholar, Science Direct, Springer Link

[302] In Anlehnung an Booth (2006), Brimful of STARLITE, 424.

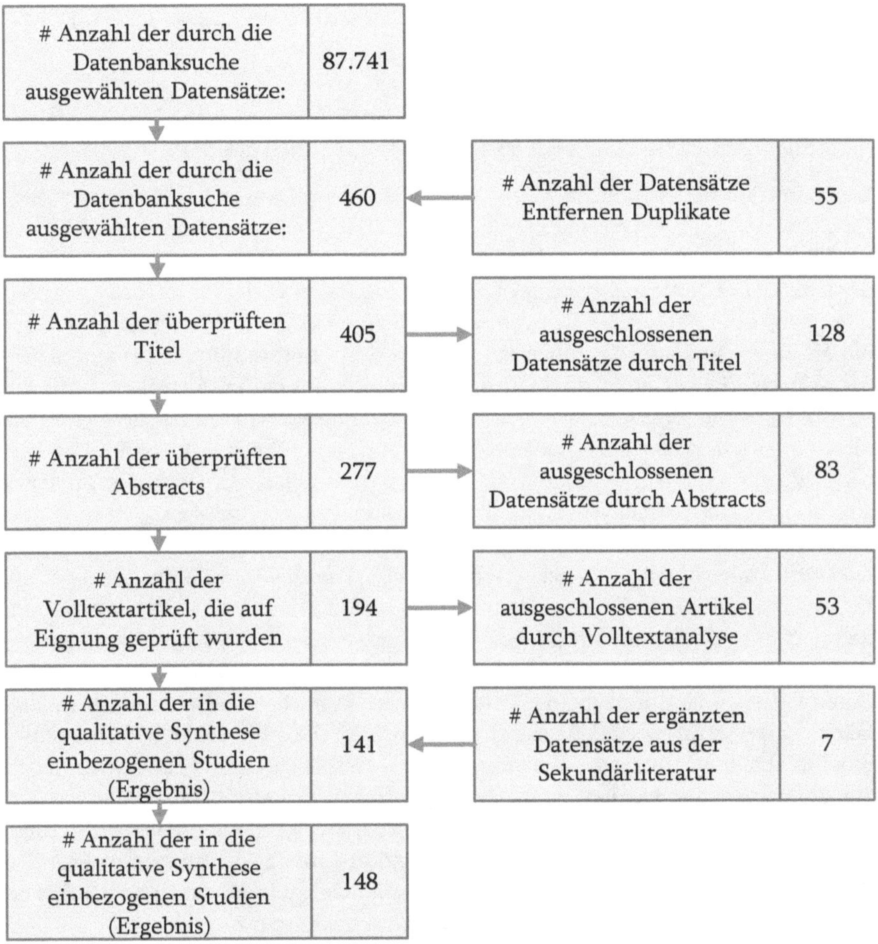

Abbildung 3-5: Zusammensetzung der Suchergebnisse für das Themenfeld Entscheidungsfindung

3.2.2 Vorstellung einer Auswahl bestehender Ansätze zur aktiven Entscheidungsfindung in der Standortauswahl

CHOU ET. AL.: A fuzzy simple additive weighting system under group decision-making for facility location selection with objective/subjective attributes[303]

In ihrem Ansatz entwickeln CHOU ET AL. ein neues einfaches additives Fuzzy-Gewichtungssystem (englisch: Fuzzy Simple Additive Weighting System, FSAWS). Als Grund für diesen neuen Ansatz führen die Autoren an, dass in bestehenden Ansätzen der Grad der Wichtigkeit einzelner Entscheidungsträger in der Präferenzaggregation nicht berücksichtigt wird.[304] Das von den Autoren entwickelte Lösungskonzept kombiniert Fuzzy-Mengen mit einfachen additiven Gewichtungen und ein Faktorbewertungssystem. In einem neun-schrittigen Prozess werden im Berechnungsmodell sowohl Nutzerpräferenzen sowie quantitative und qualitative Daten verarbeitet.[305] Da diese — besonders die Nutzerpräferenzen und qualitative Daten — nicht direkt verarbeitet werden können, definieren die Autoren zum einen ein Fuzzy-Set inklusive zugehörigen trapezoidale Fuzzy-Zahlen, Rechenoperatoren aus Fuzzy- und Nicht-Fuzzy-Zahlen und einer Distanzfunktion zur Defuzzifizierung. Zum anderen werden eine fünf-stufige linguistische Bewertungsskala für Entscheiderpräferenzen sowie eine neun-stufige linguistische Bewertungsskala zur Einordnung von Standortfaktoren definiert.[306] Diese Skalen ermöglichen eine intuitive Bewertung der für das Standortranking relevanten Standortkriterien sowie die Quantifizierung der qualitativen Daten mittels linguistischen Unschärferelationen. Wird beispielsweise ein Standortfaktor als „sehr wichtig" bezeichnet, wird die linguistische Unschärferelation in einen Zahlenwert übersetzt, der schließlich dazu genutzt wird, den Standortfaktor zu gewichten. Besonders im Vergleich zu anderen Ansätzen fokussiert dieser Ansatz auf die Kombination von Präferenzen mehreren Entscheidende, da diese durch die Autoren als essenziell für die Standortplanung identifiziert wurde. Die Präferenzen werden von allen Entscheidern gebündelt und zu einem gemeinsamen Vektor verrechnet, sodass beliebig viele Entscheidungsträger mit individuellen Standortpräferenzen in den Entscheidungsprozess integriert werden können. Nach der Vorstellung der Berechnungslogik validieren die Autoren diese an einem Praxisbeispiel mit drei Standorten, vier Entscheidern und vier Standortfaktoren.[307] Als

[303] Chou et al. (2008), A fuzzy simple additive weighting.
[304] Vgl. Chou et al. (2008), A fuzzy simple additive weighting, S. 134.
[305] Vgl. Chou et al. (2008), A fuzzy simple additive weighting, S. 137ff.
[306] Vgl. Chou et al. (2008), A fuzzy simple additive weighting, S. 134ff.
[307] Vgl. Chou et al. (2008), A fuzzy simple additive weighting, S. 140ff.

Ergebnis dieser Validierung benennen die Autoren noch Vor- und Nachteile dieser neuen Methode, bei der die Vorteile für den Anwendungsfall der Standortplanung überwiegen. [308]

Das von CHOU ET AL. vorgeschlagene neun-schrittige Vorgehen, zeichnet sich durch einen im Vergleich zu anderen Ansätzen einfachen Lösungsansatz aus. Anders als in anderen Modellen, sehen CHOU ET AL. keine automatisierte Berechnung vor, obwohl diese möglich wäre. Des Weiteren müssen die in Frage kommenden Standortalternativen sowie Standortfaktoren bereits vor der Durchführung des Bewertungsmodells definiert werden und können nicht ohne eine Neuberechnung verändert werden. Demgegenüber steht der Vorteil eines einfachen und leicht verständlichen, als auch flexiblem Ansatz. Ohne Anpassung der Berechnungslogik ist eine Erweiterung der Standortfaktoren möglich, was ein Vorteil für die Anwendung in der Standortplanung sein kann. Darüber hinaus ermöglicht der Ansatz von CHOU ET AL. die Verarbeitung von unsicheren und linguistischen Daten. Auch können sowohl quantitative, als auch qualitative Daten mittels dieses Ansatzes verarbeitet werden, da alle Daten durch linguistische Skalen transformiert und anschließend fuzzifiziert werden. Die dafür von den Autoren genutzte neun-stufige Skala kann abhängig der Anwendung adaptiert werden, um eine feinere Skalierung zu erhalten. Ein Punkt, auf den die Autoren nicht explizit eingehen, ist eine Einordnung von Standortfaktoren auf linguistische Skalen. Hierfür wird eine Skalierung benötigt, welche über alle Standortalternativen gleich ist, um eine Vergleichbarkeit dieser zu erreichen. Dieser Ansatz bildet aufgrund seiner Einfachheit und Flexibilität eine gute Ausgangsbasis die weitere Forschung im Rahmen dieser Arbeit. Besonders die Einbeziehung der Nutzwertanalyse, eine Methode, die in heutigen Standortauswahlprozessen bereits vertreten ist, macht die Nachvollziehbarkeit durch den Nutzer einfacher. Dies steigert das Vertrauen in die Methode, welches aufgrund der hohen strategischen Wichtigkeit der Entscheidung essenziell ist.

DEVI AND YADAV: A multicriteria intuitionistic fuzzy group decision making for plant location selection with ELECTRE method[309]

Als weiterer Ansatz soll die von DEVI UND YADAV entwickelte Kombination der Fuzzy-Logik mit der ELECTRE-Methode angeführt werden. Dabei nutzt die von den Autoren genutzte intuitionistische Fuzzy-Mengen-Theorie keine Quersumme von Eins wie andere Fuzzy-Theorien. Dadurch können die individuellen Entscheidungssituationen

[308] Vgl. Chou et al. (2008), A fuzzy simple additive weighting, S. 143f.
[309] Devi und Yadav (2013), A multicriteria intuitionistic fuzzy group decision making.

sowie die Präferenzen der Entscheider besser in diese integriert werden.[310] Ergänzt wird hier die Fuzzy-Logik mit der ELECTREIII-Methode nach BENAYOUN[311]. Dabei zielt die Methode darauf ab, verschiedene Alternativen anzuordnen, indem geprüft wird, welche Variante eine andere dominiert bzw. von dieser dominiert wird. Dafür ist es essenziell, dass numerische Maß für die relative Wichtigkeit von Attributen und die Leistung jeder Alternative bei diesen Attributen zu kennen. Hierfür erweitern die Autoren die ELECTREIII-Methode auch um nichtlineare intuitionistische Fuzzy-Mengen. Anschließend können alle Eingangsgrößen, Standortkriterien und Kriteriengewichte mithilfe von linguistischen Variablen transformiert werden.[312] In Summe handelt sich im Ansatz von DEVI UND YADAV um ein neun-schrittiges Vorgehen. Im ersten Schritt werden alle Eingangsparameter normalisiert, um im darauf folgenden Schritt gegeneinander gewichtet zu werden.[313] In den darauf folgenden Schritten 3, 4 und 5 werden je Standort die Konkordanz- und Diskordanz-Mengen je Kriterium sowie die Konkordanz- und Diskordanz-Matrix je Standortalternative bestimmt.[314] Dabei ermöglichen die Autoren die Einführung von Gruppenentscheidungen, indem sie in diesem Fall die Ausprägungen der Kriteriengewichts-Matrix als Durchschnitt der einzelnen Kriteriengewichte annehmen. Im sechsten und siebten Schritt werden die Konkordanz- und Diskordanz-Dominanz-Matrizen bestimmt, indem die bestehenden Matrizen mit einem Schwellenwert verglichen werden.[315] In den letzten beiden Schritten wird zuerst die aggregierte Dominanzmatrix durch Kombination der Konkordanz- und Diskordanz-Dominanz-Matrizen bestimmt, mit deren Hilfe im letzten Schritte die weniger vorteilhaften Alternativen entfernt sowie eine Standortreihenfolge bestimmt werden.[316] Zur Validierung ihrer Methode wenden die Autoren diese auf ein fiktives Standortplanungsszenario mit sechs Kriterien und vier Entscheidern an.[317]

Durch die Kombination der beiden Methoden gelingt den Autoren eine teilweise Automatisierung der Standortwahl einer Fabrik als Ergebnis einer Gruppenentscheidung. ELECTRE erlaubt die Verarbeitung der Standortfaktordaten, die mit Unsicherheit behaftet sind, wodurch die Robustheit des vorgeschlagenen Standortrankings entsprechend erhöht wurde. Mithilfe der Fuzzy-Logik lassen sich darüber

[310] Vgl. Devi und Yadav (2013), A multicriteria intuitionistic fuzzy group decision making, S. 1220.
[311] Vgl. Benayoun et al. (1966), Electre: Une méthode pour guider.
[312] Vgl. Devi und Yadav (2013), A multicriteria intuitionistic fuzzy group decision making, S. 1222.
[313] Vgl. Devi und Yadav (2013), A multicriteria intuitionistic fuzzy group decision making, S. 1223.
[314] Vgl. Devi und Yadav (2013), A multicriteria intuitionistic fuzzy group decision making, S. 1223f.
[315] Vgl. Devi und Yadav (2013), A multicriteria intuitionistic fuzzy group decision making, S. 1224f.
[316] Vgl. Devi und Yadav (2013), A multicriteria intuitionistic fuzzy group decision making, S. 1225.
[317] Vgl. Devi und Yadav (2013), A multicriteria intuitionistic fuzzy group decision making, S. 1225ff.

hinaus sowohl Nutzerpräferenzen bezüglich der relativen Relevanz der Standortfaktoren intuitiv ermitteln, als auch die Gewichtung der jeweiligen Standortfaktoren bestimmen. Beide Ansätze erfordern jedoch einen vergleichsweise hohen manuellen Aufwand bei der Erstellung der Entscheidungsmatrizen. Darüber hinaus müssen die zu berücksichtigenden Alternativen vor der Anwendung des eigentlichen Bewertungsmodells definiert werden und können nachträglich nur geringfügig angepasst werden bzw. erzwingen eine vollständige Neubewertung. Entsprechend müssen die Entscheidungsträger vor der Durchführung der Bewertungsmodelle genau wissen, welche Standortalternativen miteinander verglichen werden sollen. Darüber hinaus steigt der Aufwand der Berechnungsmethode bei einer hohen Zahl an Standortfaktoren und Entscheidern stark. Im Beispiel mit sechs Standortfaktoren und vier Entscheidern musste bereits eine 18 x 4 Matrix gebildet werden. Wenn im Vergleich alle Standortfaktoren nach VDI einbezogen werden sollen, würde bereits eine 384 x 4 Standorte-Matrix benötigt werden. In diesen Dimensionen wird auch eine manuelle Bestimmung von Präferenzen von einzelnen Kriterien zum einen für den Nutzer sehr aufwendig, zum anderen aufgrund mangelnder Transparenz schwierig abbildbar. Daher ist eine Umsetzung in realen Anwendungsfällen nur eingeschränkt und nur mit starker Rechenleistung möglich.

HÜBNER ET AL.: IT-gestützte Standortauswahl bei Niederlassungen[318]

In ihrem Beitrag entwickeln HÜBNER ET AL. als Antwort auf die Herausforderungen der Standortplanungsentscheidung ein digitales Bewertungstool auf Basis der Nutzwertanalyse. Dafür folgen sie dem klassischen Prozess der Nutzwerkanalyse nach ZANGEMEISTER[319], indem sechs Kernschritte durchlaufen werden. Für den ersten Schritt, der Zielbestimmung, führen die Autoren eine Literaturrecherche sowie mehrere Experteninterviews und Workshops durch, um die Informationsbasis für ihr Bewertungstool festzulegen.[320] Dabei nutzen HÜBNER ET AL. sowohl quantitative, als auch qualitative Datenerhebungsverfahren, um mehrere Blickwinkel auf die relevanten Standortfaktoren zu erhalten.[321] Darüber hinaus unterscheiden die Autoren im Rahmen ihrer Datenerhebung drei Nutzergruppen: Die Beeinflusser, welche die Standortentscheidung vorbereiten und umsetzen, häufig Planer genannt, die Entscheider, auch das Management genannt, sowie die Mitarbeiter, welche den Standort operativ nutzen sollen.[322] Die Ergebnisse der Datenerhebung, diese umfassen

[318] Hübner et al. (2018), IT-gestützte Standortauswahl bei Niederlassungen.
[319] Zangemeister (2014), Nutzwertanalyse in der Systemtechnik.
[320] Vgl. Hübner et al. (2018), IT-gestützte Standortauswahl bei Niederlassungen, S. 162ff.
[321] Vgl. Hübner et al. (2018), IT-gestützte Standortauswahl bei Niederlassungen, S. 162.
[322] Vgl. Hübner et al. (2018), IT-gestützte Standortauswahl bei Niederlassungen, S. 163.

zum einen Standortkriterien als auch deren Gewichtung, werden hierarchisch strukturiert sowie in Themenzusammenhänge und Kategorien unterteilt, sodass Themencluster entstehen. Dabei unterscheiden die Autoren aktiv in die Makroperspektive — den Standort — sowie in die Mikroperspektive — der Gebäudeanalyse.[323] Von den Autoren wird nicht eindeutig beschrieben, ob dies nur für Brownfieldstandorte gilt oder eine Vorstudie zur Nutzung im Hinblick auf ein zukünftiges Gebäude gemeint ist. Der so entwickelte Katalog von Standortfaktoren wird durch die Autoren nun in eine Visual Basic Application (VBA) Anwendung überführt. Alle Eingabeinformationen und Ergebnisse werden über ein MS Excel Sheet ein- bzw. ausgegeben. Die Ausgabe vergleicht alle zur Verfügung stehenden Standorte über alle Standort-faktoren. Dabei wird besonders in der Ausgabemaske Wert auf die grafische Darstellung von Extrema (Minimum und Maximum) sowie dem Ist-Wert gelegt. Final werden ein Nutzwert sowie potenzielle Kosten für jede Standortalternative definiert und somit eine Reihenfolge der verfügbaren Standorte erstellt.[324] Das von HÜBNER ET AL. beschriebene Tool wurde anschließend in einem praktischen Anwendungsfall erprobt. In diesem wurden 35 verschiedene Standorte manuell im Internet gesucht und in das selbstentwickelte Bewertungstool eingetragen. Dabei wird zum einen über ein Ausschlussverfahren von Mindestwerten je Kriterium und zum anderen über den berechneten Nutzwert einer Standortalternative ausgewählt.[325] Die Autoren sehen in ihrem Ansatz einen großen Vorteil in der Reduzierung der Unsicherheit bei der Nutzung von qualitativen Kriterien und somit um die Transparenz der Standort-entscheidung zu erhöhen.[326]

Der Ansatz von HÜBNER ET AL. beschreibt, wie mit einfachen Mitteln Transparenz und Vergleichbarkeit in der Standortauswahl erhöht werden können. Dabei zeichnet sich die ausgewählte Nutzwertanalyse durch ihre Einfachheit, Nachvollziehbarkeit bei den Nutzern sowie durch ihre Analogie zur klassisch manuellen Standortauswahl aus. Der Aufwand ist weiterhin im vorgestellten Ansatz hoch, da sowohl die Suche der Standortalternativen sowie die Eingabe der entsprechenden Standortinformationen vollständig manuell erfolgt. Auch die Bewertung findet meist manuell auf Basis von Experteneinschätzungen statt. Es wird nicht vollumfänglich klar, ob die Bestimmung der relevanten Standortkriterien einmalig mithilfe der Literaturrecherche, der Expertenbefragung und Workshops erfolgt oder ob dieser Schritt unternehmensspezifisch wiederholt werden muss. Eine Unternehmensspezifizierung der Kriterien

[323] Vgl. Hübner et al. (2018), IT-gestützte Standortauswahl bei Niederlassungen, S. 163.
[324] Vgl. Hübner et al. (2018), IT-gestützte Standortauswahl bei Niederlassungen, S. 164f.
[325] Vgl. Hübner et al. (2018), IT-gestützte Standortauswahl bei Niederlassungen, S. 165ff.
[326] Vgl. Hübner et al. (2018), IT-gestützte Standortauswahl bei Niederlassungen, S. 169.

erscheint, auch basierend auf den Erfahrungen zur Standortauswahl aus Kapitel 2.2, sinnvoll und notwendig, erhöht jedoch den manuellen Aufwand für den Ansatz erheblich. Daher muss die Frage gestellt werden, wie hoch die Effizienzsteigerung durch den beschriebenen Ansatz ist.

RIKALOVIC UND COSIC: A Fuzzy Expert System for Industrial Location Factor Analysis[327]

RIKALOVIC UND COSIC entwickeln in ihrer Arbeit ein Expertensystem auf Basis von Fuzzy-Interferenz-Systemen (FIS), um Planer und Entscheidungsträger bei der Bewertung von quantitativen und qualitativen Standortfaktoren zu unterstützen. Dazu leiten die Autoren zunächst zehn Gruppen von typischen Standortfaktoren aus der Literatur ab.[328] Dabei stellen sie fest, dass in diesen Gruppen quantitative, aber auch qualitative Standortfaktoren in verschiedenen linguistischen Formen auftreten. Darüber hinaus betrachten die Autoren Literatur aus dem Feld der Entscheidungslehre und identifizieren Fuzzy-Interferenz-Systeme als häufig genutzte Methode in strategischen Problemstellungen. FIS haben im Vergleich zu anderen Methoden für die Autoren zwei essenzielle Vorteile: Zum einen können sie mit Daten in verschiedenen linguistischen Formaten umgehen und zum anderen können sie über universelle, nichtlineare Näherungsverfahren verschiedene Eingaben zu Ausgaben transformieren.[329] Auf dieser Basis entwickeln RIKALOVIC UND COSIC ein Expertensystem, welches FIS mit einem regelbasierten Rückschlusssystem verknüpft (siehe Abbildung 3-6).[330]

[327] Rikalovic und Cosic (2015), A Fuzzy Expert System.
[328] Vgl. Rikalovic und Cosic (2015), A Fuzzy Expert System, S. 35f.
[329] Vgl. Rikalovic und Cosic (2015), A Fuzzy Expert System, S. 36.
[330] Vgl. Rikalovic und Cosic (2015), A Fuzzy Expert System, S. 37.

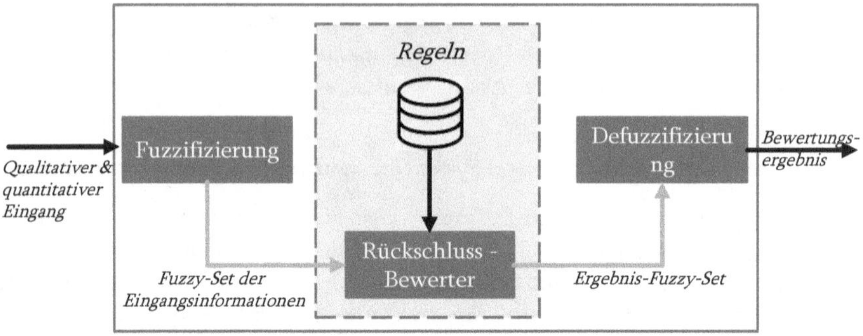

Abbildung 3-6: Aufbau eines Fuzzy-Expertensystems nach RIKALOVIC UND COSIC[331]

Die Regeln des Rückschlusssystems werden auf Basis von Expertenwissen aufgebaut, um die Ausgabeergebnisse zu erzeugen. Für die FIS-Methode wird sich dem Vorgehen nach MAMDANI[332] bedient, welches das meist genutzte FIS-System ist. Die Methode stellt ein Fuzzy-Regelschema nach dem folgenden Muster auf:

$$Wenn\ (x\ gleich\ A), dann\ \ (y\ gleich\ B), \tag{3-1}$$

wobei A und B jeweils Fuzzy-Vektoren der Eingangs- und Ausgangsparameter sind.[333] Im Falle von weiteren Eingangsvariablen werden diese mit UND- oder ODER-Verknüpfungen mit dem Regelschema verknüpft. Für die Ausgabe wird eine fünfstufige Dreiecksfunktion zur Übersetzung der linguistischen Variablen genutzt.[334] Das Expertensystem wurde in Matlab umgesetzt und im Weiteren genauer spezifiziert. Für neun beispielhafte Standortfaktoren entwickeln die Autoren ein individuelles FIS mit spezifischen Regeln.[335] Beispielhaft für den Faktor „Flughafen" wird als Variable die Distanz zum Flughafen herangezogen. Dafür definieren die Autoren fünf linguistische Dreiecksfunktionen (sehr nah, nah, akzeptabel, weit entfernt, sehr weit entfernt) für einen Variablenbereich von 0 bis 150km.[336] Dabei wird jeder Dreiecksfunktion eine Wenn-Dann-Regel definiert. RIKALOVIC UND COSIC wenden die definierten Variablen beispielhaft auf mehrere Standorte an und kalkulieren mithilfe einer standardisierten

[331] Rikalovic und Cosic (2015), A Fuzzy Expert System, S. 37.
[332] Mamdani und Assilian (1975), An experiment in linguistic synthesis.
[333] Vgl. Rikalovic und Cosic (2015), A Fuzzy Expert System, S. 37.
[334] Vgl. Rikalovic und Cosic (2015), A Fuzzy Expert System, S. 38.
[335] Vgl. Rikalovic und Cosic (2015), A Fuzzy Expert System, S. 38ff.
[336] Vgl. Rikalovic und Cosic (2015), A Fuzzy Expert System, S. 39.

Ausgangsskala von 0 bis 10 einen Erfüllungsgrad je Standortfaktor. Dies führen die Autoren beispielhaft für alle 45 Standortfaktoren aus und bestimmen eine Gesamtbewertung für den Standort.[337]

Das Vorgehen von RIKALOVIC UND COSIC zeigt die Anwendung von FSI im Rahmen der Standortplanung, um linguistische Unsicherheiten von Standortfaktoren zu berücksichtigen. Dabei nutzen die Autoren ein recht einfaches und verständliches Vorgehen, welches jedoch aufgrund der hohen Individualisierung und Regeldefinition sehr aufwendig ist. Gleichwohl bieten die Regeln ein hohes Maß an Transparenz, was für den Anwendungsfall zwingend notwendig ist. Die Autoren haben jedoch in ihrem Konzept zur Kombination der Standortfaktoren keine Gewichtung dieser mit einbezogen, sodass der hohe Aufwand in der Einordnung und Bewertung des Faktors in der Gesamtbewertung aufgrund der Gleichbehandlung der Faktoren wieder zu starken Unsicherheiten führt. Auch ist eine großflächige Nutzung dieser Lösung aufgrund des hohen Aufwands in der im Einzelfall nicht möglich. Jedoch könnte mithilfe der standardisierten Regeln eine effiziente Bewertung von automatisch beschafften Informationen umgesetzt werden. Daher kann dieser Ansatz als guter Anknüpfungspunkt genutzt werden.

SÁNCHEZ-LOZANO ET AL.: GIS-based onshore wind farm site selection using Fuzzy Multi-Criteria Decision Making methods. Evaluating the case of Southeastern Spain[338]

Als weiterer Ansatz wurde das Bewertungsmodell von SÁNCHEZ-LOZANO ET AL. ausgesucht, in welchem eine Fuzzy-Logik mit dem Analytical Hierarchy Process (AHP) und einem Geoinformationssystem (GIS) verbunden wurde. Dies ist ein Ansatz, in welchem Informationsbeschaffung und -bewertung gleichzeitig betrachtet werden. Anwendungsgebiet für das von den Autoren entwickelte Bewertungsmodell ist die Definition optimaler Standorte für Onshore-Windparks. GIS werden dazu verwendet, raumbezogene Daten digital zu erfassen, zu speichern und zu verarbeiten und bilden daher eine Informationsquelle für den Ansatz.[339] Aufgrund der komplexen Anforderungen an einen Windkraftstandort sowie die positiven Ergebnisse in anderen Anwendungsfällen nutzen SÁNCHEZ-LOZANO ET AL. für diesen Anwendungsfall ein GIS und kombinieren dieses mit einem Multi-Criteria Decision System[340] (MCDM).[341]

---

[337] Vgl. Rikalovic und Cosic (2015), A Fuzzy Expert System, S. 46ff.

[338] Sánchez-Lozano et al. (2016), GIS-based onshore wind farm site.

[339] Vgl. Sánchez-Lozano et al. (2016), GIS-based onshore wind farm site, S. 86f.

[340] Zu Deutsch: Mehrkriterien-Entscheidungssystem

[341] Vgl. Sánchez-Lozano et al. (2016), GIS-based onshore wind farm site, S. 87.

Aus der Literatur identifizieren die Autoren verschiedenste MCDM-Ansätze, von welchen die AHP-Methode als bestmögliche für den Anwendungsfall identifiziert wurde. Aufgrund der unklaren Natur einiger Standortvariablen bzw. qualitativen Kriterien erweitern die Autoren die AHP-Methode um den Fuzzy Analytic Network Process (FANP) und die Fuzzy-Technique for Order of Preference by Similarity to Ideal Solution-Methode (FTOPSIS).[342] Für die Fuzzy-Zahlen nutzen die Autoren, ähnlich wie andere Autoren, eine dreieckige Fuzzy-Funktion zur Bestimmung der Fuzzy-Mengen.[343] Diese transformieren die quantitativen Informationen für den AHP-Prozess.

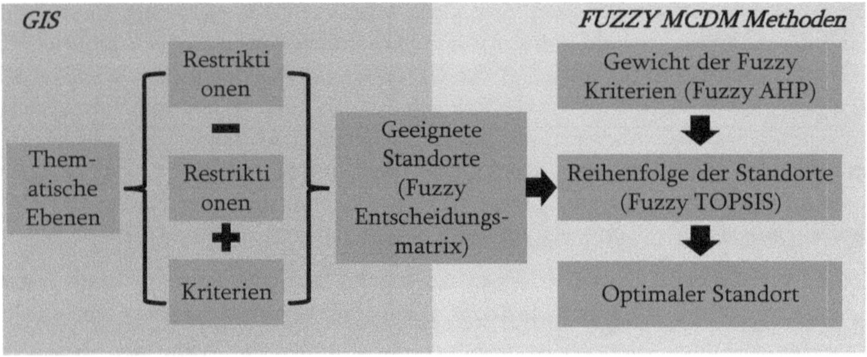

Abbildung 3-7: Prozessschema einer GIS-basierten Fuzzy-Standortauswahl für Windkrafträder[344]

Der AHP fundiert auf drei Grundkonzepten: Zuerst wird die komplexe Entscheidung hierarchisch nach Ziel, Kriterien und Alternativen strukturiert. Danach erfolgt ein paarweiser Vergleich der Elemente auf jeder Ebene der Hierarchie in Bezug auf jedes Kriterium der vorhergehenden Ebene. Zuletzt werden die Entscheidungen über die verschiedenen Ebenen der Hierarchie vertikal synthetisiert. Dies ermöglicht eine dezidierte Gewichtung der Standortfaktoren untereinander.[345] Zum Vergleich der verschiedenen Standortalternativen miteinander wird mit dem FTOPSIS eine Entfernung jeder Alternative zu einem theoretischen Ideal bestimmt. Die Alternativen werden nach der minimalen Länge zum Ideal sortiert.[346] Das Vorgehen ist in

[342] Vgl. Sánchez-Lozano et al. (2016), GIS-based onshore wind farm site, S. 87.
[343] Vgl. Sánchez-Lozano et al. (2016), GIS-based onshore wind farm site, S. 88.
[344] In Anlehnung an Sánchez-Lozano et al. (2016), GIS-based onshore wind farm site, S. 88.
[345] Vgl. Sánchez-Lozano et al. (2016), GIS-based onshore wind farm site, S. 88.
[346] Vgl. Sánchez-Lozano et al. (2016), GIS-based onshore wind farm site, S. 89f.

Abbildung 3-7 dargestellt. Dieses Lösungsverfahren verbinden SÁNCHEZ-LOZANO ET AL. mit einer GIS Software. Um ein nutzbares Ergebnis zu erzielen, definieren die Autoren acht Restriktionen auf Basis von gesetzlichen Regularien.[347] Darüber hinaus wurde ein Onlinekartensystem zur Darstellung der Ergebnisse in verschiedenen Layern integriert.[348] Das gesamte Vorgehen wird am Beispiel einer Standortsuche in Nordspanien implementiert und erprobt. Für die Gewichtung erarbeiten die Autoren paarweise Vergleiche mit Experten.[349] Zur Verifizierung und Analyse der Ergebnisse wird anschließend eine Sensitivitätsanalyse durchgeführt.[350] Die Ergebnisse werden mit anschließend anderen Fuzzy-MCDM Methoden verglichen. Die Sensitivitätsanalyse zeigt, dass die besten Alternativen unabhängig von der Gewichtung der Kriterien sind, Dabei stellen sie auch fest, dass die Ergebnisse verschiedener Methoden vergleichbar sind und nur eine geringe Fluktuation zwischen Alternativen besteht.[351]

SÁNCHEZ-LOZANO ET AL. schaffen mit ihrem Ansatz erstmalig eine Kombination eines Informationsmanagementsystems — in Form eines GIS Systems — mit einer Entscheidungsmethode. Dabei gehen die Autoren auf verschiede Aspekte und Problemstellungen dieser Kombination ein, z. B. auf quantitative oder linguistisch verschlüsselte Daten. Darüber hinaus bewerten die Autoren diese Informationen mithilfe von Standortfaktoren, welche mittels einer Expertengruppe gewichtet und mittels Fuzzy-AHP und FTOPSIS ausgewertet werden. Diese Kombination von drei Entscheidungsmethoden erzeugt einen aufwendigen und komplexen Entscheidungsansatz, welcher im Vergleich zu anderen Entscheidungsverfahren vergleichbare Ergebnisse erzeugt. Daher ist es fraglich, ob diese Komplexität notwendig ist oder im Sinne der Transparenz und Nutzerakzeptanz sowie der Effizienz ein einfacherer Ansatz gewählt werden kann. Darüber hinaus sollte geprüft werden, ob eine Skalierung über mehrere Standortfaktoren, von acht auf bis zu einhundert, sowie eine Verknüpfung von nicht nur einem, sondern mehreren Informationsmanagementsystemen möglich sind. Trotzdem kann der Ansatz von SÁNCHEZ-LOZANO ET AL. als Ausgangspunkt dienen, welcher für die Anwendungsspezifika der Standortplanung adaptiert und erweitert werden könnte.

[347] Vgl. Sánchez-Lozano et al. (2016), GIS-based onshore wind farm site, S. 90.
[348] Vgl. Sánchez-Lozano et al. (2016), GIS-based onshore wind farm site, S. 90f.
[349] Vgl. Sánchez-Lozano et al. (2016), GIS-based onshore wind farm site, S. 93ff.
[350] Vgl. Sánchez-Lozano et al. (2016), GIS-based onshore wind farm site, S. 97.
[351] Vgl. Sánchez-Lozano et al. (2016), GIS-based onshore wind farm site, S. 98.

YANG ET AL.: A new solution approach to two-stage fuzzy location problems with risk control[352]

YANG ET AL. stellen fest, dass es verschiedenste Ansätze zur Simulation und Lösung von Standortplanungsproblemen gibt. Jedoch bemängeln sie, dass die meisten Ansätze sehr aufwendig und kompliziert sind, ohne eine exakte Lösung zu erzeugen. Daher streben die Autoren die Entwicklung einer effektiveren Methode zur exakten Lösung des Fuzzy-Standortproblems an.[353] Dabei liegt ihr Fokus auf der Minimierung der Standortkosten. Dafür verwenden sie das Konzept der Value-at-Riks (VaR)[354] nach WANG ET AL.[355],[356] Als Grundlage für ihren Lösungsansatz wählen die Autoren das zweistufige Fuzzy-Standortauswahlmodell nach WANG ET AL.[357], welches das Problem ausweist, dass in der zweiten Stufe eine unendliche Anzahl an Berechnungsmodellen gelöst werden müsste, um eine exakte Lösung zu erhalten. Dies umgehen die Autoren, indem sie neue Eigenschaften einführen, welche den Risikowert der Standortentscheidung mit einem linearen Berechnungsmodell mit herkömmlichen Fuzzy-Zahlen ermitteln lässt. Somit reduziert sich das Verfahren zu einem einstufigen, gemischt-ganzzahligen linearen Entscheidungsmodell, für welches ein exaktes Ergebnis bestimmt werden kann.[358] YANG ET AL. entwickeln dafür eine lineare Kostenfunktion, welche das Entscheidungsproblem abbildet und mithilfe von Fuzzy-Zahlen die Unsicherheit der Entscheidung wiedergibt. Durch die Bestimmung des Minimums der Funktion kann ein exaktes Ergebnis für das Problem ermittelt werden. Dafür werden die Unsicherheit sowie die Kosten gleichzeitig minimiert.[359] Darüber hinaus widmen sich die Autoren der Fragestellung, inwiefern Entscheidungen unter perfekter Informationslage möglich sind. Aus der Praxis ist bekannt, dass eine perfekte Informationslage erst nach einer Entscheidung erlangt werden kann. Jedoch konnten YANG ET AL. nachweisen, dass auch ohne diese, eine exakte Bestimmung möglich ist, welche sich im Ergebnis eindeutig einer Entscheidung mit perfekten Informationen herankommen kann.[360] Somit kann das von den Autoren entwickelte Verfahren auch auf Standortplanungsprobleme mit unsicheren Informationen mit ausreichender Genauigkeit angewendet werden. Da eines der Hauptziele der Autoren die Steigerung

---

[352] Yang et al. (2019), A new solution approach.
[353] Vgl. Yang et al. (2019), A new solution approach, S. 158.
[354] Zu Deutsch: Risikowert
[355] Wang et al. (2009), Value-at-Risk-Based Two-Stage Fuzzy Facility Location.
[356] Vgl. Yang et al. (2019), A new solution approach, S. 157f.
[357] Wang et al. (2009), Value-at-Risk-Based Two-Stage Fuzzy Facility Location.
[358] Vgl. Yang et al. (2019), A new solution approach, S. 159.
[359] Vgl. Yang et al. (2019), A new solution approach, S. 162ff.
[360] Vgl. Yang et al. (2019), A new solution approach, S. 165f.

der Effizienz des Entscheidungsansatzes war, wurde das neue Lösungsverfahren mit verschiedenen bestehenden Verfahren verglichen, u. a. mit intelligenten Algorithmen[361], mit Fuzzy-Gauß-Parametern[362] und verschiedenen Größen bzw. Dimensionen von Entscheidungs-problemen[363].

In ihrem Ansatz adressieren YANG ET AL. die besonderen Herausforderungen heutiger Algorithmen zur Lösung des Standortauswahlproblems. Dabei verringern sie im speziellen die hohe Rechenzeit sowie die Ungenauigkeiten durch eine nur heuristische Lösung. Ihr Ansatz der Komplexitätsreduzierung ist nachvollziehbar und zielführend. Dennoch muss eine Anwendbarkeit in der Praxis als fraglich angesehen werden. Durch die Reduzierung der Komplexität auf eine reine Kostenoptimierung werden verschiedenste relevante Standortfaktoren nicht betrachtet, was in der Realität nicht umsetzbar ist. Darüber hinaus ist besonders für sensitive Industrien, wie die Halbleiter- oder Pharmaindustrie, die Risikobewertung eines Standortsentscheidender als die reinen Standortkosten. Auch reagiert der Ansatz von YANG ET AL. sehr sensitiv auf fehlende und unzureichende Informationen. Im Gegensatz zu mehrstufigen Fuzzy-Ansätzen sogar stärker, da eine Einführung von Strafkosten, sogenannten Penalty Costs, nicht möglich ist. Jedoch besitzt die durch die Autoren erreichte Einfachheit den Vorteil einer hohen Nachvollziehbarkeit und somit Transparenz gegenüber dem Nutzer. Daher sollte dieser Ansatz für die Forschung dieser Arbeit als Leitbild dienen, die anzustrebende Lösung so simpel wie möglich und so kompliziert wie nötig zu gestalten.

Zwischenfazit

Die vorgestellte Auswahl an Entscheidungsmethoden zeigt, dass verschiedenste Ansätze zur Lösung von strategischen Entscheidungsproblemen, wie der Standortplanung existieren. Besonders konnte nachgewiesen werden, dass die Problemstellung der Standortplanung im Rahmen der internationalen Diskussion häufig als Anwendungsfall genutzt wird. Dies zeig zum einen die Relevanz, zum anderen die Komplexität des Problems. Auffällig ist die Nutzung von Fuzzy-Logik Ansätzen in den letzten 10 Jahren zur Eindämmung der Unsicherheiten im Entscheidungsprozess sowie die Nutzung von linguistischen Variablen zur Beschreibung von qualitativen Entscheidungsfaktoren. Diese beiden Verfahren sollten für diese Arbeit als relevant eingestuft und im Rahmen der Lösungsbearbeitung näher betrachtet werden. Eine Kombination mit weiteren Entscheidungsverfahren, wie der

[361] Vgl. Yang et al. (2019), A new solution approach, S. 166ff.
[362] Vgl. Yang et al. (2019), A new solution approach, S. 168f.
[363] Vgl. Yang et al. (2019), A new solution approach, S. 169f.

Nutzwertanalyse, ELECTRE oder AHP ist möglich und sollte angestrebt werden. Dies muss jedoch immer im Zusammenhang mit der entstehenden Entscheidungskomplexität durch die potenziell hohe Anzahl an Entscheidungsvariablen betrachtet werden. Transparenz, Anpassbarkeit sowie Nachvollziehbarkeit durch den Nutzer sind Kernanforderungen, welche in der Literatur als zentrale Merkmale für ein funktionierendes Entscheidungsverfahren genannt werden.

3.3 Validierung der praktischen Relevanz mithilfe einer Expertenbefragung

Betrachtet man das Ergebnis der Literaturrecherche muss das Fazit gezogen werden, dass im Rahmen der bisherigen Forschung das Themenfeld des Informationsmanagements innerhalb der Produktionstechnik wenig, im Rahmen der Fabrikplanung sehr wenig und in der Standortplanung fast gar nicht betrachtet wurde. Lediglich HUMMEL erwähnte den weiteren Bedarf nach Forschung in diesem Themenfeld. Jedoch konnte keine veröffentlichte Arbeit gefunden werden, die bisher diesen Anknüpfungspunkt aufgegriffen hat. Da mehr als 20 Jahre seit der Veröffentlichung von HUMMEL vergangen sind, scheint eine Validierung der thematischen Relevanz mit Experten aus der Praxis ratsam. Darüber hinaus kann ergänzt werden, dass einige Ansätze im Bereich der Entscheidungsfindung zum Anwendungsfall der Standortplanung existieren, diese jedoch den Baustein der Informationsbeschaffung ignorieren sowie in der Bewertung und Erstellung ihre Lösungen außer Acht lassen. Somit stellt sich die zentrale Frage, warum die Verknüpfung dieser beiden Themenbereiche in Form einer holistischen Betrachtung noch nicht stattgefunden hat. Gibt es Unvereinbarkeiten, welche bisher im Rahmen der Literaturarbeit noch nicht identifiziert wurden oder besteht kein Bedarf bzw. begründete Zweifel der Umsetzbarkeit auf Nutzerseite? Um diese Frage zu klären und die Relevanz der vorliegenden Forschungsarbeit durch die Praxis zu validieren, wurde eine strukturierte Expertenbefragung durchgeführt.

Zur Durchführung einer Expertenbefragung ist, ähnlich wie bei der Sichtung aktueller Erkenntnisse in der Literatur, ein strukturiertes Vorgehen anzusetzen. In diesem Fall wurde ein Vorgehen auf Basis der Fachliteratur nach MEUSER UND NAGEL[364], BOGNER[365] und PICKEL UND PICKEL[366] ausgewählt. Für die Auswertung der Interviews wurde auf das Vorgehen nach LAUTH[367] zurückgegriffen. Als Ergebnis ist dadurch ein Vorgehen entstanden, welches in Abbildung 3-8 zu sehen ist. Im Folgenden werden zum einen die Rahmenbedingungen und zum anderen die Ergebnisse der Expertenbefragung kurz vorgestellt.

Abbildung 3-8: Vorgehensweise zur Durchführung einer Expertenbefragung

Die Befragung wurde im Jahre 2019 mit insgesamt sieben Experten aus Fabrikplanungsabteilungen der deutschen Industrie aus den Industriezweigen Automotive, Automobilzulieferer, Konsumgüterhersteller, Maschinen & Anlagenbau sowie der Pharmaindustrie vorgenommen. Die Interviews sind auf einen Zeitraum von 60 Minuten ausgelegt und wurden telefonisch bzw. über die online Plattform MS Teams durchgeführt.

364 Vgl. Meuser und Nagel (2009), Das Experteninterview — konzeptionelle Grundlagen.
365 Vgl. Bogner et al. (2002), Das Experteninterview.
366 Vgl. Pickel und Pickel (2009), Qualitative Interviews als Verfahren.
367 Vgl. Lauth et al. (2015), Mikrobasierte Verfahren der Datenanalyse, S. 181f.

In Vorbereitung auf die Interviews wurde ein Gesprächsleitfaden sowie ein Begriffsglossar entwickelt. Im Glossar wurden grundsätzliche Begrifflichkeiten des Informationsmanagements sowie das Standortplanungsvorgehen nach GRUNDIG[368] erläutert, um ein gemeinsames Verständnis aller Experten gewährleisten zu können und unternehmensspezifische Fabrikplanungsprozesse auf einen gemeinsamen Nenner zu reduzieren.

Der Gesprächsleitfaden diente als grobe Strukturierung des Gespräches und wurde den Experten vorab nicht zugänglich gemacht. Der Gesprächsleitfaden strukturierte das Gespräch in drei Phasen, welche im Folgenden kurz erläutert und die Kernfragen des Bereichs vorgestellt werden (siehe auch Kapitel 8.3 für den vollständigen Gesprächsleitfaden):

- Einleitung: Dieser Abschnitt hat das Ziel einen strukturierten Einstieg in das Themenfeld des Informationsmanagements zu geben und Fragen über den Status Quo, z. B. zur Nutzung von Informationsmanagementsystemen im eigenen Unternehmen zu erhalten
- Kernbereich: In diesem Abschnitt sollen die wissenschaftlichen Hauptfragen mit dem Gesprächspartner geklärt werden. Dafür wird dieser Bereich weiter nach dem Informationsmanagementmodell nach KRCMAR[369] strukturiert, sodass die drei Sub-Bereiche Informationskommunikation, Informationsbeschaffung und Informationsinfrastruktur entstehen. Jeder der drei Sub-Bereiche wird aufgeteilt in Pflichtfragen, welche an jeden Interviewpartner gestellt werden und Eventualfragen, welche abhängig vom Gesprächsverlauf individuell gestellt wurden. Für jeden der drei Bereiche wurden jeweils drei Pflichtfragen sowie drei bis fünf Individualfragen vorbereitet
- Abschluss: Der Abschluss rundet das Gespräch ab und gibt dem Gesprächspartner die Möglichkeit eigene Fragen zu stellen. Es wird auch erläutert, was die weiteren Schritte der Expertenbefragung sind

Die Interviews wurden mit Einverständnis der Gesprächspartner vollständig aufgezeichnet und im Anschluss transkribiert und mithilfe der Software Atlas.Ti codiert. Für die Codierung wurden fünf Kategorien gebildet und diesen jeweils getätigte Aussagen zugeordnet. Das Ergebnis der Codierung ist Abbildung 3-9 zu

[368] Vgl. Grundig (2018), Fabrikplanung, S. 242.

[369] Krcmar (2015), Informationsmanagement.

entnehmen. Es fällt auf, dass die Experten neben dem Status Quo besonders die Kategorie der Praxisrelevanz, als auch der Chancen fokussiert haben. Daraus kann geschlossen werden, dass Chancen gesehen werden, jedoch die praktische Relevanz noch fraglich ist.

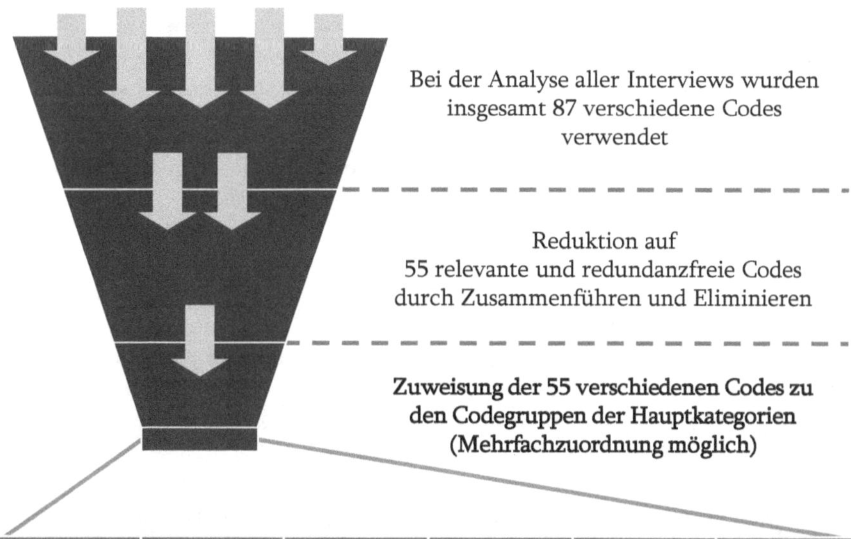

Kat. 1	Kat. 2	Kat. 3	Kat. 4	Kat. 5	Kat. 6
Status Quo	Praxis-relevanz	Anford-erungen	Lösungs-bausteine	Chancen für zuk. Anwend.	Risiken und zu beacht. Faktoren
16	24	11	4	15	7

Abbildung 3-9: Auswertung der Expertenstudie über Codierung

Anhand der Expertenausführungen lässt sich erkennen, dass viele unterschiedliche, aber nicht insgesamt integrative und zufriedenstellende Ansätze in den befragten Unternehmen verfolgt werden. Ein Informationsmanagementsystem bietet nach Meinung der Experten insbesondere einen Hebel zur Reduzierung des manuellen

Suchaufwands und der Kosten bei gleichzeitiger Steigerung der Planungsqualität und -effizienz (siehe dazu auch die detaillierten Aussagen in Kapitel 8.4). Nach Ansicht der Experten könnten durch effizientere Informationsbeschaffungsansätze bis zu 30 % der Wochenarbeitszeit eingespart und damit der wertschöpfende Anteil der Arbeitszeit deutlich erhöht werden. Weitere Potenziale ergeben sich aus der Vermeidung von mehrfachem Suchaufwand und Planungsfehlern aufgrund nicht aktueller Planungsinformationen. Bei einer genaueren Analyse konnten sieben Kernherausforderungen und drei zentrale Anforderungen aus Sicht der Nutzer sowie fünf potenzielle Lösungsbausteine identifiziert werden, welche in Abbildung 3-10 zusammengefasst sind.

Die übergreifenden Ziele bilden Verbesserungskategorien, die aufzeigen, welche Verbesserungen relevant sind, während die funktionalen Anforderungen spezifizierte Aufgaben definieren, die ein Unterstützungswerkzeug erfüllen soll. Als erstes über-geordnetes Ziel soll der Prozess der Informationsbeschaffung zentral und effizient reorganisiert werden, um die Planungsteams bei der schnellen Informationsbeschaffung zu unterstützen. Dazu sollen die benötigten Informationen modular strukturiert werden. Die Suche nach internen Informationen sollte durch standardisierte Informationsablagelogiken oder eine automatisierte Informationsbereitstellung für Projekte minimiert werden. Auch fehlende Informationen aus Standard- oder regelmäßig genutzten Datenbanken sollten automatisch gesammelt werden. Darüber hinaus sollten bei Aktualisierungen von Daten diese direkt in allen relevanten Datenbanken geändert und ein Informations-Push für alle aktiven Nutzer erzeugt werden. Zweites übergeordnetes Ziel ist, zusätzliche Transparenz für projektspezifische sowie bereits vorhandene Informationen in Projekten zu schaffen, um doppelte Arbeitsaufwände sowie unnötiges Suchen zu vermeiden. Zusätzlich ist eine Visualisierung der verfügbaren Informationen für das Team erforderlich, um zu verstehen, wann eine bestimmte Aufgabe gestartet werden kann. Das dritte übergeordnete Ziel ist, die eigenständige Sicherstellung der Informationsaktualität und ein redundanzfreies Informationsmanagementsystem. Dazu sollte ein aktives Management implementiert werden, um Informationen auf Gültigkeit und Aktualität zu prüfen und zu verifizieren. Auch sollte das verwendete Informationsmanagementsystem eine aktive Versionskontrolle von Planungsdokumenten und Informationen beinhalten, um die Verwendung veralteter Informationen zu vermeiden. Diese drei Ziele zusammen gewährleisten die Minimierung von Fehlplanungen oder Zeitverlusten aufgrund von veralteten Informationen.

Zusammenfassend zeigen die Ergebnisse der Expertenbefragung, dass der Bedarf von Informationsmanagement für planende Tätigkeiten gegeben ist und durch dieses große Potenziale im Vergleich zu heutigen Planungsprozessen bestehen. Daher wird im folgenden näher auf eine Lösungsarchitektur von integrierten und automatisierten Informationsbeschaffungs- und Entscheidungsmethoden für die Standortplanung eingegangen.

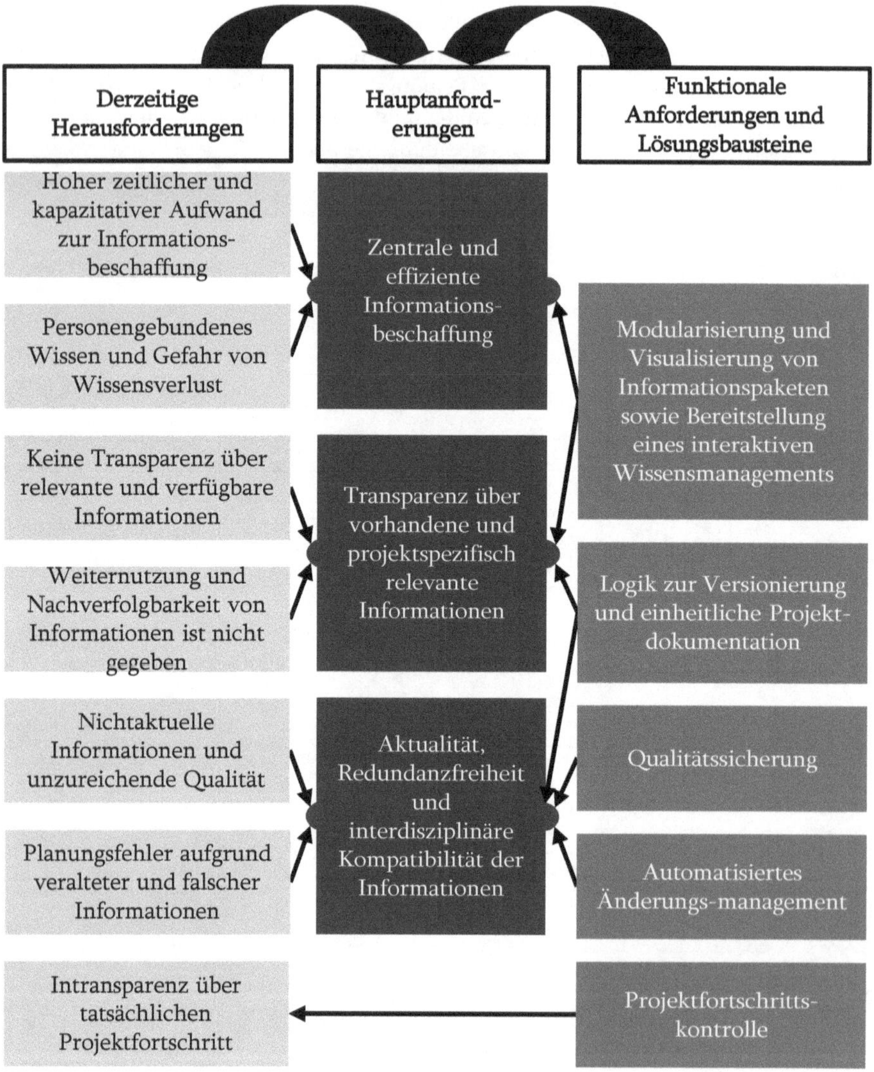

Abbildung 3-10: Zusammenfassung der Ergebnisse der Expertenbefragungen

4 Konzeptionierung des Lösungsmodells für die Standortauswahl

Bereits in den vorangegangenen Kapiteln wurden die Herausforderungen und Möglichkeiten einer Teilautomatisierung der Standortplanung erläutert. Dabei wurden zwei essenzielle Themenfelder identifiziert, welche im Rahmen einer Automatisierung fokussiert werden sollen: Beschaffung von relevanten Planungsinformationen mithilfe von Web Technologien sowie die Verarbeitung dieser Informationen zu einer Entscheidungsempfehlung für die Standortgrobauswahl. In diesem Kapitel werden die gewonnenen Erkenntnisse in ein Konzept zusammengeführt. Die zu entwickelnde Systemarchitektur folgt dabei dem Aufbau der Systemtheorie[370]. Daher wird in einem ersten Schritt die Abgrenzung und Definition des abzubildenden Sachverhalts im Sinne von Kernanforderungen vorgestellt (siehe Kapitel 4.1). Diese Anforderungen werden aufgeteilt in Anforderungen aus der Modelltheorie sowie Anforderungen aus dem Anwendungskontext. Darauf aufbauend werden die relevanten Modellvariablen und –parameter festgelegt sowie die Relationen im Modell bestimmt (siehe Kapitel 4.2).

4.1 Anforderungen an das Lösungsmodell

Als Ausgangsbasis des Lösungsmodells müssen klare und messbare Anforderungen aus der Theorie und Praxis vorliegen. Einige wurden im Rahmen dieser Arbeit bereits in den Kapiteln 2 und 3 genannt und hergeleitet, jedoch sollen an dieser Stelle diese und weitere noch einmal zusammengefasst und erläutert werden. Die genannten Anforderungen müssen im Lösungsmodell der Systemarchitektur bedacht und bei der Auswahl der Lösungskomponenten berücksichtigt werden. Die Erfüllung der Anforderungen muss im Rahmen der Validierung des Lösungsmodels überprüft und verifiziert werden. Um sicherzustellen, dass das Lösungsmodell eine hohe Güte der Abbildung und Nähe zur Realität aufweist, werden die Charakteristika „eines guten Modelles“ nach PATZAK[371] herangezogen sowie deren Anwendung auf das dargelegte Problem im Folgenden vorgestellt.

---

[370] Vgl. Patzak (1982), Systemtechnik, S. 309.
[371] Vgl. Patzak (1982), Systemtechnik, S. 309f.

4.1.1 Anforderungen aus der Modelltheorie

Empirische Korrektheit des Ergebnisses

Wichtigste Anforderung an das neue Lösungsmodell ist die Korrektheit der Ergebnisse. Damit ist gemeint, dass das Lösungsmodell die gleichen Ergebnisse erzeugen muss, welche mit heutigen, manuellen Standortauswahlprozessen bestimmt werden. Damit ist nicht gemeint, dass die gleiche Standortempfehlung zwangsläufig erreicht werden muss. Aufgrund der Automatisierung der aufwendigen Suchaufwände kann eine größere Anzahl an möglichen Standorten betrachtet werden. Somit ist es möglich, dass heutige Maximum, welches aufgrund der genutzten heuristischen Ansätze des Standortprozesses nur ein lokales Optimum ist, durch ein verbessertes Maximum zu ersetzen. Ein Erreichen des globalen Optimums ist nicht sichergestellt, da weiterhin der Suchrahmen durch den Anwender beschränkt wird. Da für den Planer im ersten Schritt unerwartete Ergebnisse auftreten können, ist es umso wichtiger, die gemachten Schritte und Auswirkungen von der Anforderungsdefinition bis zur Ergebnisdarstellung klar und transparent zu gestalten. Daher muss für das Lösungsmodell geprüft werden, dass die Standortbewertungen zu einem gleichen Ranking bzw. einer gleichen Standortreihenfolge kommen, wie ein Planer mit manuellen Methoden. Wenn beispielsweise gilt, Standort A ist besser als Standort B und ist besser als Standort C, muss dies sowohl für das Lösungsmodell, als auch für die manuelle Bewertung gelten. Ein zusätzlicher Standort X, welcher durch die Automatisierung neu in das Betrachtungsfeld rückt, kann unabhängig der Abstufung eingeordnet werden, sollte jedoch durch einen Planer nachvollziehbar und intuitiv im Vergleich zu den Lösungen A, B, C eingeordnet sein.

Formale Richtigkeit

Weiterhin muss das Lösungsmodell formal richtig sein. Dies wird in diesem Fall durch zwei konkrete Anforderungen an das Modell umgesetzt. Zum einen muss das Modell widerspruchsfrei sein. Zum anderen müssen die Ergebnisse des Modells reproduzierbar sein. Das heißt im konkreten Fall, dass sichergestellt werden muss, dass das Lösungsmodell für jeden Standort spezifische Informationen nur einfach zur Verfügung stellt und sich beschaffte Informationen nicht widersprechen. Auch sollten die Standortbewertungen zu einem eindeutigen Schluss kommen, sodass für eine spezifische Ausprägung von Standortpräferenzen und Standortfaktoren nur eine Standortbewertung möglich ist. Darüber hinaus sollte zu jedem beliebigen Zeitpunkt eine Suche mit gleichen Parametern und Ausprägungen zu einem gleichen Ergebnis führen. Falls sich zwischenzeitlich Standortfaktoren durch neue Informationen verändert haben, darf und muss sich die Standortplanung dementsprechend anpassen. Zur Prüfung der Ergebnisse des Lösungsmodells sollten sowohl Funktionstests sowie wiederholte Prüfungen mit verschiedenen Testdaten durchgeführt werden.

Hohe Produktivität der Lösung

Um eine Verbesserung zur heutigen manuellen Informationsbeschaffung und -auswertung für die Standortplanung zu erreichen, muss ein effizienter Such- und Bewertungsprozess gestaltet werden. Dafür sollten auf der einen Seite möglichst viele Standortfaktoren durch die Unterstützungslösung abgebildet werden. Ideal wäre ein eine vollständige Abbildung aller Standortfaktoren, jedoch wird dies aufgrund der hohen Diversität an Quellen sowie Individualität der Standortfaktoren je Nutzer nur schwierig umsetzbar sein. Daher sollte ein Abbilden von ca. 80 % aller Standortfaktoren im Sinne des Pareto-Ansatzes[372] angestrebt werden, um einen hohen Nutzen bei vertretbarem Aufwand mit gleichzeitig hoher Anwendbarkeit für den Nutzer zu ermöglichen. Als Messgröße kann an dieser Stelle auf die 125 Standortfaktoren des VDI-Fachausschuss Fabrikplanung hingewiesen werden, welche eine Sammlung von Standortfaktoren aus diversen Quellen enthält.[373] Zusätzlich zur Abbildung einer hohen Anzahl an Faktoren, ist für den Nutzer eine schnelle Anpassbarkeit der Ergebnisse auf der Auswertungsseite ‚sinnvoll, damit komplexe Variantenvergleiche oder Präferenzsensitivitäten nicht manuell ermittelt und geprüft werden müssen.

Gute Handhabbarkeit für den Nutzer

Das Modell muss für den Anwender leicht verständlich und handhabbar sein. Das heißt, dass der Nutzer viele Elemente und Teilschritte, welche er aus dem manuellen Standortplanungsprozess kennt (z. B. dem Standortplanungsvorgehen nach GRUNDIG aus Kapitel 2.2.1), wiederfinden sollte. Der Nutzer sollte darüber hinaus die vom Lösungsmodell vorgegebenen Prozessschritte als intuitiv und logisch wahrnehmen sowie die von ihm verlangten Schritte ohne weitreichende Erläuterungen durchführen können. Dabei sollte die Eingabemasken sowie die Angabe der Standortpräferenzen fokussiert betrachtet werden. Diese Anforderung ist notwendig, um eine hohe Akzeptanzrate beim Nutzer zu erreichen, da das Modell ansonsten keine Anwendung findet.

---

372 In Anlehnung an Vilfredo Pareto (1897), Cours d'Économie Politique, S. 305f.; Alfred Ultsch (2001), Eine Begründung der Pareto-80/20 Regel, S. 1f.

373 Vgl. VDI-Fachausschuss Fabrikplanung (2012), Strategien und nachhaltige Wirtschaftlichkeit.

Geringer Aufwand

Als letzte Anforderung aus der Systemtheorie sollte das Lösungsmodell mit möglichst geringem Aufwand umgesetzt und implementiert werden können. Dabei ist der Aufwand in der Umsetzung in Form einer nutzbaren Softwareapplikation (Einmalaufwand), der Aufwand durch den Nutzer sowie die Wartung (kontinuierlicher Aufwand) gemeint. Das heißt zum Beispiel, dass die Anzahl der vom Nutzer durchzuführen Schritte bis zur initialen Anzeige der Ergebnisse des Lösungsmodells minimiert werden sollten. Auch sollte es für den Nutzer einfach sein, die Ergebnisse zu verstehen und diese weiter zu bearbeiten bzw. zu bewerten. Daher sollten ihm ausreichend Möglichkeiten für diese Aufgaben zur Verfügung gestellt werden, um die Durchführungszeit für das Lösungsmodell zu minimieren. Darüber hinaus sollte eine effiziente Programmierung des Lösungsmodells sowohl die Entwicklungskosten reduzieren sowie eine hohe Flexibilität für zukünftige Anpassungen und Erweiterungen ermöglichen. Letztendlich wird der durch den Anwender aufzubringende Aufwand aufgrund des Skaleneffekts höher gewichtet als der Einmalaufwand zur Erstellung und Anpassung der Software.

Eine gleichzeitige Umsetzung aller Anforderungen aus der Systemtheorie ist nicht zwingend möglich. Daher hebt PATZAK ergänzend hervor, dass die ersten drei Kriterien, die empirische und formale Richtigkeit sowie die Produktivität — in Konkurrenz zum vierten und fünften Kriterium — der Handhabbarkeit und dem Aufwand, stehen.[374] Daher sollte im Rahmen der Modellerstellung geprüft werden, dass alle Anforderungen in ausreichendem Maße berücksichtigt sind. Im Anschluss an die Modellerstellung und –erläuterung wird durch eine Selbst- und Expertenbewertung eine Messung des Erfüllungsgrads aller Anforderungen vorgenommen. Die Ergebnisse dieser Messung sind in Kapitel 6 zu finden.

Jedoch werden in den bisherigen Anforderungen die besonderen Spezifika des Anwendungskontextes, der Standortplanung, nicht ausreichend betrachtet. Daher werden nun ergänzend zu den Anforderungen aus der Modelltheorie weitere spezifische Anforderungen für diesen beschrieben. Abschließend werden alle Anforderungen in Abbildung 4-1 zusammengeführt.

---

[374] Vgl. Patzak (1982), Systemtechnik, S. 310.

4.1.2 Anforderungen aus dem Anwendungskontext

Transparenz des Lösungswegs

Die Relevanz und Wichtigkeit der Standortentscheidung ist essenziell für die wirtschaftliche Zukunft des Unternehmens (siehe Kapitel 2.2). Daher muss der Planer, um eine aktive Nutzbarkeit und Akzeptanz der Unterstützungslösung zu gewährleisten, zu jedem Punkt des Lösungsmodells Transparenz über den aktuellen Fortschritt sowie die Auswirkungen seiner Entscheidungen haben. Daher sollten aktive Maßnahmen ergriffen werden, welche das Vertrauen des Planers in das Ergebnis steigern. Eine kurze Einführung zu diesem Thema wurde bereits in Kapitel 2.4.4 gegeben. Der Nutzer muss das Gefühl haben, dass er weiterhin alle Möglichkeiten zur Beeinflussung des Auswahlprozesses hat. Einsicht in die Rohdaten und/ oder Erläuterungen der einzelnen Bewertungsschritte könnten dafür in Erwägung gezogen werden. Für dieses Kriterium bietet sich eine Validierung durch eine Befragung potenzieller Nutzer sowie deren Einschätzung auf Basis einer fünf Punkte Lickert-Skala an. Als Zielwert sollte ein hoher Erfüllungsgrad von mindestens vier Punkten angestrebt werden.

Anpassbarkeit durch Nutzer

Wie bereits in Kapitel 2.2 dargestellt, ist die Standortplanung ein Prozess, welcher stark von unternehmensinternen Faktoren und der Unternehmensstrategie abhängig ist. Eine Abfrage praktisch genutzter Standortfaktoren in fünf Industrieunternehmen verschiedener Branchen hat gezeigt, dass jedes Unternehmen sowohl eine spezifische Auswahl von Standortfaktoren auf Basis der Literatur nutzt, aber auch teilweise eigene Faktoren für die Standortentscheidung definierte. Daher muss das Lösungsmodell zum einen die Möglichkeit bieten, einzelne Standortfaktoren zu ergänzen bzw. aus der Bewertung auszuschließen. Darüber hinaus sollte das Lösungsmodell vorsehen, dass unternehmensindividuelle Gewichtungen der Standortfaktoren eingebracht werden können. Diese Gewichtungen werden in einem heutigen Standortauswahlprozess manuell durch einen Fragebogen oder im Rahmen eines Workshops identifiziert. Überdies zeigt die Erfahrung, dass sich die Priorität eines Faktors im Rahmen des Suchprozesses durch Veränderung von Prämissen sowie durch Sichtung der Ergebnisse verändern kann. Beides sollte im Rahmen des Lösungsmodells möglich sein. Eine Messung des Kriteriums sollte auch mit Hilfe einer Nutzerbefragung erfolgen. Idealerweise ist das Anlegen neuer Faktoren durch einen Nutzer möglich. In diesem Fall ist ein zusätzlicher Aufwand zur Angabe einer Quelle bzw. von relevanten Informationen gerechtfertigt. Zur Erfüllung des Bedürfnisses nach Anpassbarkeit sollte eine Abfrage mit dem Ziel eines hohen Erfüllungsgrads, demnach mindestens vier Punkte auf einer fünfstufigen Lickert-Skala, durchgeführt werden.

Multi-Nutzerintegration

Darüber hinaus wurde in Kapitel 2.2 ein weiterer wichtiger Punkt angesprochen: Die Standortentscheidung sowie die dafür benötigten Teilschritte, bspw. die Gewichtung von Standortfaktoren werden im Regelfall in (Experten-)Gruppen erarbeitet, bewertet und getroffen. Durch dieses Vorgehen soll das Risiko reduziert werden, dass subjektive Einschätzungen und Wünsche einer einzelnen Person die Standortauswahl zu sehr einengen sowie dazu ein wichtiges Kriterium nicht hinreichend betrachtet wird. Daher werden in solchen Expertenteams meistens Personen aus verschiedenen Fachbereichen integriert. Häufige Teilnehmer solcher Expertengruppen sind neben dem Projektleiter der Fabrikplanung sowie dem Projektteam für den neuen Standort, falls bereits vorhanden, der Geschäftsführer bzw. ein Vorstandsmitglied des Unternehmens, die (zukünftige) Werks- bzw. Produktionsleitung oder erfahrene Mitarbeiter einer Fabrikplanungsfachabteilung. Daher ist es für das Lösungskonzept essenziell, Beiträge von verschiedenen Stakeholdern einzuholen und diese in die Standortempfehlung des Lösungsmodells einzubinden. Optional sollte eine Gewichtung der verschiedenen Teilnehmer ermöglicht werden, da in vielen Unternehmen aufgrund von Erfahrung, Rang oder anderen Kriterien die Antworten der verschiedenen Mitarbeiter nicht gleich schwer zu gewichten sind.

Aktualität und Seriosität der Informationen sowie Umgang mit unsichereren Daten und fehlenden Daten

Aufgrund der Relevanz der Standortentscheidung ist es wichtig, dem Entscheider bzw. dem Entscheidungsteam die aktuellsten und genauesten Informationen zur Verfügung zu stellen. Dies bildet einen essenziellen Unterschied zum heutigen Prozess und einen Mehrwert für den zukünftigen Nutzer. Darüber hinaus ist die Seriosität der Quelle entscheidend, damit die Daten durch den Nutzer akzeptiert und als adäquater Ersatz zu einer manuellen Suche verstanden werden können. Ziel sollte daher sein, Quellen zu nutzen, welche ein Planer auch während einer manuellen Suche verwenden würde. Darüber hinaus sollte geprüft werden, inwiefern Mechaniken zur aktiven Aktualisierung zeitbasiert oder triggerausgelöst möglich sind. Aufgrund unterschied-licher, internationaler Entwicklungsstände sowie politischer Systeme ist darüber hinaus zu vermuten, dass nicht alle relevanten Daten für jedes Land bzw. jede Region der Welt verfügbar sind. Daher muss das Lösungsmodell einen Umgang mit fehlenden, alten oder stark unsicheren Daten vorsehen und unter diesen Bedingungen einen Vergleich verschiedener Standorte ermöglichen.

Durch die Ergänzung der Anforderungen aus dem Anwendungskontext lässt sich ein Gesamtbild aller Anforderungen erzeugen (siehe Abbildung 4-1). Auf Basis dieser Anforderungen kann nun das Lösungsmodells entwickelt werden.

Anforderungen aus der Systemtheorie

- Empirische Korrektheit des Lösungsmodells (ähnlich)
- Formale Richtigkeit des Lösungsmodells (widerspruchsfrei)
- Hohe Produktivität der Lösung (produktiv)
- Gute Handhabbarkeit für den Nutzer (nutzerfreundlich)
- Geringer Aufwand in der Umsetzung (kostengünstig)

Anforderungen aus dem Anwendungskontext

- Transparenz über den Lösungsweg
- Anpassbarkeit der Gewichtungen sowie der Entscheidungsvariablen durch die Nutzer
- Integration mehrere Nutzer für eine Standortentscheidung
- Aktualität und Seriosität der Quellen
- Umgang mit unsicheren und fehlenden Informationen

Abbildung 4-1: Zusammenfassung der Anforderungen an das Lösungsmodell

4.2 Lösungsmodell zur automatisierten Standortplanung unter Einbindung von Web Technologien und Fuzzy-Logik

Zur Erfüllung der im vorherigen Abschnitt definierten Anforderungen soll ein Lösungskonzept vorgestellt werden. Da dieses Konzept immer eine technische Umsetzung im Sinne eines Softwareprogramms erfordert, wird im Folgenden bereits die entsprechende Umsetzungssprache verwendet. Eine Umsetzung ist aus zwei Gründen unabdingbar: Zum einen aufgrund der mathematischen Komplexität durch die Varianten- und Faktorenvielfalt, zum anderen aufgrund der Anforderung nach mehr Effizienz in der Standortauswahl. Beides bedingt zwingend eine praktische Umsetzung und kann nur in dieser geprüft und validiert werden. Daher wird das im Folgenden aufgebaute Lösungsmodell in Form einer Softwarearchitektur entwickelt.

Diese Architektur wird zuerst grundsätzlich vorgestellt, bevor auf erfolgskritische Komponenten detailliert eingegangen wird.

Klassischerweise trennt sich eine Software in mehrere Stufen - im folgenden Tiers genannt - auf. Ein Tier kann als Level einer Softwarearchitektur angesehen werden, welches sich darin unterscheidet, wie weit dieses vom Nutzer entfernt ist. Tier 1 ist daher die Ebene, welche direkt mit dem Nutzer interagiert. Es wird daher das Frontend bzw. das (*G*raphical) *U*ser *I*nterface, auch GUI, genannt. Diesem folgen ein bis mehrere Tiers zur Datenverarbeitung oder Speicherung. Diese werden als Middleware und Backend bezeichnet, abhängig von ihren Aufgaben und der Entfernung zum Nutzer. Im Backend werden Daten gesammelt und gespeichert, in der Middleware werden diese aufbereitet und verarbeitet, sodass diese dem GUI zur Verfügung gestellt werden können.[375] Für das hier vorgestellte Problem wird eine Multi-Tier Struktur mit drei Leveln aufgebaut. Tier 1 ist dabei das Interface zum Nutzer (Frontend/ GUI). Tier 2 die Verarbeitungsebene und Tier 3 bildet die Datenbeschaffungs- und –speicherungsebene (Backend). Die drei Level werden im Folgenden einzeln vorgestellt. Dabei wird dem zukünftigen Prozessfluss gefolgt, das bedeutet es wird mit der Initiierung durch den Nutzer im GUI gestartet und endet mit der Ergebnisausgabe in ebendiesem. Das vollständige Vorgehen, eingeordnet in die Multi-Tier-Struktur, ist in Abbildung 4-2 dargestellt.

Erster Kontaktpunkt eines Nutzers mit dem Lösungsmodell ist das GUI im Tier 1. Dieses hat eine vorgefertigte Struktur, welche durch den Nutzer strukturierte Informationen abfragt. Ziel ist es an dieser Stelle die relevanten Informationen und Prämissen aus vorherigen Planungsschritten, z. B. dem Global Footprint Design, abzufragen und als Grundlage für die nächsten Schritte des Lösungsmodells zu berücksichtigen. Daher wird der Nutzer nach seinen Basisinformationen gefragt, im Detail nach der Anzahl der am Entscheidungsprozess beteiligten Stakeholder, die benötigten Größe des gesuchten Standorts sowie dessen makro-ökonomische Lage im Sinne eines oder mehreren Länder oder Weltregionen. Darüber hinaus werden K.O.-Kriterien für den im Rahmen des Lösungsmodell zu identifizierenden Standorts erfragt, um ein passendes Suchergebnis zu erreichen und nicht relevante Standort-alternativen ausschließen zu können. Als K.O.-Kriterien werden unter anderem die Art des Standorts (Greenfield oder Brownfield), maximal mögliche bzw. erlaubte Kosten (Miet- oder Kaufpreis), falls bereits definiert, sowie ein Ausschluss von Erdbebengebieten oder der zwingende Bedarf eines Gleisanschlusses auf dem Grundstück abgefragt. Die letzten beiden Faktoren werden in dieser Kategorie genannt, da

[375] Vgl. Fischer und Hofer (2011), Lexikon der Informatik, 89, 102, 373, 905.

diese sehr spezifisch sind und einen überdurchschnittlich hohen Einfluss auf die zur Verfügung stehenden Standortalternativen haben. Aufgrund der hohen Anzahl an Entscheidungsvariablen im nachfolgenden Entscheidungsprozess wird im letzten Schritt der Abfrage im Tier 1 eine Gewichtung aller im Lösungsmodell enthaltenen Entscheidungsvariablen gegeneinander benötigt. Aufgrund der hohen Komplexität und des immensen zeitlichen Aufwands des Vergleichs von - im Extremfall - 129 Standortfaktoren miteinander, welches eine Durchführung von 16.384 paarweisen Vergleichen nach sich ziehen würde, zu reduzieren, wird das Lösungsmodell eine Fuzzy-Logik nutzen. Dadurch reduziert sich der Aufwand für den Nutzer signifikant, da nicht mehr jeder Faktor mit jedem anderen verglichen werden muss, sondern nur eine relative Wichtigkeit je Faktor angegeben werden muss. Die Fuzzy-Logik verrechnet diese und ermöglicht eine faktorübergreifende Gewichtungsreihenfolge für alle Standortfaktoren. Daher wird für die Nutzerbewertung der Standortfaktoren eine sechsstufige Skala von „sehr unwichtig“ bis „sehr wichtig“ definiert.

Die vom Nutzer eingegebenen Parameter werden an die Middleware zur Verarbeitung übergeben. Um diese auch durchführen zu können, sind weitere Informationen und Daten notwendig, welche durch das Backend bereitgestellt werden müssen. In der Backend-Ebene werden mithilfe von Web Crawlern und Web Scrapern sowie Anwendungsschnittstellen Informationen aus Webquellen identifiziert und gezielt extrahiert. Dafür müssen diese vorab manuell in Datenbanken gesucht, als für Planer relevant klassifiziert sowie mit den passenden Webquellen im Backend hinterlegt werden. Die dadurch hohen Anforderungen an die Flexibilität der eingesetzten Lösungen, da sowohl verschiedene Datenquellen und Datenquellentypen adressiert werden müssen als auch verschiedene Methoden zur Identifikation und Bereinigung der beschafften Informationen zur Verfügung stehen müssen, müssen im Backend vorgesehen werden. Abhängig der Dokumentationsart müssen verschiedene Formen der Auswertung genutzt werden (siehe Kapitel 2.3.3), um die gesuchten Einzelinformationen verlässlich extrahieren zu können. Nach erfolgreicher Extraktion werden die Informationen in einer lokalen Datenbank zwischengespeichert, in welcher sich zusätzlich Langzeit- oder Trenddaten aus vorherigen Abfragen befinden können bzw. weitere relevante und beschaffte Informationen von anderen Quellen dokumentiert sind. In einer ähnlichen Datenbank werden auch Informationen zu aktuell zur Verfügung stehenden Standorten, hier sind sowohl Greenfield, als auch Brownfield Standorte gemeint, im Weiteren Standortinserate genannt, dokumentiert und für die weitere Analyse zur Verfügung gestellt. Alle vorhandenen Informationen werden im Tier 2-Layer mit den Informationen des Nutzers auf dem Frontend kombiniert und systematisch ausgewertet. Dafür wird ein Vorgehen auf Basis der

Fuzzy-Logik angewendet mit dem Ergebnis eines einheitlichen Scoring-Wertes je Standortinserat.

Der Scoring-Wert je Standort wird durch zwei Hilfsberechnungen bestimmt. Im ersten Schritt wird daher ein Fuzzy-Vektor bestimmt, welcher die Präferenzgewichtung je Standortfaktor aller Beteiligten wiedergibt. Grundlage dafür ist die Präferenzbewertung jedes Entscheiders im Frontend. Die Präferenzen der Entscheider werden mithilfe einer fünfstufigen, linguistischen Skala auf Basis einer Trapezfunktion zu linguistischen Fuzzy-Gewichten auf Basis der Vorarbeit von CHOU ET. AL.[376] umgewandelt. Im Falle der Planung mit mehr als einer Person ist eine Verrechnung der individuellen Fuzzy-Gewichtungen zu einem Mittelwert über alle teilnehmenden Personen notwendig. Die Funktion mit mehreren Entscheidern zu Arbeiten ist essenziell, da dies zum einen die Planungsrealität abbildet und zum anderen individuelle Präferenzen und Ansichten den Entscheidungsprozess bereichern. In der Verrechnung müssen die spezifischen Eingaben daher zusammengeführt werden. Vorab müssen diese Fuzzy-Werte wieder in entsprechend scharfe Werte für die weitere Berechnung umgewandelt werden. Dafür wird eine Defuzzifizierung durchgeführt. Hierfür wird auf eine vorzeichenbehaftete Abstandsfunktion sowie eine Normalisierung nach CHOU ET AL.[377] zurückgegriffen. Anschließend werden die normalisierten Fuzzy-Gewichte der einzelnen Standortfaktoren zusammengeführt, sodass als Ergebnis ein Vektor von normalisierten Fuzzy-Präferenzgewichten entsteht.

Im zweiten Schritt wird eine analoge Bewertung der Standortfaktorausprägungen benötigt. Dafür werden die Ausprägungen mittels Skalen auf einer neunstufigen linguistischen Skala transformiert eingeordnet. Diese Fuzzy-Ausprägungen werden analog zur Verrechnung der Präferenzen anschließend defuzzifiziert und normalisiert. Nimmt man nun alle Standortfaktoren über alle verfügbaren Standorte, entsteht eine Matrix, die sogenannte Fuzzy-Rating Matrix. Im Falle von nicht vorhandenen Ausprägungen für einen oder mehrere Standortfaktoren erhalten diese, über eine Relevanzbewertung des Faktors auf Basis der Nutzerpräferenzen, einen Standardwert zugeordnet. Dieser Wert ist schlechter, je wichtiger ein Standortfaktor ist und mindeert die Bewertung eines Standortfaktors ab. Ziel der Bewertung ist die Erzeugung von Strafkosten, auch bekannt als Penalty Costs, um eine Abschätzung zur sicheren, in diesem Fall schlechteren, Seite zu erlauben. Darüber hinaus wird die

[376] Vgl. Chou et al. (2008), A fuzzy simple additive weighting, S. 134ff.

[377] Vgl. Chou et al. (2008), A fuzzy simple additive weighting.

Nutzung von Penalty Costs dem Entscheider angezeigt, sodass im Zweifel die Möglichkeit eines manuellen Nachtragens besteht, um die Penalty Costs zu vermeiden.

Verbindet man nun beide Vorarbeiten, kann die aus den Standortfaktoren bestimmte Fuzzy-Rating Matrix mit den vorab bestimmten normalisierten Fuzzy-Präferenzgewichten multipliziert werden und es entsteht ein Fuzzy-Scoring je Standort, welcher über alle Standorte verglichen werden kann. Mithilfe dieses Scorings kann eine Reihenfolge im Sinne eines Rankings über alle Standortalternativen erstellt werden. Jedoch kann selbst mit einem solch dedizierten Vorgehen keine optimale Entscheidung unabhängig des Anwendungsfalls erzeugt werden. Dies liegt an der hohen Komplexität und Individualität der Standortentscheidung, welche in den Nutzerpräferenzen ausgedruckt wird. Als Ergebnis gibt der Tier 2-Layer das erzeugte Ranking der zur Verfügung stehenden und relevanten Standortbeschreibungen auf Basis der aus Tier 3 bereitgestellten Informationen für alle Standortfaktoren aus. Dieses wird dem Nutzer als Kernergebnis mit den aufbereiteten Berechnungsdaten dargestellt.

An dieser Stelle soll trotzdem darauf hingewiesen werden, dass im Unterschied zu vielen anderen Methoden das hier entwickelte Lösungsmodell explizit Möglichkeiten zur weiteren Analyse und Differenzierung der Erstempfehlung nennt. Auf der einen Seite werden klassische Verarbeitungs- und Dokumentationsmöglichkeiten, wie Speichern, Ausschließen oder Adaption von Eingaben, ermöglicht. Auf der anderen Seite werden dedizierte Analysemöglichkeiten, wie eine Sensitivitätsanalyse zur Identifikation von signifikanten Faktoren oder Präferenzen, vorgeschlagen, um die Robustheit der Empfehlung, aber auch das Vertrauen des Nutzers durch nachfolgende teilautomatisierte Weiterverarbeitung zu stärken.

Dieses Lösungsmodell löst die Herausforderung von eingeschränkten Betrachtungs- und Bewertungsmöglichkeiten theoretisch, erzeugt jedoch aufgrund der hohen Anzahl an Nutzer- und Standortbeschreibungsanforderungen, weiterhin einen hohen Aufwand und eine große Komplexität. Weiterhin ist die Aussagekraft des Lösungsmodells limitiert. Um diesem entgegenzutreten, wurden drei Erweiterungen und Spezifizierungen des Lösungsmodells entwickelt, um besonders die Effizienz und die Nutzbarkeit zu steigern. Diese stellen die Kernerkenntnis dieser wissenschaftlichen Arbeit dar. Diese drei Erweiterung sind in Abbildung 4-2 explizit hervorgehoben (weißer Hintergrund).

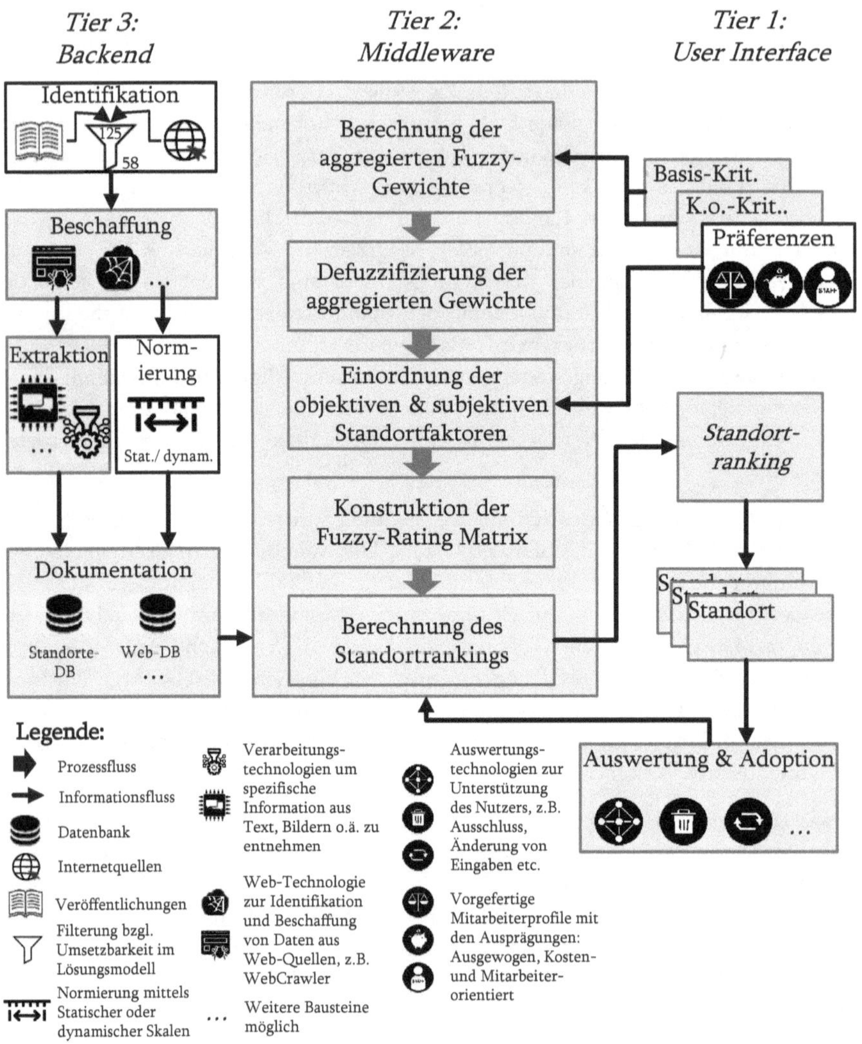

Abbildung 4-2: Multi-Tier Struktur des Lösungsmodells

Als erste Kernerkenntnis dieser Arbeit wurde eine detaillierte Analyse der zu betrachtenden Standortvariablen erzeugt, um den Betrachtungsfokus und die generelle Aussagefähigkeit sicherzustellen. Die Grundlage der Standortfaktoren im Lösungsmodell beruht auf der Basis des VDI Fachausschuss[378] (siehe Anhang 8.2). Diese benennt 125 Standortfaktoren verschiedener Themenfelder und Detaillierungen. 14 dieser Faktoren wurden im Rahmen der Lösungsmodellentwicklung mit anderen Faktoren kombiniert bzw. als in heutigen Zeiten nicht mehr für Standortplaner relevant identifiziert. Weitere neun Faktoren wurden im Sinne der Planungshierarchie der Produktionsnetzwerkgestaltung und nicht der Standortplanung zugeordnet. Damit wurde die verfügbare Anzahl von 125 Standortfaktoren auf 102 relevante Faktoren für das Lösungsmodell reduziert. Eine tiefergehende Analyse dieser Standortfaktoren identifiziert 46 Faktoren als sofort anwendbar für das Lösungsmodell. Diese Faktoren sind ausreichend, um eine Grobauswahl eines Standorts zu treffen, d.h. die Reduzierung aller verfügbaren Standorte auf eine Anzahl von drei bis fünf Fokusstandorte. Die restlichen Faktoren wurden aufgrund einer zu hohen Detaillierung für eine Webdatenbank, z. B. lokale Umweltanforderungen, einer zu hohen Individualität abhängig von einem Standort, z. B. die Höhe von Subventionen, oder wegen zu starken Unternehmensspezifizität, z. B. Kosten von Zukaufteilen, ausgeschlossen.

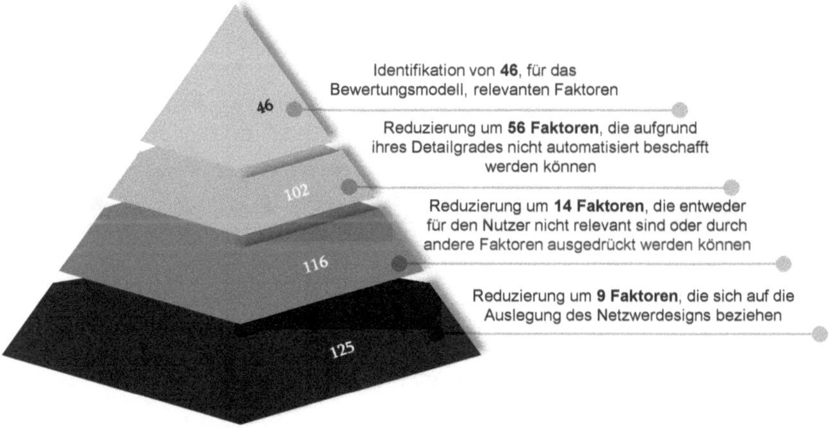

Abbildung 4-3: Identifikation und Filterung von im Lösungsmodell umsetzbaren Standortfaktoren

[378] Vgl. VDI-Fachausschuss Fabrikplanung (2012), Strategien und nachhaltige Wirtschaftlichkeit, S. 47ff.

Die 46 identifizierten Standortfaktoren sind entweder aus dem Standortinserat oder öffentlich zugänglichen Datenbanken, bspw. der Weltbank oder bekannten APIs, wie GoogleMaps, zu entnehmen. Eine Liste aller Faktoren und deren Quellen ist in Anhang 8.6 zu finden. Es sei an dieser Stelle anzumerken, dass das Lösungsmodell generell um die verbliebenen 56 Standortfaktoren erweitert werden kann und soll. Hierzu wird jedoch eine weitere Spezifikation der Information oder neuen Technologien zur Identifikation und Extraktion von Informationen benötigt.

Die zweite Kernerkenntnis ist die Erzeugung von Bewertungsskalen zum Vergleich mehrerer Standorte sowie der Einordnung der Standortparameter für die Fuzzy-Logik. Um eine übergreifende Vergleichbarkeit zueinander zu erhalten, werden die Ausprägungen jedes Faktors zu einer dimensionslosen Kennzahl umgewandelt. Dafür wird die gleiche neunstufige, linguistische Skala verwendet, welche bereits in Schritt 1 für die Fuzzy-Gewichte genutzt wurde. Für diese Umwandlung ist eine Bewertung der Qualität standortspezifischer Standortfaktoren notwendig. Diese benötigt eine Skalierung der Standortfaktoren, welche eine Einordnung in spezifische Ausprägungen ermöglicht. Dafür werden die Standortfaktoren in qualitative sowie quantitative Faktoren zur einfacheren Handhabung aufgeteilt und eine automatisierte statt einer manuellen Einordnung angestrebt. Somit muss eine standardisierte Skala je Faktor erarbeitet werden, auf der die Ausprägungen der Standortalternativen angeordnet und bewertet werden können. Für die qualitativen Faktoren werden dafür z. B. alle möglichen Ausprägungen analysiert und diese auf Basis von Literatur oder Experteninterviews auf der bereits bekannten neunstufigen, linguistischen Skala verteilt.

Standortfaktor	SS	Z	S	Z	M	Z	G	Z	SG	Ein heit
Unab. Medien vorh.	<55	<50	<45	<40	<35	<30	<20	<15	<10	Points

Legende: SS= Sehr Schlecht; S = Schlecht; M = Mittel; G = Gut; SG = Sehr gut, Z = Zwischenbereich zwischen zwei benachbarten Kategorien

Abbildung 4-4: Beispielhafte Skala für den Standortfaktor „Existenz unabhängiger Medien“ auf Basis des World Press Freedom Index[379]

[379] Basierend auf Reporter ohne Grenzen (https://rsf.org/en/ranking)

Für quantitative Faktoren bietet sich ein ähnliches Vorgehen an, falls die Parameter fixe Grenzen aufweisen. Da dies für einige Faktoren nicht der Fall ist, wurde hier die Idee einer dynamischen Skala verfolgt, welche aus dem Datensatz aller Standortbeschreibungen den minimalen und maximalen Wert bestimmt und diese auf die linguistische Skala proportional bzw. anti-proportional, abhängig vom Standortfaktor, anpasst. Als Beispiel kann hier der Kostensatz für Strom genannt werden. Für diesen ist keine international übergreifende Skala zu definieren. Daher werden in diesem Fall der Maximal- und Minimalwert aller relevanten Standortalternativen herangezogen und als Skalagrenzen für diesen Bewertungslauf genutzt. Zwischen diesen beiden Grenzen wird linear interpoliert. Somit ergibt sich eine Skala, welche immer mindestens einen spezifischen Standort mit der Bewertung „sehr gut" sowie mit der Bewertung „sehr schlecht" beinhaltet.

Die dritte Erkenntnis dieser Arbeit ist, die aktive Unterstützung des Nutzers in der Präferenzangabe zu nennen. Aufgrund der hohen Anzahl an Standortfaktoren ist dies ein sehr aufwendiger und komplexer Schritt, da eine Abwägung jedes Faktors gegeneinander durchzuführen ist. Um diesen Schritt für den Nutzer zu vereinfachen, wurden erstmalig drei vordefinierte Nutzerpräferenzprofile entwickelt, ein ausgewogenes, ein kosten- und ein mitarbeiterorientiertes Profil. Die Profile setzen dabei voreingestellte Präferenzen für alle 46 Standortfaktoren, welche vom Nutzer nicht mehr manuell und aktiv eingesetzt, sondern nur geprüft und akzeptiert werden müssen, um ein erstes Ergebnis zu erhalten. Somit kann in der Erstsuche schnell eine Übersicht erlangt werden. Trotzdem muss zu jeder Zeit eine Anpassbarkeit der Präferenzen möglich sein. Auch helfen die vorgefertigten Nutzerpräferenzen besonders Nutzern mit weniger Erfahrung, da diese mithilfe der vorabdefinierten Profile zu einer Lösung gelangen, ohne jeden Standortfaktor im Detail analysiert und betrachtet haben zu müssen.

Die Nutzerprofile wurden mithilfe einer Nutzerstudie unter Zusammenarbeit erfahrenen Fabrikplanern entwickelt und verifiziert. Dafür wurden mit jedem Planer individuelle Präferenzen für ein ausgewogenes Profil ermittelt. Diese Einzelprofile wurden über die Gemeinschaft gemittelt und harmonisiert. Darüber hinaus wurden Faktoren durch die Experten identifiziert, welche aus Kosten- bzw. Mitarbeiterperspektive besonders zu betrachten sind. Für die Variation der Profile wurden die jeweils identifizierten Faktoren um zwei Stufen in der Gewichtungsskala erhöht. Die somit erstellten distinkten Profile bilden eine Ausgangsbasis für einen Start des Lösungsmodells, Ziel ist jedoch durch eine kontinuierliche Analyse des Nutzerverhaltens diese Profile zu optimieren. Somit sollen Nutzeränderungen anonym dokumentiert und im Falle von statischen Häufungen angepasst werden. Dies verhindert, dass die Profile nicht an weltweite Änderungen sowie technische Weiterentwicklungen angepasst werden können. Ein weiterer Vorteil der Standardprofile ist, dass für diese die aggregierten Fuzzy-Zahlen je Standortfaktor hinterlegt werden können und somit positiv zur benötigten Rechenzeit beitragen. Darüber hinaus werden die Profile auf Basis der Anpassungen von Nutzern kontinuierlich weiterentwickelt und bilden somit ein großes Erfahrungswissen verschiedener Industrien ab.

Durch die Erweiterung des Lösungsmodells um diese drei Kernpunkte kann die Nutzerfreundlichkeit und Handhabbarkeit signifikant gesteigert werden, sodass qualitativere und schnellere Entscheidungen getroffen werden können. Im Unterschied zu vielen anderen Lösungsmodellen wird daher nicht nur eine theoretische Verbesserung des Auswahlprozesses beschrieben, sondern auch die tägliche Anwendbarkeit durch den Nutzer als wichtige Anforderung an das Lösungsmodell verstanden.

5 Ausgestaltung des Lösungsmodells zur teilautomatisierten Standortauswahl

In diesem Kapitel wird das in Kapitel 4 beschriebene Lösungsmodell im Detail vorgestellt und erarbeitet. Dafür wird im ersten Schritt ein Entwicklungsverfahren zur Umsetzung des Lösungsmodells detailliert (Kapitel 5.1). Dafür wird der DevOps-Ansatz genutzt. Dieser Ansatz wird im Weiteren einmalig durchlaufen. In Kapitel 5.2 werden die relevanten Vorarbeiten geleistet. Diese Vorarbeiten beschäftigen sich mit der Identifikation und Ordnung der Standortfaktoren, welche für das Lösungsmodell in Betracht gezogen werden. Anschließend wird schrittweise die Systemarchitektur des Lösungsmodells aufgebaut. Darauf aufbauend wird in Kapitel 5.3 die Lösungsarchitektur über die Integration der Web Technologien in ein automatisches Entscheidungsverfahren auf Basis von Fuzzy-Logik und der Nutzwertanalyse entwickelt. Anschließend wird besonders auf die Ergänzungen zum Lösungsmodell mittels vorgefertigten Nutzerprofilen in Kapitel 5.4 detailliert eingegangen. Diese bilden die Kerninnovation dieser Arbeit. Abschließend werden in Kapitel 5.5 erweiternde Analysemöglichkeiten für das Lösungsmodell zur Verfeinerung der Planungsergebnisse vorgeschlagen. Für die vollständig konzipierte und geplante Softwarelösung für die automatische Standortplanung werden in Kapitel 6 die weiteren Phasen Codieren, Bauen und Testen durchlaufen sowie ein erster Nutzertest in Form einer Expertenstudie durchgeführt.

Aufgrund der hohen Standardisierung, Eindeutigkeit und industrieübergreifenden Akzeptanz wird in diesem Kapitel die Unified Modeling Language (UML) als allgemeine Modellierungssprache für das Softwaredesign genutzt.[380] UML wurde in den 70er Jahren des 19. Jahrhunderts entwickelt und seitdem kontinuierlich weiterentwickelt.[381] Dabei definiert UML verschiedene Modellierungsarten zur Abbildung von Struktur und Verhalten sowie ergänzenden Informationen in 14 verschiedenen Formen.[382] Für diese Arbeit werden UML-Aktivitätsdiagramme zur Modellierung von Verhalten verwendet. Somit ist eine hohe Nachvollziehbarkeit der Forschungsergebnisse sichergestellt.

[380] Vgl. Kecher und Salvanos (2015), UML 2.5 - Das umfassende Handbuch, S. 20f.
[381] Vgl. Kecher und Salvanos (2015), UML 2.5 - Das umfassende Handbuch, S. 21ff.
[382] Vgl. Kecher und Salvanos (2015), UML 2.5 - Das umfassende Handbuch, S. 25ff.

5.1 Entwicklungsmethodik

Als Entwicklungsansatz für das Lösungsmodell wird ein DevOps (Kofferwort, beschreibt die aktive Zusammenarbeit von Softwareentwicklung, eng. **Dev**elopment, und dem IT-Betrieb, eng. **Op**eration**s**) Ansatz genutzt. Die Idee hinter DevOps ist die Entwicklung eines sogenannten minimal funktionsfähigen Prototyps, welcher in einer sehr frühen Phase bereits in Betrieb gehen kann und durch die Nutzung der Softwareerfahrungen sammelt, welche in einem späteren Entwicklungszyklus umgesetzt und somit in das finale Ergebnis Einzug erhalten können. Dafür wurden Gedanken der agilen Produktentwicklung und des Lean Thinkings zur sogenannten DevOps Philosophie kombiniert.[383] Somit unterscheidet sich das DevOps sehr stark von klassischen Entwicklungsverfahren, wie dem Wasserfall-Modell oder dem V-Modell.[384] Der kontinuierliche Aufbau der Softwarearchitektur ähnelt dabei der Planung einer Fabrik. Wenn Produktionssystem, technische Gebäudeausstattung und Fabrikgebäude als drei abhängige Bausteine einer Software assoziiert werden, wird immer in einem initialen Planungsschritt angestrebt, ein für alle Gewerke funktionsfähiges System zu gestalten, welches in Zusammenarbeit mit den Nutzern sowie zwischen den Gewerken detailliert und vollständig entwickelt wird.

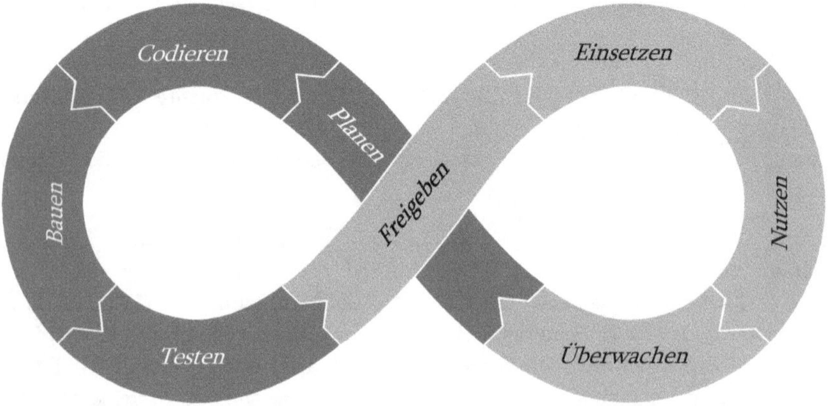

Abbildung 5-1: Das acht-stufige DevOps Phasenmodell [385]

[383] Vgl. Kim et al. (2016), The DevOps handbook, S. 1ff.

[384] Vgl. Laanti et al. (2011), Agile methods rapidly replacing traditional, 278, 287.

[385] In Anlehnung an Metzger et al. (2017), A DevOps model for community-extensible processing, S. 3190.

In Bezug auf das in dieser Arbeit angestrebte Lösungsmodell, welches eine Systemarchitektur für eine Teilautomatisierung der Standortplanung zur Folge hat, ist es essenziell, ein funktionsfähiges Grundgerüst zu erstellen. Dieses kann anschließend schrittweise durch die Erfahrungen der Nutzer erweitert und verbessert werden. Besonders im Hinblick auf zu nutzende Datenquellen (Backend) und die dafür benötigten Web Technologien ist eine schrittweise Erweiterbarkeit und Anpassbarkeit aufgrund von sich schnell ändernden Quellen und Standortfaktoren sinnvoll. Darüber hinaus können durch diese Vorgehensweise im Frontend für den Nutzer relevante Auswertungsmöglichkeiten und -sichten auf Basis der ersten Nutzungserfahrungen erstellt werden. Dies wird die Nutzbarkeit der Automatisierung verbessern. Schließlich sichert diese Vorgehensweise eine hohe Transparenz gegenüber den Nutzern, da diese schon in einer sehr frühen Phase in die Entwicklung eingebunden sind und diese beeinflussen können.

5.2 Vorbereitung: Identifikation von Standortfaktoren hinsichtlich ihrer Beschaffbarkeit mittels Web Technologien

Im nächsten Schritt ist es notwendig, die für die strategische Standortplanung relevanten Faktoren zu identifizieren und auszuwählen, welche mittels Web Technologien automatisiert beschafft werden können. Als Grundlage für dieses Vorgehen dient die in Kapitel 2.2.2 vorgestellte Liste von Standortfaktoren aus dem VDI-Heft des Fachausschuss Fabrikplanung[386], welche detailliert im Anhang 8.2 zu finden ist. Diese Liste ist als größter gemeinsamer Nenner relevanter Standortfaktoren für die gesamte Standortplanung auf Basis der Literatur zu verstehen und besitzt daher keinen Anspruch auf Vollständigkeit. Sie bildet jedoch mit ihrer Anzahl von 125 Standortfaktoren eine realistische Ausgangsbasis, um eine hohe Übereinstimmung mit praktischen Standortauswahlprozessen in heutigen Industrieunternehmen zu haben.

Basierend auf dieser Liste erfolgt die Auswahl der Standortfaktoren, die für das in dieser Arbeit entwickelte Lösungsmodell relevant sind. Daher werden diese im Folgenden genauer betrachtet, da nur so eine unvoreingenommene und technologieorientierte Bewertung möglich ist. Zuerst werden die Faktoren hinsichtlich ihres Anwendungszeitraums, der Planungsphase, innerhalb der Standortplanung bewertet. Dafür wird auf Basis der Einführungen in der Standortplanung aus Kapitel 2.1 unterschieden zwischen dem vorgelagerten Global Footprint Design, der eigentlichen

[386] Auszug aus VDI-Fachausschuss Fabrikplanung (2012), Strategien und nachhaltige Wirtschaftlichkeit, S. 47ff.

Standortplanung und der nachgelagerten Werksstrukturplanung. Im Gegensatz zu GRUNDIG[387] wird die Phase des Global Footprint Designs in dieser Arbeit nicht berücksichtigt, sondern als Eingangsinformation für dieses Lösungsmodell verstanden. Einige Faktoren werden dem Global Footprint Design zugeordnet, da diese sich mehr mit der Verteilung der Wertschöpfung sowie den Lieferketten auseinandersetzen. Ein beispielhafter strategischer Parameter ist das Marktpotenzial, welches auf globaler Ebene ein Entscheidungsmerkmal für oder gegen spezifische Regionen bzw. spezifische Länder ist. In Summe wurden neun Parameter dem Global Footprint Design zugeordnet. Im Gegensatz dazu wurden 14 Faktoren identifiziert, welche aufgrund ihrer hohen Abhängigkeit zu spezifischen Planungsdetails eine initiale Planung für ein Grundstück notwendig machen. Daher können Parameter, wie die Baukosten oder die Kosten bis zur Realisierung, die eindeutig von der jeweiligen Werksstruktur abhängen, erst im Rahmen einer Vorstudie in der Feinauswahl oder im Rahmen der detaillierten Werksstrukturplanung berücksichtigt werden. Weiterhin sind Faktoren, wie die Kontakte zu Absatzhilfen, keine primären Faktoren der Standortauswahl und werden vor allem in nachgelagerten Phasen nach der Grobauswahl erst genutzt. Daher werden in Summe 23 Standortfaktoren für die Betrachtung im Rahmen dieser Arbeit ausgeschlossen, da sie in späteren Planungsphasen relevant sind. Die verbleibenden 102 Standortfaktoren werden daraufhin untersucht, ob sie zu spezifisch sind, um eine automatisierte Bereitstellung zu rechtfertigen.

Im Zuge der weiteren Analyse muss die Menge der Standortfaktoren um weitere 56 Faktoren reduziert werden, da für diese eine detaillierte Prüfung durch den Entscheider manuell durchgeführt werden muss. Dies sind Standortfaktoren, die als zu spezifisch zur Beschaffung mittels Web Technologien erachtet werden. Diese Faktoren können mindestens einer der unten aufgeführten Kategorien zugeordnet werden, eine Übersicht dazu ist in Abbildung 5-2 gegeben:

- Unternehmensspezifische Standortfaktoren: Diese Faktoren können nicht automatisiert beschafft werden, da diese von der individuellen Situation des suchenden Unternehmens, also dem spezifischen Geschäftsmodell, bestehend aus u. a. Produkt, Herstellungsprozess, verwendeten Rohstoffen, Kundenzielgruppe uvm. Die Übergabe dieser unternehmensspezifischen und hochrelevanten Informationen an ein Lösungsmodell wird stark bezweifelt und eine Bewertung muss durch Fachplaner des

[387] Grundig (2018), Fabrikplanung.

suchenden Unternehmens durchgeführt werden, um die unternehmerischen Bedürfnisse zu berücksichtigen.

- Standortspezifische Standortfaktoren: Diese Faktoren besitzen einen hohen lokalen Fokus, sodass diese nur im Rahmen einer Feinplanung und nicht in der Grobauswahl bestimmt werden können. Somit können diese nicht für die Grobauswahl genutzt werden, da diese keinen wesentlichen Einfluss darauf haben, ob ein Standort näher betrachtet werden sollte oder nicht. Zu den standortspezifischen Faktoren gehören z. B. Umwelteigenschaften oder der lokale Grundwasserspiegel.
- Grundstücksspezifische Standortfaktoren: Diese Standortfaktoren sind stark abhängig vom spezifischen Grundstück und daher nur durch den Grundstückseigentümer zu beantworten. Selten liegen grundlegende grundstücksspezifische Informationen in einem Standortinserat vor. In der Regel werden diese Faktoren erst durch Nachfrage, im Rahmen einer Besichtigung oder durch Sachverständige in einer Detailplanung erhoben. Daher lassen sich Informationen dieser Kategorie nur schwer automatisieren, jedoch können die Ausprägungen meistens durch technische Lösungen auch in eine für den Nutzer verwendbare Ausprägung verändert werden. Ein Beispiel für einen solchen Faktor ist das Gefälle des Grundstücks.
- Rechtliche Standortfaktoren: Für diese Faktoren lässt sich prinzipiell die Grundlage dieser Faktoren im Sinne von rechtlichen Dokumenten und Normen automatisch beschaffen. Diese können jedoch derzeit aus diesen nur schwerlich extrahiert werden. Dies liegt zum einen an der geringen Spezifikation der Standortfaktoren, welche auf den individuellen Anforderungen und Fragestellungen der Unternehmen beruhen, als auch der hohen Komplexität von nationalen und internationalen Rechtsnormen. Daher sollte für diese Faktoren immer eine Beratung durch einen lokalen Fachmann im Sinne eines Anwalts erfolgen.

Die für diese Arbeit relevanten Parameter sind der Kategorie Grobplanung zugeordnet. Die somit gegliederten Standortfaktoren sowie deren Verteilung sind in Anhang 8.5 dargestellt. Zwischen dem Global Footprint-Design und der Standortplanung lässt sich ein Zwischenbereich definieren, da es Standortfaktoren, wie das politische oder gesellschaftliche System gibt, die bereits im Global Footprint-Design relevant sein können, aber auch einen Einfluss auf die Standortplanung haben. Meist sind hier extreme Ausprägungen der Standortfaktoren relevant, da dieses ein außerordentliches

Risiko für einen neuen Standort darstellen können. In den meisten Fällen werden z. B. hohe politische Risiken gemieden. Jedoch können hohe Strafzölle oder spezifische Rohstoffverfügbarkeiten manchmal eine zwingende Bedingung darstellen, um besonders in diesen Ländern einen neuen Standort zu eröffnen. Aufgrund dieser Ambivalenz werden diese Faktoren durch zusammenfassende Risikoindexe beschrieben, die im weiteren Verlauf als eigene Standortfaktoren berücksichtigt werden.

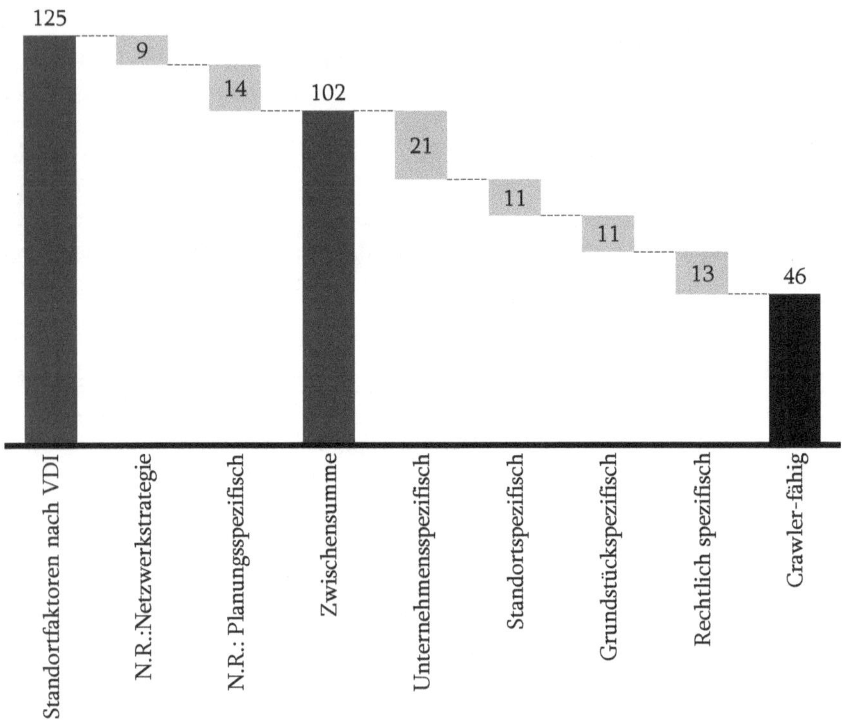

Abbildung 5-2: Bewertungsübersicht der Standortfaktoren auf Basis der VDI Empfehlung der Fachgruppe Fabrikplanung[388]

[388] Auf Grundlage von VDI-Fachausschuss Fabrikplanung (2012), Strategien und nachhaltige Wirtschaftlichkeit.

Andererseits werden Standortfaktoren, die nicht auf der ursprünglichen Liste zu finden sind, aber in der heutigen Zeit eine hohe Relevanz haben, ergänzt. Zu diesen zählen bspw. die Verfügbarkeit, Stärke und der Preis für einen Internetzugang, der in Zeiten der Digitalisierung und Industrie 4.0 wichtiger denn je ist und ein erfolgskritischer Faktor für alle produzierenden Unternehmen. Diese Standortfaktoren wurden der Liste in Anhang 8.5 ergänzt.

An dieser Stelle soll darauf hingewiesen werden, dass diese bereinigte Liste an Standortfaktoren nur eine Ausgangsbasis mit heutigem Wissen ist. Eine Anpassung aufgrund neuer Bedarfe von Unternehmen bzw. eine Spezifizierung aufgrund von individuellen oder produktionsrelevanten Faktoren ist sowohl jetzt als auch in Zukunft relevant, um alle relevanten Standortfaktoren immer abbilden zu können.

In einem letzten Schritt muss sichergestellt werden, dass die restlichen 46 Standortfaktoren tatsächlich automatisch beschafft werden können, damit die Funktionalität des Bewertungsmodells gewährleistet werden kann. Zu diesem Zweck wird für jeden Standortfaktor manuell eine öffentlich zugängliche Datenbasis identifiziert, mit deren Hilfe die automatisierte Beschaffung des jeweiligen Standortfaktors mittels Web Technologien sichergestellt werden kann. Dabei muss besonders der rechtliche Rahmen geprüft werden, sodass für die Zuordnung zwischen Open Source- und kostenpflichtigen Datenbanken unterschieden wird. Eine Zuordnung der Datenbanken zu den jeweiligen Standortfaktoren befindet sich im Anhang 8.6. Anzumerken ist ferner, dass nicht sichergestellt werden kann, dass für jede Standortalternative jederzeit alle relevanten und benötigten Standortdaten automatisch über die identifizierten Datenbanken beschafft werden können. Dies liegt zum einen an den Quellen der jeweiligen Datenbanken und zum anderen an der grundsätzlichen Nicht-Existenz von gewissen Informationen. Dementsprechend muss das mögliche Fehlen relevanter Daten bei der Berechnung des Standortrankings in den nächsten Schritten berücksichtigt und ein entsprechender Mechanismus zum Umgang mit diesem Sachverhalt integriert werden.

Schließlich werden die verbliebenen 46 Standortfaktoren in qualitative und quantitative Faktoren differenziert. Dies ist dadurch bedingt, dass die quantitativen Standortfaktoren in unterschiedlichen Einheiten vorliegen und in einem späteren Schritt in eine dimensionslose Kennzahl umgerechnet werden müssen (siehe Teilschritt 5). Dieser Schritt muss durchgeführt werden, um die Kompatibilität mit den dimensionslosen qualitativen Standortfaktoren zu gewährleisten. Zur verbesserten Übersicht werden die 46 Standortfaktoren im Anhang 8.6 aufgeteilt in qualitative und quantitative Faktoren sowie die qualitativen Faktoren mit Einheiten versehen.

Die Einheiten wurden zur Vereinfachung in lokaler (deutscher) Währung angenommen, können jedoch über die Wechselkurse umgerechnet werden.

Im Hinblick auf die Implementierung soll an dieser Stelle noch die linguistische Problematik der Ausgabe- bzw. Suchsprache angesprochen werden, da der Großteil der Informationen im Internet entweder auf Englisch verfügbar oder aber Englisch als Basissprache für notwendige Übersetzungen üblich ist. Daher ist eine Übersetzung aller genutzten Standortfaktoren in die englische Sprache notwendig.

Zuletzt soll darauf hingewiesen werden, dass das Ergebnis der 46 Standortfaktoren abhängig von aktueller Technologie und Datenlage ist. Es ist möglich durch den Anschluss interner Informationssysteme sowie die Recherche auf weitere kostenpflichtige Datenbanken den Anteil an Standortfaktoren zu erhöhen. Dies würde einen positiven Einfluss auf die Standortempfehlungsqualität haben und sollte fokussiert werden.

5.3 Konzeptionierung des Informationsbewertungsmodells zur Erstellung eines Standortrankings

5.3.1 Auswahl der Entscheidungsverfahren für das Bewertungsmodell

In diesem Teilabschnitt werden nun die teilautomatisiert beschafften Informationen verarbeitet, um zusammen mit der Standortbeschreibung eine Entscheidungsvorlage abzuleiten. Dafür werden zuerst die in Kapitel 2.4.3 identifizierten Entscheidungsansätze hinsichtlich ihrer Anwendbarkeit bewertet. Darauf aufbauend wird ein Systemkonzept entwickelt, mittels UML-Aktivitätsdiagrammen dokumentiert und zu einer Systemarchitektur aufgebaut.

Zuerst werden daher nun die Entscheidungsansätze hinsichtlich der Erfüllung der definierten Kernanforderungen aus Kapitel 4.1 bewertet. Dabei werden jedoch Abstriche hinsichtlich der Erfüllbarkeit einiger Anforderungen gemacht bzw. Kriterien zusammengefasst und -geführt. Im Detail werden Kriterien hinsichtlich ihrer empirischen und formalen Richtigkeit als Grundvoraussetzungen einer korrekten Durchführbarkeit vorausgesetzt. Die Anforderung nach einer produktiven Lösung wird im Hinblick auf die Automatisierbarkeit des Entscheidungsansatzes bewertet, da die Produktivität stark von der Umsetzung und Einbettung abhängt, jedoch ein hoher Automatisierungsgrad für eine hohe Produktivität spricht. Das Kriterium des geringen Aufwands in der Umsetzung wird in der Bewertung nicht nur im Sinne der einmaligen Umsetzungskosten, sondern auch im Sinne des Nutzungs- und Wartungsaufwands im Betrieb betrachtet, da die initiale Umsetzung als Softwarelösung, aufgrund der erhofften Skaleneffekte der Lösung, schwerer wiegt als geringfügige Abweichung in der erstmaligen Programmierung. Die Anforderungen aus dem Anwendungskontext konnten vollständig übernommen und einzeln geprüft werden.

Eine Übersicht des direkten Leistungsvergleichs der Entscheidungsansätze wurde in Abbildung 5-3 dargestellt und dient als Ausgangspunkt für die Auswahl der Entscheidungsmethode als Kombination der vielversprechendsten Ansätze.

○ Nicht erfüllt
◑ teilweise erfüllt
● vollständig erfüllt

Bewertung der Eignung der Entscheidungsansätze	Zuverlässige Entscheidungsempfehlung	(Teil-)Automatisierte Entscheidung möglich	Gute und einfache Handhabbarkeit	Verwertung qualitativer und quantitativer Daten	Integration und Anpassbarkeit von Nutzerpräferenzen	Integration mehrerer Entscheider in die Präferenzbestimmung	Umgang mit unsicheren und fehlenden Daten	Kostengünstige Umsetzung und Nutzung
Heuristische Dekomposition	○	○	●	●	○	●	◑	●
Analytical Hierarchy Process	◑	●	○	●	◑	◑	◑	◑
Case Based Reasoning	○	◑	◑	●	○	○	○	○
ELECTRE III	◑	●	○	●	●	◑	◑	◑
Fuzzy-Logic	◑	●	●	●	●	◑	◑	◑
Goal Programming	●	●	◑	◑	◑	●	○	○
Multi-kriterielle Auswahl von Alternativen	◑	●	●	●	●	◑	◑	◑

Abbildung 5-3: Vergleich der bestehenden Entscheidungsansätze aus Kapitel 2.4.3 auf ihre Eignung für das Lösungsmodell auf Basis der Kernanforderungen an das Lösungsmodell aus Kapitel 4.1

Es fällt auf, dass keiner der Ansätze alle Anforderungen in Gänze erfüllen kann. Jedoch erreichen einige Ansätze einen hohen Erfüllungsgrad. Hervorzuheben sind besonders die Fuzzy-Logik sowie die multi-kriterielle Auswahl von Alternativen. Darüber hinaus lässt sich feststellen, dass die heuristische Dekomposition eine besondere Rolle im Vergleich der Entscheidungsansätze einnimmt. Die heuristische Dekomposition führt im Gegensatz zu den anderen Ansätzen nicht zu einer Entscheidungsempfehlung, sondern strukturiert das Entscheidungsproblem um, damit aus einer großen Fragestellung mehrere einfach lösbare Fragestellungen entstehen. Dies ist im Anwendungsfall der Standortplanung aufgrund der Größe und Komplexität der Entscheidung anzustreben, unabhängig der gewählten Entscheidungsverfahren. Durch die Zerlegung des Entscheidungsproblems der Standortplanung in Teilprobleme wird das Problem für die menschliche Denkweise zugänglicher. Zusätzlich handelt es sich hierbei um die essenzielle Erstellung einer Gesamtstrategie, inklusive klar definierter Handlungsschritte zur Lösung komplexer Entscheidungsprobleme. Ebenso ist anzuführen, dass die Nachteile dieses Entscheidungsverfahrens durch die Kombination mit anderen Verfahren, ausgeglichen werden können. Aus diesem Grund wird geprüft, ob das Verfahren der heuristischen Dekomposition mit einem oder beiden alternativen Entscheidungsansätzen mit hohem Erfüllungsgrad kombiniert werden kann. Dies ist sowohl mit der Fuzzy-Logik, als auch mit der multi-kriteriellen Auswahl von Alternativen möglich und wurde bereits in der Literatur angewendet (siehe Kapitel 3.2.2). Gleichwohl werden vor Anwendung eines Entscheidungsansatzes, alle Entscheidungsansätze im Detail betrachtet, geprüft und im Zweifel ausgeschlossen.

Für die Verwendung im Bewertungsmodell würden sich grundsätzlich die Verfahren des Analytical Hierarchy Process (AHP) oder der Elimination of Choice Translation Reality (ELECTRE III) eignen. Trotz diverser Vorteile der beiden Verfahren sind die Nachteile in Bezug auf die Nutzerfreundlichkeit nicht kompensierbar. Der AHP ist insofern nutzerunfreundlich, als das dieses Verfahren einen paarweisen Vergleich der jeweiligen Standortfaktoren vorsieht, um die Relevanz dieser zu ermitteln. Dieser paarweise Vergleich gestaltet sich als zeitaufwendig. Da im Idealfall des Bewertungsmodells mehr als 100 Standortfaktoren umfassen wird, ist der zu erwartende zeitliche Aufwand für den Nutzer zur Bestimmung der Präferenzen nicht tragbar. Die gleiche Problematik trifft auf die ELECTRE III-Methode zu. Das Verfahren der ELECTRE III führt zu aussagekräftigen Ergebnissen im Zuge des Standortauswahlprozesses, gestaltet sich aber so komplex, dass Entscheidungsträger die Vorgehensweise des Ansatzes nicht vollständig nachvollziehen können und diesem folglich nicht vertrauen.[389] Daher werden diese beiden Verfahren an dieser Stelle ausgeschlossen, da die Nutzerfreundlichkeit und das Vertrauen des Nutzers zentrale Aspekte darstellen, die für die Nutzung des Bewertungsmodells durch den Entscheidungsträger unabdingbar sind.

[389] Vgl. Velasquez und Hester (2013), An analysis of multi-criteria decision, S. 62.

Bewertungsverfahren	Ausschlussgrund
Analytical Hierarchy Process	• Hohe Nutzerunfreundlichkeit für den Anwendungsfall der Standortplanung
Case Based Reasoning	• Reagiert sensibel auf inkonsistente Daten • Kann unvollständige Daten nicht kompensieren • Kann erst genutzt werden, wenn eine ausreichend große Anzahl an Cases vorliegt
ELECTRE III	• Geringe Nachvollziehbarkeit und Transparenz aufgrund hoher Komplexität
Goal Programming	• Reagiert sensibel auf die Veränderungen von Daten • Kann nicht mit unvollständigen Daten umgehen • Rechenintensiv, da nicht von Beginn an sichergestellt werden kann, dass eine ausreichende Eingrenzung der Alternativen erfolgen kann

Abbildung 5-4: Ausschlussgründe für nicht gewählte Entscheidungsverfahren

Der Ansatz des Case Based Reasoning (CBR) kann für den speziellen Anwendungsfall des Standortauswahlprozesses keine Anwendung finden, da dieser Ansatz unvollständige Daten nicht kompensieren kann. Es kann nicht ausgeschlossen werden, dass alle Daten bzw. Ausprägungen von Standortfaktoren für jede denkbare Standortalternative automatisiert bereitgestellt werden können. Aufgrund von unterschiedlichen politischen und organisatorischen Systemen werden nicht alle relevanten Standortfaktoren durch lokale Regierungen bestimmt und veröffentlicht oder es existiert großer Zweifel an der Korrektheit der Daten. Speziell potenziell inkonsistenten Daten sind für das CBR nur schwer zu verarbeiten. Ferner kann ein CBR erst angewendet werden, wenn eine ausreichend große Anzahl an Referenzfällen für das CBR vorliegen. Ähnliches gilt für den Ansatz des Goal Programmings. Dieser kann ebenfalls unvollständige Daten nicht kompensieren und reagiert sensibel auf die Veränderungen von Daten.

Somit kann festgestellt werden, dass die vier bereits analysierten Verfahren nicht für den Anwendungsfall der Standortplanung geeignet sind. Die Gründe dafür können in Abbildung 5-4 nachvollzogen werden. Die übrigen zwei Ansätze, Fuzzy-Logik und multi-kriterielle Auswahl von Alternativen werden im Weiteren betrachtet.

Wie bereits in verschiedenen Ansätzen in der Literatur gezeigt wurde, kann die Fuzzy-Logik automatisiert werden und hat eine hohe Skalierbarkeit in den Standortfaktoren. Sie kann sowohl mit unsicheren Daten, als auch Nutzerpräferenzen von ein oder mehreren Nutzern umgehen und ist dabei für einen Nutzer einfach handhabbar. Dieses Verfahren ermöglicht die Verarbeitung von linguistischen Unsicherheiten und eine hohe Realitätsnähe der Entscheidungsempfehlung. Ein Nachteil des Verfahrens ist, dass die Fuzzy-Logik ähnlich wie bei anderen Verfahren nur ein Näherungsverfahren ist und daher keine exakte Lösung berechnen kann. Darüber hinaus ist die Fuzzy-Logik als relativ neues Verfahren noch recht unbekannt und in der Anwendung komplex. Daher kann die Anforderung der Nachvollziehbarkeit für den Nutzer nur als teilweise erfüllt angesehen werden. Zur Lösung dieses Problems ist eine Kombination von der Fuzzy-Logik mit einem weiteren Verfahren im Sinne einer Gesamtstrategie zu prüfen. Aus diesem Grund wird das Verfahren der multi-kriteriellen Auswahl von Alternativen hinzugezogen. Dieses Verfahren ist zum einen sehr nutzerfreundlich und einfach umzusetzen, als auch geeignet eine verlässliche Reihenfolge von Alternativen zu erstellen. Daneben ermöglicht das Verfahren die Verarbeitung von Unsicherheiten in den standortbezogenen Daten, als auch die Verarbeitung subjektiver Präferenzen.

Somit ergibt sich eine Kombination der drei übrig gebliebenen Entscheidungsansätze: der heuristischen Dekomposition, der Fuzzy-Logik sowie der multi-kriteriellen Auswahl von Alternativen als beste Gesamtstrategie zur Lösung des Entscheidungsproblems. Gemeinsam kann ein Ergebnis mit ausreichender Nähe zum Optimum bei gleichzeitig hoher Nutzerfreundlichkeit und Nutzerakzeptanz erreicht werden. Diese Kombination ist auch in Abbildung 5-5 dargestellt.

Die Auswahl und folglich die Kombination dieser Verfahren lässt sich durch die Simulation von ZANAKIS ET AL. [390] weiter begründen. Die Autoren vergleichen acht verschiedene Entscheidungsansätze, namentlich ELECTRE III, TOPSIS, multiplikative Exponentiale Gewichtung (MEW), multi-kriterielle Auswahl von Alternativen und vier Versionen des AHP-Entscheidungsverfahrens, mithilfe einer Entscheidungsmatrix, die aus N Kriteriengewichten und Bewertungen von L Alternativen für jedes Kriterium besteht. So wurde ein Entscheidungsproblem, welches mit der Auswahl von Standortalternativen vergleichbar ist, erzeugt.

[390] Vgl. Zanakis et al. (1998), Multi-attribute decision making, S. 507ff.

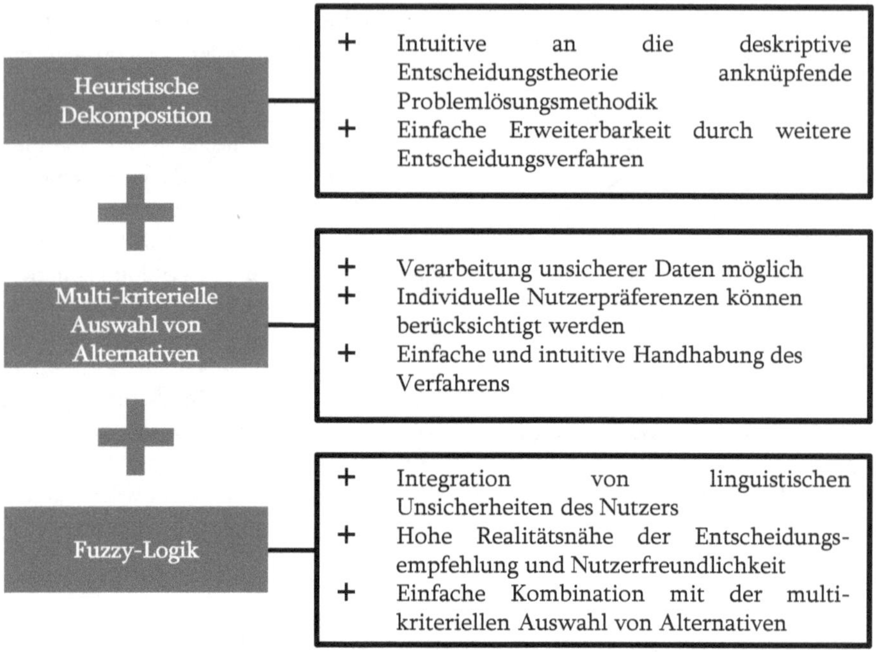

Abbildung 5-5: Kombination von drei Entscheidungsverfahren zur Erstellung des Bewertungsverfahrens

Als Ergebnis konnten ZANAKIS ET AL. zeigen, dass die multi-kriterielle Auswahl von Alternativen zu den besten Ergebnissen führte, gefolgt vom AHP und ELECTRE III. Zu einem ähnlichen Ergebnis kommt die Analyse von CHANG ET AL.[391] Die angeführten Ergebnisse legen nahe, dass je intuitiver ein Bewertungsmodell zu handhaben ist, desto besser sind die daraus resultierenden Ergebnisse. Des Weiteren ähnelt das Vorgehen der multi-kriteriellen Auswahl von Alternativen der Fuzzy-Logik und so kann eine Kombination der beiden Verfahren als unkritisch angesehen werden.[392] Somit wird diese Kombination als Lösungsstrategie weiterverfolgt. Im Folgenden wird daher eine entsprechende Softwarearchitektur zur Umsetzung der Kombination der drei Entscheidungsverfahren für den Anwendungsfall der Standortplanung entwickelt.

---

[391] Vgl. Chang und Yeh (2001), Evaluating airline competitiveness using multiattribute, S. 405ff.

[392] Vgl. Chou et al. (2008), A fuzzy simple additive weighting, S. 132ff.

5.3.2 Umsetzung der Entscheidungsansätze in einem softwarebasierten Bewertungsmodell

Durch das Verfahren der heuristischen Dekomposition teilen wir das vollständige Entscheidungsproblem in Teilprobleme auf. Dieses Verfahren definiert zwar einzelne Schritte zur Identifikation möglicher neuer Standorte. Aber jeder dieser Schritte lässt einen relativ großen Interpretationsspielraum zu. Dies kann für den Planer insofern nachteilig sein, als dass er zu früh auf Vereinfachungen zurückgreift und damit gute Entscheidungsalternativen vernachlässigt. Zudem hat dies den Nachteil, dass der Planer eine große Anzahl von Meta-Entscheidungen treffen muss, was den Zeitaufwand für die eigentliche Entscheidungsfindung deutlich erhöhen kann. Meta-Entscheidungen sind in diesem Zusammenhang Entscheidungen, die dazu dienen, das eigentliche Entscheidungsproblem zu organisieren.[393] Eine Meta-Entscheidung wäre z. B. die Auswahl der Datenbanken, die für die Informationsbeschaffung verwendet werden sollen, oder die Auswahl der relevanten Standortfaktoren. Meta-Entscheidungen sollten so weit wie möglich vermieden werden, um den Entscheidungsprozess möglichst effizient und unkompliziert zu gestalten. Daher werden diese für den späteren Nutzer im Rahmen der Gestaltung des Lösungsmodells getroffen.

Demzufolge dient der erste Teilschritt des Bewertungsmodells dazu, den Entscheidungsprozess zu strukturieren. Durch die Strukturierung des Entscheidungsprozesses wird der Entscheidungsträger von zahlreichen Meta-Entscheidungen entlastet. So kann sich der Entscheider vollständig auf den vordefinierten Entscheidungsprozess konzentrieren. Im zweiten Teilschritt findet die automatisierte Beschaffung und Berechnung des Standortrankings statt. Dieser dient als Ausgangspunkt für Teilschritt drei, dem Aufbau weiterer Analysefunktionalitäten, die der Spezifizierung des Entscheidungsprozesses dienen. Weiterhin wird der Entscheider bei der Auswahl des optimalen Standorts durch intuitive Vereinfachungen für das Bewertungsmodell sowie durch entsprechende Hilfestellungen unterstützt.

Die Entscheidung für oder gegen einen Standort kann in mehrere Teilentscheidungen heruntergebrachten werden. An dieser Stelle sei noch einmal die Annahme, dass eine regionale Anordnung im Sinne des Global Footprint Design bereits stattgefunden hat, erwähnt. Generell lässt sich die Standortentscheidung in die folgenden Meta-Entscheidungen aufteilen:

[393] Vgl. Sousa und Yu (2013), Decision Making Planning, S. 1.

- Entscheidung über beteiligte Stakeholder in den Entscheidungsprozess
- Entscheidung über Basisinformationen (Grundstücksart, Grundstücksgröße, Beschaffungsart etc.)
- Entscheidung über in die Bewertung einbezogene Standortfaktoren
- Entscheidung über die Wichtigkeit einzelner Standortfaktoren
- Entscheidung über die Bewertung der Ausprägungen der Standortfaktoren

Meta-Entscheidung 1 und 2 können aufgrund der unternehmensspezifischen Strukturen sowie des Unwissens über die Ziele der Standortplanung nicht für den Nutzer übernommen werden. Jedoch sei anzumerken, dass diese prinzipiell einfach durch den Nutzer zu beantworten sein sollten. Als erste für das Lösungsmodell zu treffende Meta-Entscheidung wurde für den Planer bereits eine Vorauswahl an Standortfaktoren getroffen (siehe Kapitel 5.2). Dies erfolgte auf Basis der Planungsphase. Für dieses Lösungsmodell wird die Grobauswahl sowie die Verfügbarkeit der Informationen fokussiert. Darüber hinaus wurden für die initial identifizierten 46 Standortfaktoren, welche dieses Bewertungsmodell abbildet, Datenquellen identifiziert, welche für die meisten Standorte auf dieser Welt aussagekräftig sind und eine hohe Qualität aufweisen, sodass Planer diese als Datenquellen akzeptieren. Dafür wurde auf Quellen zurückgegriffen, welche im Rahmen des langjährigen Erfahrungsschatzes des WZL bereits für Standortauswahlprozesse gesucht wurden. Eine Übersicht der Standortfaktoren und Quellen ist im Anhang 8.6 zu finden. Im Weiteren wird in Teilschritt 9 eine zusätzliche Meta-Entscheidung für den Nutzer getroffen. Es werden allgemeingültige Skalen für die Bewertung der Ausprägung jedes Standortfaktors definiert, welche es ermöglichen die verschiedenen Ausprägungen eines Faktors über alle Standortalternativen zu vergleichen und zu bewerten. Nähere Informationen zu dieser Meta-Entscheidung finden sich im entsprechenden Teilschritt.

Das Bewertungsmodell wird nun schrittweise aufgebaut und erläutert. In Summe umfasst das gesamte Bewertungsmodell 12 Teilschritte sowie sechs Erweiterungsschritte. Dabei wird das Bewertungsmodell in manuelle und automatische Teilschritte gegliedert. Die ersten fünf manuellen Teilschritte sind in Abbildung 5-6 und die folgenden sieben automatischen Teilschritte in Abbildung 5-14 dargestellt.

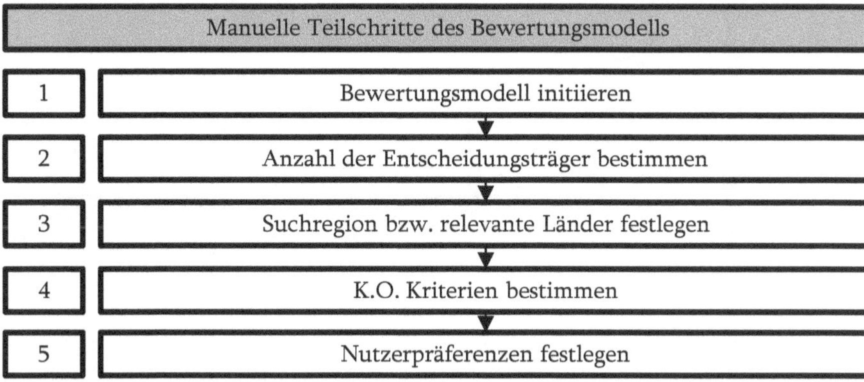

Abbildung 5-6: Teilschritte 1 bis 5 des Bewertungsmodells zur Standortauswahlempfehlung

Teilschritt 1: Initiieren des Bewertungsmodells

Als ersten Schritt im Bewertungsmodell muss die Bewertung initiiert werden. Es muss initial geprüft werden, ob es sich um die Durchführung einer neuen Bewertung im Sinne einer Standortsuche handelt oder ob eine bestehende Bewertung geprüft bzw. bearbeitet werden soll. Aufgrund der hohen Relevanz und Komplexität des Standortauswahlprozesses muss sichergestellt werden, dass Such- und Bewertungsergebnisse gespeichert und wiederholt aufgerufen werden können (siehe Abbildung 5-7). Darüber hinaus kann im Sinne der Nutzerfreundlichkeit eine Schnellsuche eingeführt werden, welche gewisse Entscheidungen des Standard-Suchprozesses reduziert. Vorteil dieser Variante ist, dass sich Nutzer schnell mit der Software auseinandersetzen können, um die Funktionalitäten zu erlernen. Alternativ kann diese Funktion im Sinne des Global Network Designs hilfreich sein, um bestehende Standortmöglichkeiten in gewissen geografischen Regionen zu prüfen sowie schnell zu bewerten, um Verfügbarkeiten und Möglichkeiten in den Designprozess mit einzubinden (siehe Abbildung 5-7).

Im Folgenden wird der Standard-Suchprozess vorgestellt und fokussiert. In folgenden Arbeiten kann eine weitere Optimierung der Suche z. B. durch eine Erweiterung der Standortfaktoren oder weitere Analysewerkzeuge erfolgen. Zu erwähnen sei an dieser Stelle, dass eine Speicherung von nutzerspezifischen Informationen im Sinne eines Profils der einfachste Weg zur Verringerung der manuellen Eingaben führen würde.

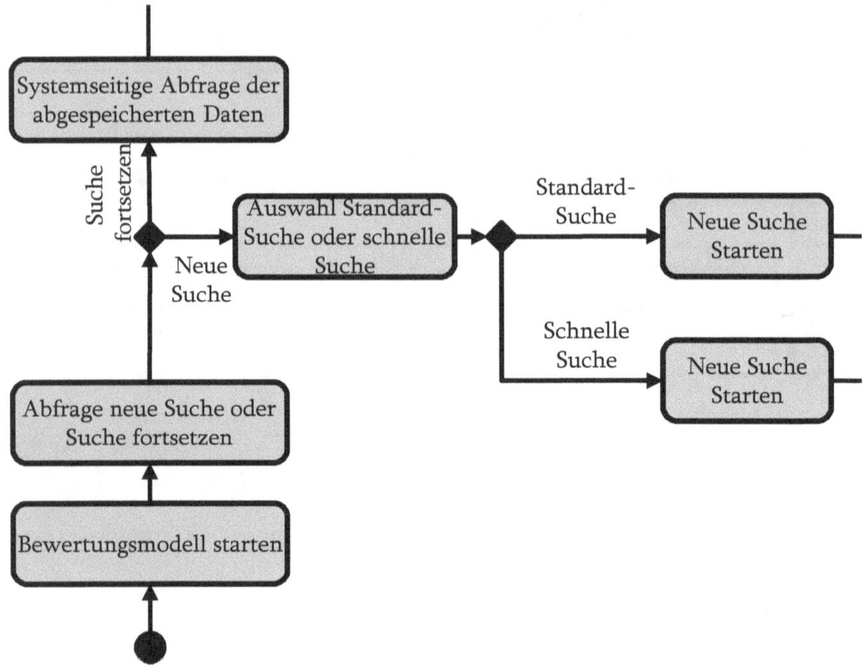

Abbildung 5-7: UML-Aktivitätsdiagramm Teilschritte 1: Bewertungsmodell initiieren

Teilschritt 2: Anzahl und Gewichtung der einbezogenen Entscheidungsträger definieren

Im zweiten Schritt muss der Erste, im Folgenden als Hauptnutzer bezeichnete Anwender, der die Standortsuche koordiniert und den Bewertungsprozess initiiert, die Gesamtzahl der am Entscheidungsprozess beteiligten Entscheidungsträger und deren Rangfolge in Form einer Gewichtung bestimmen (siehe Abbildung 5-7).

Der einfachste Anwendungsfall wäre, wenn nur der Hauptnutzer den Standortauswahlprozess durchlaufen würde. Dieses Szenario ist jedoch angesichts der Komplexität sowie der strategischen Relevanz der Standortentscheidung als unwahrscheinlich anzusehen. Vielmehr muss davon ausgegangen werden, dass mehr als ein Entscheider am Entscheidungsprozess beteiligt ist und jeder der Entscheider unterschiedliche Sichtweisen auf die Standortauswahl hat. Dementsprechend muss zuerst die Anzahl der Entscheidungsträger E_T bestimmt werden. E_T muss eine ganzzahlige Zahl größer gleich eins sein. Im Anschluss muss die relative Wichtigkeit der einzelnen Entscheidungsträger festgelegt werden. Wenn die relative Wichtigkeit aller Entscheider gleich ist, gilt $g_T = \frac{1}{E_T}$ für die Wichtigkeit der Fuzzy-Gewichte aller Entscheidungsträger. Die Entscheidungsgruppe wird in diesem Fall als homogen bezeichnet. Dies wird als Standardeinstellung im Bewertungsmodell vorgesehen. Ein potenzieller Anwendungsfall könnte sein, dass bspw. alle Entscheidungsträger der gleichen Hierarchieebene im jeweiligen Unternehmen angehören.

Jedoch muss eine individuelle Gewichtung der Entscheidungsgruppe zum Abbilden der Unternehmensstruktur und -prozesse vorgenommen werden. In diesem Fall spricht man von einer heterogenen Gruppe von Entscheidungsträgern. Soweit die Wichtigkeit und damit die Gewichtung jedes Entscheidungsträgers bestimmt wurde, werden den Entscheidungsträgern entsprechend ihrer Wichtigkeit Fuzzy-Gewichte g_t zugewiesen. Diese Gewichte sollten auf den Rollen der Entscheider basieren und somit deren hierarchische Stellung bzw. die Rollen im Unternehmen und somit ihren Einfluss auf die Entscheidung widerspiegeln. Schließlich wird die Gewichtung der Entscheider berechnet:

$$W_t = \frac{d(g_t)}{\sum_{i=1}^{k} d(g_t)} \tag{5-1}$$

Und es gilt

$$W_t \in [0,1]$$

$$\sum_{t=1}^{k} W_t = 1.$$

Dabei bildet $d(g_t)$ den defuzzifizierten Wert des Fuzzy-Gewichts des Entscheiders ab. Der nun folgende Entscheidungsprozess unterscheidet nicht zwischen mehreren oder einem einfachen Entscheidungsträger. Jeder Entscheider muss das Bewertungsmodell separat durchlaufen und seine individuellen Eingaben tätigen. Im Anschluss wird es jedem Entscheider möglich sein, die Ergebnisse des Bewertungsmodells auf Basis seiner eigenen Angaben sowie unter Einbezug aller weiteren Entscheidungsträger, falls vorhanden, einzusehen. Wichtig ist nur, dass dem aktuellen Nutzer transparent gemacht wird, welche Ergebnisse er sieht und wie viele geplante Entscheider seines Unternehmens den Prozess bereits durchgeführt haben.

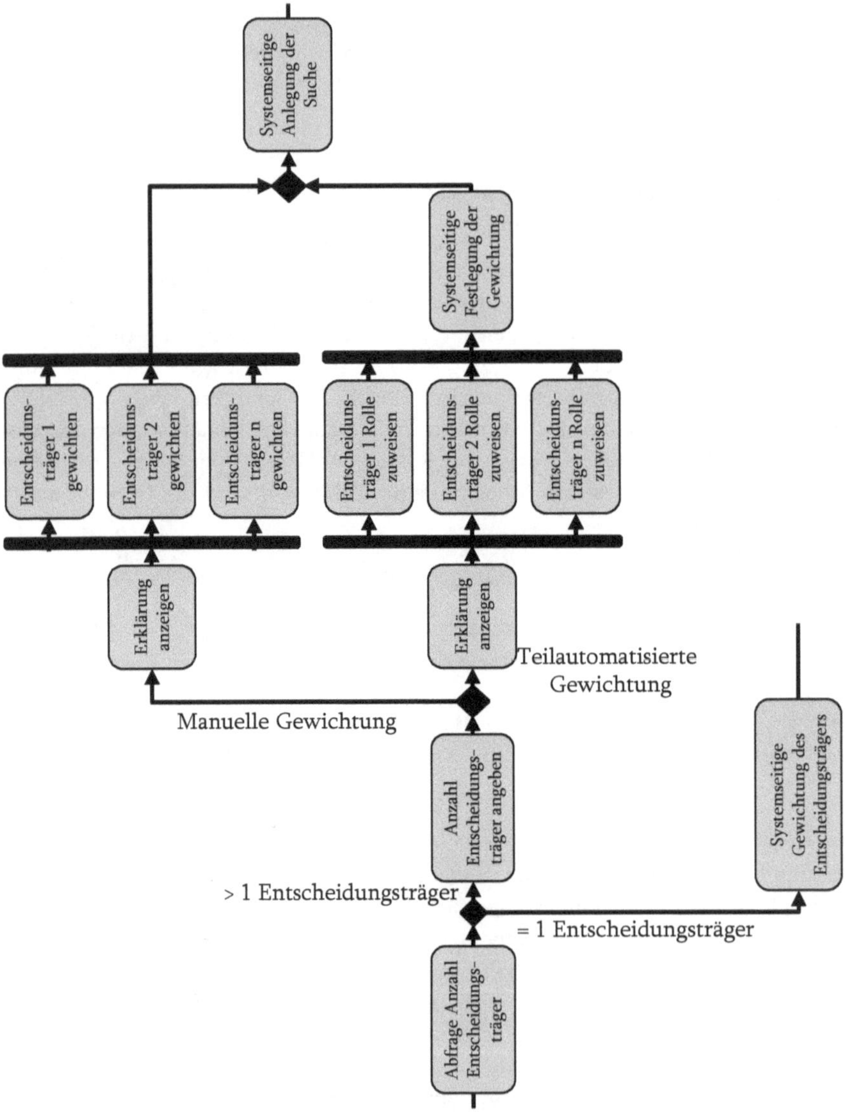

Abbildung 5-8: UML-Aktivitätsdiagramm Teilschritt 3: Anzahl und Gewichte der Entscheidungsträger definieren

Es wird empfohlen auf Basis der Abweichungen der verschiedenen Rollen, als auch dem Unternehmensgefüge die Gewichtungen der Entscheidungsträger in Abstimmung mit allen Entscheidern zu prüfen und final festzulegen, bevor der Prozess fortgesetzt wird. Somit kann frühzeitig sichergestellt werden, dass die berechneten Ergebnisse am Ende nicht durch eine ungerechtfertigte Gewichtung einzelner Nutzer angezweifelt werden.

Da der weitere Prozessverlauf unabhängig von der Anzahl der Entscheider ist, wird zur Vereinfachung angenommen, dass nur ein Entscheider das Bewertungsmodell durchläuft.

Teilschritt 3: Festlegung der Suchregion

Im Folgenden muss, unabhängig von Suchart und Anzahl der Entscheidungsträger, eine Suchregion angeben werden (siehe Abbildung 5-9). Es empfiehlt sich, dass der Hauptnutzer auch diese Basisinformationen angibt, da sich die Suchregion innerhalb der verschiedenen Entscheidungsträger aus Vergleichsgründen nicht unterscheiden sollte. Jedoch könnte eine Individualisierung auch zu einer Erweiterung des Suchspektrums führen. Daher sollte eine Vorabdefinition durch den Hauptnutzer erfolgen, die jedoch durch andere Planer individualisiert werden kann. Als Suchregion werden alle für den zukünftigen Standort relevanten Länder bzw. Weltregionen, welche eine Summe mehrerer Länder darstellen, verstanden. Diese Information sollte grundsätzlich als Ergebnis des Global Footprint Designs vorgegeben sein. Gegebenenfalls ist eine Iteration abhängig der Ergebnisse vorzunehmen.

Abbildung 5-9: UML-Aktivitätsdiagramm Teilschritt 2: Basisinformationen festlegen

Dieser Schritt ist notwendig, um die Anzahl der Standortinserate zu bestimmen und gleichzeitig zu begrenzen. Das Bewertungsmodell muss für jedes Standortinserat alle relevanten Standortfaktoren bestimmen sowie die vollständige Berechnung vornehmen. Daher ist es wichtig, nur die benötigten Standortinserate in den Bewertungsprozess einzubinden, um eine schnelle und effiziente Bewertung zu ermöglichen. Darüber hinaus erhöht sich durch die Eingrenzung des Suchfelds die Qualität der Entscheidungsempfehlung bereits zu Beginn des Entscheidungsprozesses durch Limitierung der Entscheidungsalternativen. Mit diesem Suchkriterium sollte sehr bedacht umgegangen werden, da eine zu große Reduzierung — ähnlich einer Heuristifizierung — viele mögliche Standortalternativen unnötigerweise ausschließt. Daher wird an dieser Stelle die Empfehlung ausgesprochen, dass entweder im Rahmen eines zusätzlichen Analyseschritts oder von vornherein eine großzügigere Auswahl betrachtet wird. Dadurch kann besonders über Randbetrachtungen die Robustheit der Ergebnisempfehlung erhöht werden. Darüber hinaus wird vorgeschlagen, dass eine Länderauswahl mithilfe von Freihandelsabkommen möglich ist, da aus dem Global Footprint Design häufig eine Entscheidung auf Basis von potenziellen Kunden erfolgt. Da eine Verschiebung von Waren zwischen Ländern eines Freihandelsabkommens keine Zollgebühren erzeugt, kann dieses Bewertungskriterium als gleichwertig für alle Länder angenommen werden. Eine Erhöhung der Transportkosten steht somit den anderen Standortfaktoren gegenüber und muss durch den Nutzer und das Bewertungsmodell betrachtet werden.

Teilschritt 4: Bestimmen der K.O.-Kriterien

Im vierten Teilschritt wird vom Nutzer erwartet, dass er Antworten zu fünf Kriterien gibt, welche einen außerordentlich hohen Einfluss auf die Standortentscheidung haben. Diese Kriterien, im Folgenden K.O.-Kriterien genannt, bilden grundsätzliche Entscheidungen ab, welche die Anzahl der möglichen Standortinserate stark beeinflussen. Somit ist die Nutzung der K.O.-Kriterien ein wichtiger Punkt, um ein effizientes und zielführendes Bewertungsmodell sicherzustellen. Der entsprechende Prozess der K.O.-Kriteriendefinition wird in Abbildung 5-10 dargestellt. Zusätzlich werden in Abbildung 5-11 fünf initiale K.O.-Kriterien, welche vom Autor als notwendig identifiziert wurden, vorgestellt und begründet.

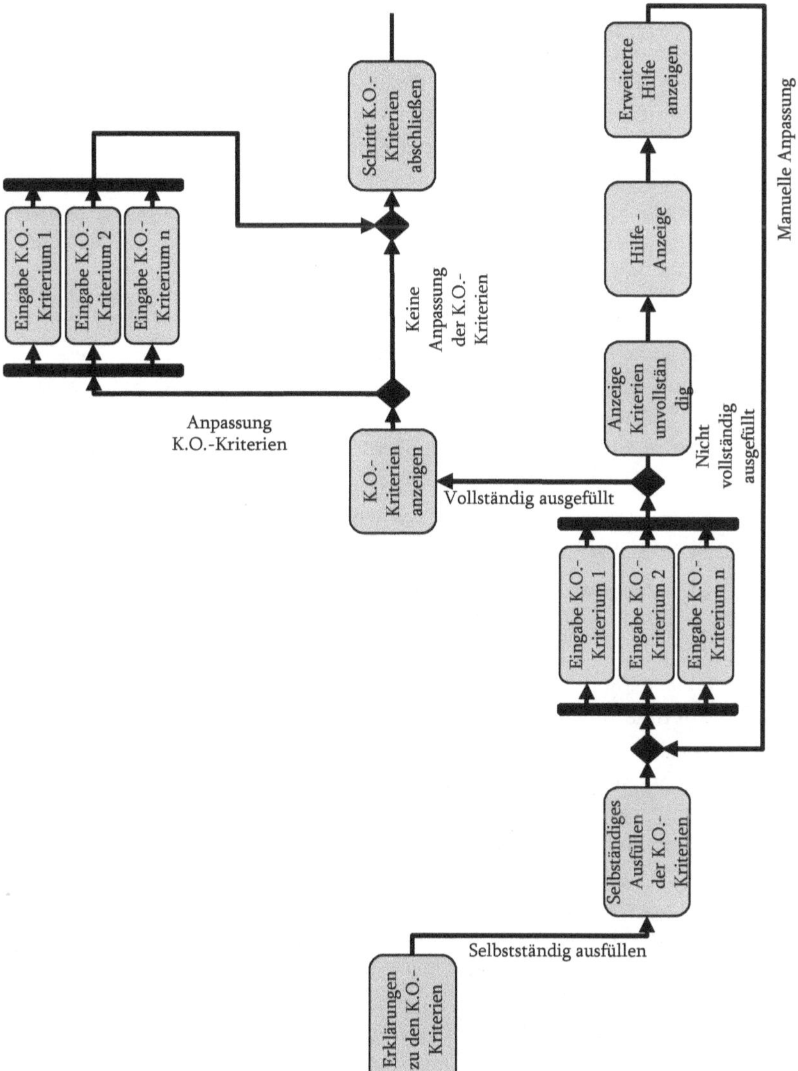

Abbildung 5-10: UML-Aktivitätsdiagramm Teilschritt 4: K.O.-Kriterien setzen

Als erstes K.O.-Kriterium wird geprüft, ob nach einem bestehenden Fabrikgebäude (Brownfield) oder einem Grundstück (Greenfield) gesucht wird. Ein unbebautes Grundstück bietet ein hohes Maß an Flexibilität und kann auf die individuellen Bedürfnisse zukünftiger Nutzer hin entwickelt werden. Dafür werden jedoch eine längere Bauzeit sowie höhere und unsichere Investitionsplanung in Kauf genommen. Im Gegensatz dazu kann ein Bestandsgebäude sehr schnell genutzt werden, jedoch nur im Rahmen bestehender Strukturen bzw. mit limitierten Anpassungsmöglichkeiten. Die Tragweite dieses K.O.-Kriteriums kann für den weiteren Prozess als sehr groß eingestuft werden. Eine Auswahl beider Alternativen sollte möglich sein.

Als weiteres K.O.-Kriterium wird die Frage nach dem Vertragsmodell gestellt. Ist der Kauf einer Immobilie bzw. eines Grundstücks gewünscht oder soll besonders im Falle eines Brownfields ein Mietverhältnis angestrebt werden. Häufig sind auch beide Möglichkeiten gegeben, jedoch gibt es auch Weltregionen, in denen nur Mietverhältnisse möglich sind. Das bekannteste Beispiel ist die Volksrepublik China. Darüber hinaus ist für dieses Kriterium das Setzen eines maximalen Preises sinnvoll, um Alternativen, die außerhalb der finanziellen Reichweite des suchenden Unternehmens sind, nicht zu betrachten.

Als drittes K.O.-Kriterium wird die gesuchte Grundstücksgröße benötigt. Mithilfe dieser Abfrage wird analog zur Auswahl der relevanten Länder bzw. Weltregionen eine Eingrenzung des Suchbereichs vorgenommen. Auf Basis des Kriteriums werden alle Standorte, die nicht die Anforderungen erfüllen, aussortiert und somit nicht weiter betrachtet. Aufgrund der potenziell hohen Unschärfe in diesem Kriterium wird der Nutzer gebeten eine Reichweite, bspw. 10.000 bis 25.000 m^2 einzugeben, wodurch ein Suchband entsteht. Auch sollte es möglich sein, nur einen Minimalwert zu setzen, da auch nicht direkt benötigte Flächen im Sinne von Erweiterungsflächen für viele Unternehmen interessant sind. Falls Nutzer sich in diesem Schritt unsicher sind, können für diesen branchenspezifische Referenzwerte zur initialen Orientierung als Hilfestellung angegeben werden. Diese können aber nur als Referenz angesehen werden, da die benötigte Fabrikfläche von verschiedenen Faktoren, unter anderem von genutzten Technologien, geplanten Stückzahlen sowie dem Automatisierungsgrad abhängen. Auch in diesem Kriterium sollte der Nutzer darauf hingewiesen werden, dass eine Variation bzw. ein eher größeres Suchfeld sinnvoll sind, um nicht zu früh potenzielle Standorte auszuschließen.

Zusätzlich muss an dieser Stelle noch eine Anmerkung gemacht werden: Wenn der Entscheider eine Grundstücksgröße angibt, die größer ist als die angegebenen Ausprägungen aller Standortalternativen, reduziert sich die Anzahl der abgefragten Standortfaktoren von aktuell 46 auf 37 Faktoren. Der Grund dafür ist, dass in diesem Szenario die Standortempfehlung nicht mehr auf Standortinseratebene, sondern auf Landes- bzw. Regionalebene erfolgt. Entsprechend werden neun objektrelevante Standortfaktoren nicht mehr berücksichtigt. Dieser Schritt stellt sicher, dass das Bewertungsmodell dem Entscheider auch dann eine Standortempfehlung geben kann, wenn aktuell kein passendes Inserat mit der entsprechenden Grundstücksgröße verfügbar ist. Darüber hinaus wird im Sinne der Effizienz der Lösung im Folgenden nur eine Abfrage der weiterhin relevanten Standortfaktoren durchgeführt. Mit einem Ergebnis auf Länder oder Regionalebene hat ein Nutzer die Möglichkeit auf lokale Regierungen oder Partner zuzugehen, um Informationen über verfügbare, aber nicht digital veröffentlichte, Standortalternativen zu erhalten oder über die Schaffung einer passenden Industriefläche zu verhandeln.

Als viertes Kriterium werden klimatische Restriktionen abgefragt. Aus produktionstechnischen als auch risikobezogenen Gründen kann es für ein Unternehmen relevant sein Erdbeben- oder Flutgebiete auszuschließen. Bekannte Beispiele sind die Pharmaindustrie und die Chipindustrie. Diese Einschränkung führt im Gegensatz zu den anderen K.O.-Kriterien nicht zu einer Reduzierung der relevanten Standortinserate, sondern reduziert den geographischen Suchbereich.

Als letztes Kriterium werden spezifische infrastrukturelle Bedürfnisse abgefragt. Hier wird in diesem Fall spezifisch nach der Relevanz einer Anbindung an ein Schienennetz, welches u.a. für Verbraucher von Gütern in sehr großen Mengen, wie Kohle, Erze oder Chemikalien oder Erzeugern von sehr großen Gütern, wie Turbinen, Kesseln o. ä. gefragt. Aufgrund der Besonderheit und Seltenheit von Gleisanschlüssen wird bei Bedarf die Anzahl der verfügbaren Standorte in der Suche stark reduziert und sollte daher möglichst frühzeitig im Prozess definiert werden.

Die vorgestellten K.O.-Kriterien bilden einen Auszug auf Basis des Wissens des Autors. Eine Anpassung und Erweiterung sollten regelmäßig kritisch geprüft und mit Nutzern diskutiert werden. Dennoch wird die Relevanz der K.O.-Kriterien als sehr essenziell angesehen, um eine schnelle Standortempfehlung berechnen zu können. Aufgrund der großen Wiederholrate sowie des hohen benötigten Fachwissens des Nutzers zur Beantwortung der K.O.-Kriterien sollte geprüft werden, ob eine Hilfestellung bzw. eine Vorausfüllung z. B. nach Branchen möglich ist.

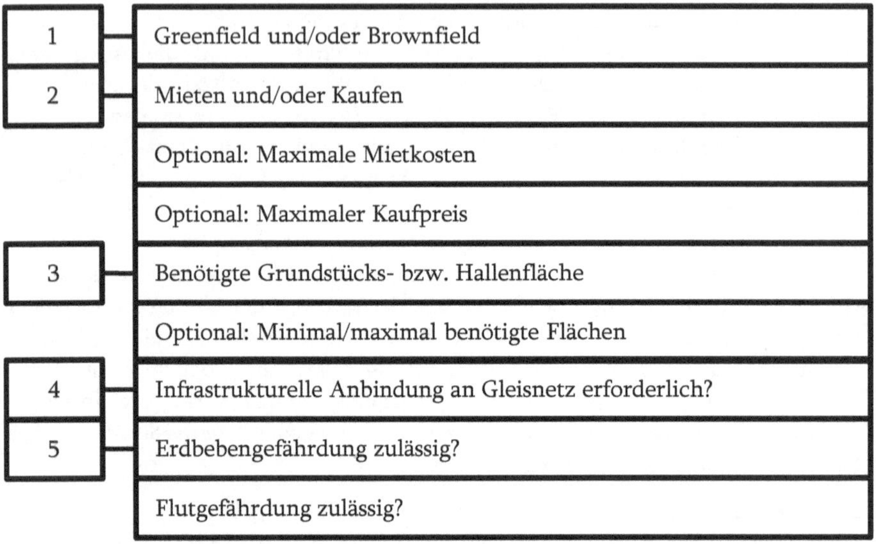

Abbildung 5-11: Übersicht der K.O.-Kriterien

Teilschritt 5: Festlegen der individuellen Nutzerpräferenzen je Entscheider

Um eine aussagekräftige Standortempfehlung berechnen zu können, ist es notwendig zu wissen, welche Standortfaktoren für den Entscheider eine hohe Relevanz haben und welche nicht. Die Relevanz der Standortfaktoren wird über sogenannte Nutzerpräferenzen ermittelt. Diese werden wiederum zur Berechnung einer Gewichtung der einzelnen Standortfaktoren herangezogen. Um die Präferenzen des Entscheiders abfragen zu können, muss dem Bewertungsmodell zunächst mitgeteilt werden, welche Standortfaktoren zur Berechnung der Standortempfehlung herangezogen werden sollen. Dies wurde bereits in Vorbereitung auf das Bewertungsmodell durchgeführt (siehe Kapitel 5.2) und wird hier als gegeben angenommen. Somit werden für das Bewertungsmodell aktuell 46 Standortfaktoren herangezogen, welche vom Nutzer bzgl. seiner Präferenzen eingestuft werden müssen.

Neben der Identifikation der für das Bewertungsmodell relevanten Standortfaktoren muss dem Entscheider eine intuitive Möglichkeit geboten werden, seine Präferenzen den jeweiligen Standortfaktoren zuzuordnen. Die einfachste Methode hierfür wäre ein direkter Vergleich aller Standortfaktoren gegeneinander und eine direkte Bewertung des Nutzers, wie wichtig diese Faktoren jeweils sind. Dies ist aufgrund der hohen Anzahl an Faktoren sehr aufwendig, da alleine für die aktuell noch offenen

46 Standortfaktoren 2070 einzelne Bewertungen des Nutzers notwendig wären. Eine Bewertung würde in diesem Fall bedeuten, dass der Nutzer angibt, dass ihm Standortfaktor A wichtiger oder unwichtiger ist als Standortfaktor B usw. Aufgrund des nicht verhältnismäßigen Aufwands wird für dieses Bewertungsmodell die Fuzzy-Logik als Alternative herangezogen. Die Fuzzy-Logik verwendet Konvertierungsskalen, um linguistisch formulierte Präferenzinformationen in Fuzzy-Zahlen umzuwandeln. Dazu muss zunächst die Anzahl der Konvertierungsskalen bestimmt werden, was intuitiv erfolgen kann. Während zu wenige Konvertierungsskalen die analytische Unterscheidbarkeit reduzieren, machen zu viele Konvertierungsskalen das System zu komplex und unpraktisch. Da für die manuelle Abfrage klassischerweise ein Fragebogen mit einer bipolaren Fünf-Punkt-Likert-Skala gewählt worden wäre, soll dieses Verfahren auch für die Fuzzy-Konvertierungsskalen gewählt werden. Die Nutzung einer Likert-Skala als Ausgangsbasis für Fuzzy-Zahlen hat LI bereits untersucht und dabei positiv hervorgehoben, dass diese einfach zu konstruieren und zu modifizieren sind und beim Nutzer aufgrund der hohen Bekanntheit eine große Akzeptanz auslösen. Ebenso haben die mit einer Likert-Skala gewonnenen Ergebnisse eine gute Reliabilität.[394]

Neben den Konvertierungsskalen müssen auch die zugehörigen Fuzzy-Zahlen definiert werden. Zu diesem Zweck wird eine trapezförmige Definition für diese verwendet, die sich durch intuitive Anwendbarkeit sowie Interpretierbarkeit auszeichnet. Zur Bestimmung der trapezförmigen Fuzzy-Zahlen wird die folgende Definition nach CHOU ET AL. verwendet. Dafür wird eine Fuzzy-Menge $\tilde{A} = (a, b, c, d)$ mit $a < b < c < d$ als Menge trapezförmiger Fuzzy-Zahlen bezeichnet, wenn alle Zahlen der Menge reelle Zahlen sind und ihre unscharfe Zugehörigkeitsfunktion wie folgt definiert werden kann:[395]

$$\mu_{\tilde{A}}(x) = \begin{cases} \frac{(x-a)}{(b-a)}, & a \leq x \leq b \\ 1, & b \leq x \leq c \\ \frac{(x-d)}{(c-d)}, & c \leq x \leq d \\ 0, & sonst \end{cases} \tag{5-2}$$

[394] Vg. Li (2013), A novel Likert scale based on fuzzy sets, S. 1609.

[395] Vgl. Chou et al. (2008), A fuzzy simple additive weighting, S. 134f.

Daher ergibt sich die in Abbildung 5-12 dargestellte Trapezfunktion und korrespondierende Fuzzy-Zahlen zu den Konvertierungsskalen:

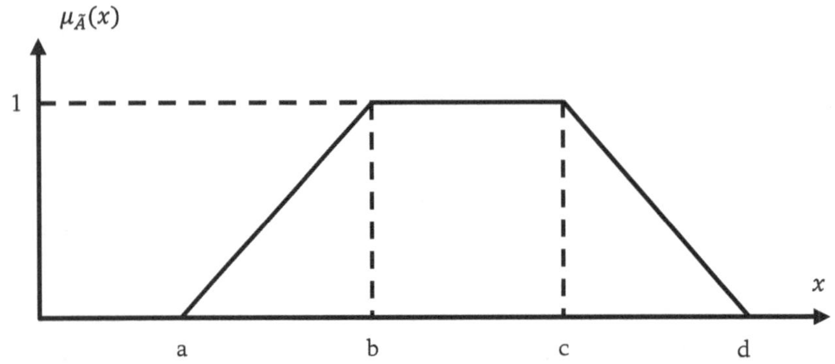

Linguistische Variable	Fuzzy-Zahlen
Sehr Unwichtig	{0;0;0;3}
Unwichtig	{0;3;3;5}
Mittel	{2;5;5;8}
Wichtig	{5;7;7;10}
Sehr Wichtig	{7;10;10;10}

Abbildung 5-12: Darstellung der linguistischen Variablen sowie der korrespondierenden Fuzzy–Zahlen

Nachdem die relevanten Standortfaktoren und die Fuzzy-Zahlen ermittelt wurden, muss trotzdem eine Einordnung der Standortfaktoren auf einer übergreifenden Skala erfolgen. Dafür wird ein Fragebogen zur Ermittlung der Standortpräferenzen gewählt, welcher im Anhang 8.9 dargestellt ist. Für diesen wird auf eine bipolare Fünf-Punkte-Likert-Skala zurückgegriffen. Im Unterscheid zur Bewertung gegeneinander reicht jetzt eine einzelne Einordnung jedes Standortfaktors auf der Skala mit den Ausprägungen "sehr unwichtig", "unwichtig", "mittel", "wichtig" und "sehr wichtig". Mithilfe dieses Fragebogens ist es dem Entscheider intuitiv möglich, die Gewichte der Standortfaktoren auf Basis linguistischer Variablen zu bestimmen. Die benötigte Anzahl an Eingaben wurde auf die Anzahl der genutzten Standortfaktoren, in unserem Fall 46, reduziert. Im folgenden Teilschritt 7 werden die Antworten des Nutzers werden in aggregierte Fuzzy-Gewichte umgewandelt.

Während der Einordnung der Standortfaktoren auf der Likert-Skala sollten dem Nutzer optional kurze Erläuterungen zu jedem der Faktoren zur Verfügung gestellt werden. Damit soll sichergestellt werden, dass der Entscheider die Bedeutung der einzelnen Faktoren sowie deren Relevanz verinnerlichen kann. Auch soll damit linguistischen Ungenauigkeiten vorgebeugt werden. Darüber hinaus sorgt diese Art der optionalen Unterstützung für eine erhöhte Benutzerfreundlichkeit und Qualität der Präferenzeinordnung.

An dieser Stelle soll überdies angemerkt werden, dass eine Standortempfehlung erst dann berechnet werden kann, wenn der Entscheider für alle Standortfaktoren eine Präferenz angegeben hat. Damit soll sichergestellt werden, dass der Entscheider das Ziel seines Standortauswahlprozesses ausreichend definiert hat. Letztlich kann nur so eine ausreichende Qualität der Standortempfehlungen sichergestellt und damit die Akzeptanz und das Vertrauen in das Bewertungsmodell weiter erhöht werden. Im Fall eines für den Nutzer nicht wichtigen Kriteriums wird dieses als sehr unwichtig bewertet, was einem Wert von 0 in der Einordnung auf der linguistischen Skala entspricht. Daher muss ein aktiver Ausschluss von Standortfaktoren nicht zusätzlich bzw. separat erfolgen.

Trotz der Reduzierung mithilfe der Fuzzy-Logik wird in Summe der Aufwand sowie die Komplexität für den Nutzer weiterhin als hoch angesehen. Das Ausfüllen und Bewerten von aktuell 46 Standortfaktoren kann zeitlich eine Minute oder länger pro Faktor dauern sowie zu Unklarheiten beim Anwender führen. Darüber hinaus besteht weiterhin das Ziel die Anzahl der Standortfaktoren zu erhöhen, sodass bis zu 107 Standortfaktoren oder mehr potenziell möglich wären. Daher sollte die Möglichkeit einer weiteren Automatisierung der Ermittlung der Präferenzen durch die Nutzer in Erwägung gezogen werden. Ein Ansatz dazu ist in Kapitel 5.4 erläutert.

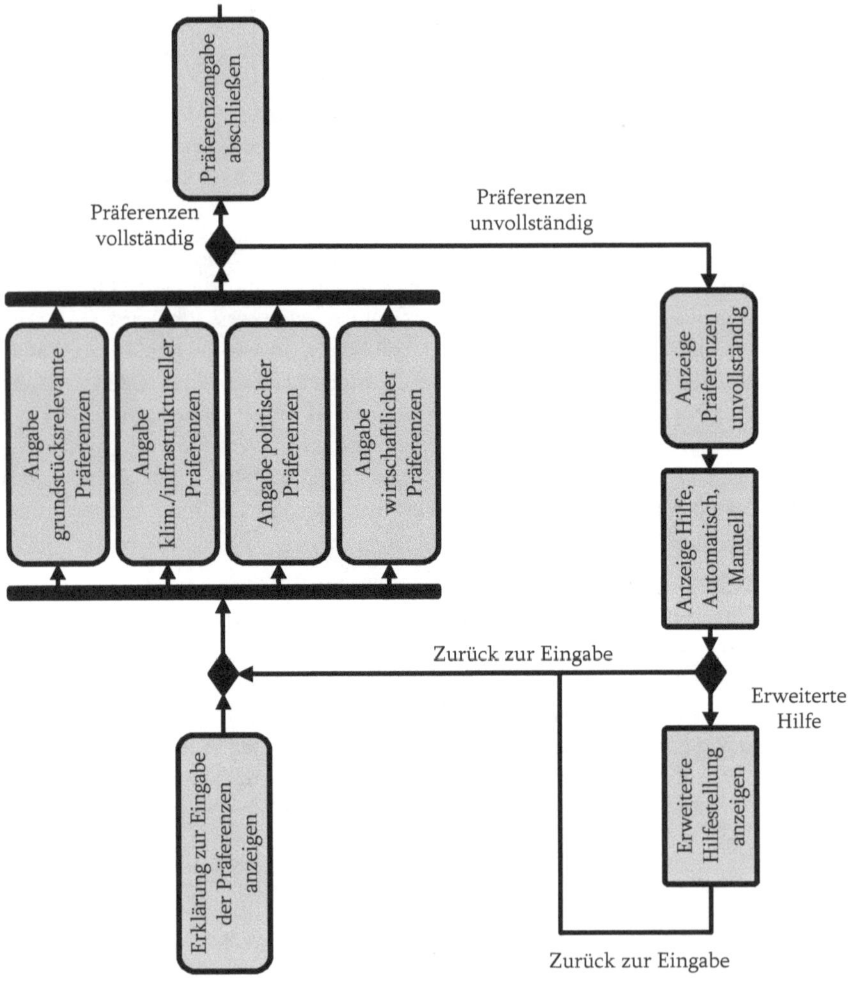

Abbildung 5-13: UML -Aktivitätsdiagramm Teilschritt 5: Selbstständige Festlegung der Nutzerpräferenzen

Im weiteren Verlauf der Beschreibung des Bewertungsmodells wird davon ausgegangen, dass die Größe des gesuchten Standorts die der Anzeigen nicht überschreitet und alle Standortfaktoren vom Nutzer hinsichtlich ihrer Wichtigkeit bewertet wurden.

Mit Abschluss des Teilschrittes 5, der Angabe der Nutzerpräferenzen, sind von Nutzerseite alle relevanten Eingaben getätigt worden, sodass für den Nutzer als nächstes die Ansicht des Standortrankings folgt. Im Hintergrund wird automatisiert die Verrechnung von Präferenzen und Standortfaktoren durch das Bewertungsmodell vorgenommen und das Standortranking berechnet. Dafür sind die Teilschritte 6 bis 12 notwendig, welche in Abbildung 5-14 zusammengefasst sind, um im Folgenden erläutert zu werden. Aufgrund der automatisierten Durchführung der folgenden Prozessschritte werden keine weiteren UML-Diagramme für diese bereitgestellt.

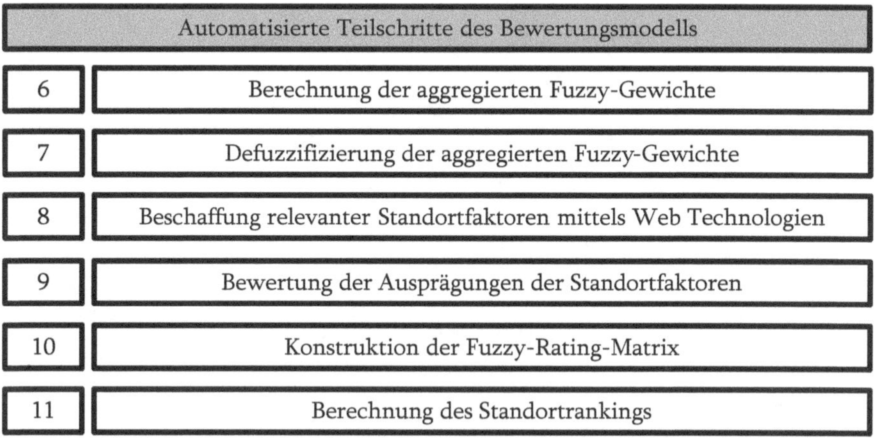

Abbildung 5-14: Teilschritte 6 bis 11 des Bewertungsmodells zur Standortauswahlempfehlung

Teilschritt 6: Berechnung der aggregierten Fuzzy-Gewichte

In diesem Schritt werden die angegebenen Nutzerpräferenzen zu aggregierten Fuzzy-Gewichten umgerechnet. Mithilfe dieser Fuzzy-Gewichte kann die linguistische Unsicherheit der Faktoren abgebildet und diese angeordnet werden. Daher werden im ersten Schritt linguistische Fuzzy-Gewichte für jeden Standortfaktor erstellt. Dafür werden die Standortfaktoren C_1, C_2, ..., C_n aus Kapitel 5.2 herangezogen. Darüber hinaus gelten für die linguistische Variablen die Formeln aus Teilschritt 5 sowie Abbildung 5-12. Somit kann der linguistische Fuzzy-Gewichtungsvektor nach CHOU ET AL.[396] definiert werden als

[396] Vgl. Chou et al. (2008), A fuzzy simple additive weighting, S. 138.

$$\tilde{G}_{jt} = (a_{jt}, b_{jt}, c_{jt}, d_{jt}) \qquad (5\text{-}3)$$

mit j= 1, ..., n Standortfaktorattributen und t= 1, ..., k Entscheidungsträgern. Anschließend können zwei Fälle unterschieden werden, abhängig von der Anzahl der involvierten Entscheidungsträger: Im Falle einer Ein-Person-Entscheidung reduziert sich der Fuzzy-Gewichtungsvektor zu[397]:

$$\tilde{G}_j = (a_j, b_j, c_j, d_j) \qquad (5\text{-}4)$$

Für alle

$$j = 1, 2, \ldots, n$$

Im Falle einer Gruppenentscheidung müssen die linguistischen Fuzzy-Gewichte mit der individuellen Gewichtung der Entscheider $I_1, I_2, \ldots, I_k$ multipliziert werden sowie mit den Nutzerpräferenzen aller Nutzer übereinander gebracht werden. Das Ergebnis ist der aggregierte Fuzzy-Gewichtungsfaktor. Die beschriebene Multiplikation kann durch die folgende Formel analog zu CHOU ET AL.[398] beschrieben werden:

$$\tilde{G}_j = (I_1 \otimes \tilde{G}_{j1}) \oplus (I_2 \otimes \tilde{G}_{j2}) \oplus (\ldots) \oplus (I_t \otimes \tilde{G}_{jt}) \qquad (5\text{-}5)$$

Für alle

$$= 1, \ldots, n$$

, wobei für den Gewichtungsvektor eines Standortfaktors gilt:

$$a_j = \sum_{t=1}^{k} I_t * a_{jt}$$

$$b_j = \sum_{t=1}^{k} I_t * b_{jt}$$

$$c_j = \sum_{t=1}^{k} I_t * b_{jt}$$

$$d_j = \sum_{t=1}^{k} I_t * d_{jt}$$

397 Vgl. Chou et al. (2008), A fuzzy simple additive weighting, S. 138f.

398 Vgl. Chou et al. (2008), A fuzzy simple additive weighting, S. 137ff.

Teilschritt 7: Defuzzifizierung der aggregierten Fuzzy-Gewichte

Durch Multiplikation der Gewichtung der Entscheider $\widetilde{W}_t$ mit den jeweiligen linguistischen Variablen der einzelnen Standortfaktoren liegt die berechnete Gewichtung nun in einer unscharfen und fuzzifizierten Form vor. Diese Fuzzy-Form kann nicht ohne Weiteres für weitere Berechnungen verwendet werden. Dementsprechend müssen die aggregierten Fuzzy-Vektoren wieder in scharfe Werte umgewandelt werden. Dies ist eine Voraussetzung, um die jeweiligen Standortfaktoren zu einem Standortranking verrechnen zu können.

Der benötigte Prozess zur Rückwandlung der Variablen wird Defuzzifizierung genannt. Dieser funktioniert, indem alle Faktoren zu einem Punkt umgewandelt werden und der jeweilige Abstand bestimmt wird. Zur Ermittlung der Abstandsfunktion wird diesem Fall ebenfalls auf CHOU ET AL. zurückgegriffen. Die Transformationsfunktion lautet[399]:

$$d(\widetilde{G}_j) = \frac{1}{4} \times (a_j + b_j + c_j + d_j), \qquad (5\text{-}6)$$

für alle

$$j = 1, 2, \dots, n$$

Darüber hinaus ist es notwendig, die nun errechneten Abstandswerte zu normalisieren, um zum einen ein für Nutzer verständlicheres Format zu erhalten, als auch in der weiteren Verrechnung effizienter zu sein. Dafür wird eine klassisch mathematische Normalisierungsfunktion genutzt, welche zu einem scharfen Wert für Standortfaktor C_j führt[400]:

$$G_j = \frac{d(\widetilde{G}_j)}{\sum_{j=1}^{n} d(\widetilde{G}_j)} \qquad (5\text{-}7)$$

für alle $j = 1, 2, \dots, n$

und $\sum_{j=1}^{n} G_j = 1$

[399] Vgl. Chou et al. (2008), A fuzzy simple additive weighting, S. 139.

[400] Vgl. Chou et al. (2008), A fuzzy simple additive weighting, S. 139.

Die nun errechneten normalisierten Fuzzy-Gewichte werden in Form eines Vektors dargestellt und können nun für die Berechnung des Standortrankings herangezogen werden. Für die Berechnung fehlt noch eine Bewertung der Ausprägungen der jeweiligen Standortfaktoren. Diese Bewertung wird in den nächsten Teilschritten angegangen.

Teilschritt 8: Beschaffung der benötigten Informationen zu den Standortfaktoren

Ausgangsbasis für diesen Teilschritt sind die identifizierten Standortfaktoren aus Kapitel 5.2. Dort wurde bereits herausgestellt, dass die 46 Standortfaktoren mit heutigen Technologien aus Open Source-Datenbanken beschafft werden können. An dieser Stelle müssen die Informationen beschafft werden.

Dafür werden Web Crawler genutzt, welche entweder direkt oder mittels Application Programming Interfaces (APIs) die benötigten Informationen extrahieren und in eine lokale Datenbank schreiben. Die meisten Standortfaktoren lassen sich direkt aus einer numerischen Datenbank, wie der Weltbank oder einem statistischen Nationalamt, bspw. dem Statistischen Bundesamt der Bundesrepublik Deutschland, extrahieren. Andere Faktoren müssen mittels einer Nachverarbeitung aus einem Subdokument oder Text entnommen werden. Ein Beispiel hierfür ist die Wikipedia-Datenbank, in welcher Informationen textuell verschlüsselt sind und deshalb über Methoden des Natural Language Process (NLP) extrahiert werden müssen. Als drittes werden Datenbanken mittels Application Programming Interfaces angeschlossen. Eine API ist eine vom Websitehost bereitgestellte Schnittstelle, über welche Daten automatisch bezogen werden können. In diesem Falle ist kein Crawler, sondern nur eine Ansteuerung der Schnittstelle notwendig sowie eine Benennung der gesuchten Informationen. Meistens bieten diese Datenbanken eine eigenständige Klassifizierung ihrer Daten an, auf welche zurückgegriffen werden kann. Ein Beispiel für eine wahrscheinlich genutzte API ist die Google Maps API, welche es ermöglicht Entfernungen zu messen. Diese standardisierten Schnittstellen ermöglichen eine einfache und zielgerichtete Abfrage einzelner Informationen.

Die Speicherung erfolgt in einer lokalen Datenbank. Diese besteht aus drei Teilen. Der erste Teil ist für die Speicherung von standortspezifischen Faktoren, welche über den Crawler im Rahmen einer Suche beschafft wurden, vorgesehen. Der zweite Teil ist eine Trenddatenbank, welche Trenddaten, wie z. B. Wetterdaten, langfristig speichert und kontinuierlich über Crawler mit Daten befüllt wird. Dieser Teil der Datenbank ist essenziell, um für einige Daten nicht nur einen zeitlich begrenzten Ausschnitt wiederzugeben, sondern einen Durchschnittswert, welche Ausreißer harmonisiert, die für eine Fabrik mit Zeithorizont von 30-50 Jahren unrelevant sind, zu berechnen. Im dritten Teil der Datenbank ist den Standortalternativen vorbehalten. Dieser Teil der Datenbank beinhaltet alle standortspezifischen Informationen, welche in Standortinseraten enthalten sind. Diese Datenbank kann entweder mittels Crawling von Online Datenbanken oder über manuelle Eingabe durch Anbieter erfolgen. Hierbei ist eine zweigleisige Strategie ist zu bevorzugen. An dieser Stelle sei anzumerken, dass sich einige Portale gegen das Crawlen ihrer Inserate schützen.

Teilschritt 9: Bewertung der Ausprägungen der Standortfaktoren

Im vorherigen Teilschritt wurden die benötigten Ausprägungen der Standortfaktoren beschafft und können nun verarbeitet werden. Diese Faktoren müssen analog zu den Nutzerpräferenzen zuerst mittels linguistischen Variablen ausgedrückt werden. Die Definition der sprachlichen Bewertungskriterien basiert auf dem Grundprinzip der trapezförmigen Bestimmung (siehe Abbildung 5-12), wie bereits in Teilschritt 5 beschrieben. Lediglich die Skala wird in Anlehnung an CHOU ET AL.[401] von einer Fünf-Punkte-Skala auf eine Neun-Punkte-Skala vergrößert. Grund dafür ist, die Erhöhung der Präzision der technischen Bewertung der Standortfaktoren ohne dabei die Komplexität für den Nutzer zu erhöhen.

Linguistische Variable	Fuzzy-Zahlen
Sehr Schlecht (SS)	{0;0;0;20}
Zwischen Schlecht und Sehr Schlecht (S&SS)	{0;0;20;40}
Schlecht (S)	{0;20;20;40}
Zwischen Schlecht und Mittel (S&M)	{0;20;50;70}
Mittel (M)	{30;50;50;70}
Zwischen Mittel und Gut (M&G)	{30;50;80;100}
Gut (G)	{60;80;80;100}
Zwischen Gut und Sehr Gut (G&SG)	{60;80;100;100}
Sehr Gut (SG)	{80;100;100;100}

Abbildung 5-15: Linguistische Variablen und korrespondierende Fuzzy-Zahlen für die Bewertung der Standortfaktoren

[401] Vgl. Chou et al. (2008), A fuzzy simple additive weighting, S. 134f.

Für diese Skalierung muss nun zwischen quantitativen und qualitativen Standortfaktoren unterschieden werden. Die skalierten Faktoren werden im Anschluss analog zu Teilschritt 5 in linguistische Fuzzy-Gewichte umgerechnet. Die Skalierung der Faktoren wird nun für beide Varianten kurz vorgestellt sowie mit Beispielen erläutert.

Um Ausprägungen durch linguistische Variablen ausdrücken zu können, ist eine Einordnung in Form einer Skalierung jedes einzelnen Faktors notwendig. Das bedeutet, dass eine Bewertung vorgenommen werden muss, wie gut oder schlecht ein Steuersatz von 20 % zu bewerten ist. Wird die Fuzzy-Methode standardmäßig durchlaufen, muss diese Bewertung vom Nutzer manuell vorgenommen werden. Dies erscheint im Hinblick auf die Benutzerfreundlichkeit und aus Gründen der Effizienz nicht sinnvoll. Würde die Bewertung manuell durchgeführt, müsste der Entscheidungsträger die Einordnung aller 46 Standortfaktoren einzeln vornehmen. Dadurch käme ein weiterer Unsicherheitsfaktor in der Bewertung auf, der die Qualität der Standortempfehlung negativ beeinflussen könnte. Weiterhin könnte der Nutzer damit gezielt eine Manipulation des Ergebnisses hin zu seinem Wunschstandort vornehmen. Daher sollen vorab festgelegte und standardisierte Skalen für alle bekannten Standortfaktoren definiert werden, sodass für alle Standortbewertungen die gleichen Skalen gültig sind. Gerade für unerfahrene Entscheider sollte dieser Schritt hilfreich sein, da ein tiefes Verständnis und fachliche Tiefe für jedes Kriterium notwendig ist.

Für eine einheitliche Bewertung der Standortfaktoren werden Bewertungsskalen definiert, die entweder auf einer statischen oder einer dynamischen Skala beruhen. Im Falle einer statischen Skala wird ein fester Wertebereich für die Einstufung der Standortfaktoren definiert. Am Beispiel der Abfrage nach Wichtigkeit eines geringen Abstandes zur Autobahn werden feste Werte für die einzelnen linguistischen Abstufungen der definierten Fuzzy-Zahlen festgelegt (siehe Tabelle 5.1).

Tabelle 5-1: Statische Skala des Standortfaktors Distanz zur Autobahn

Standort-faktor	SS	SS&S	S	S&M	M	M&G	G	G&SG	SG
Distanz zur Autobahn [km]	< 9	< 8	< 7	< 6	< 5	< 4	< 3	< 2	> 1

Es lässt sich noch ergänzen, dass nicht zwingend alle neun linguistischen Ausprägungen genutzt werden können. Falls für bestimmte Standortfaktoren nur wenige Ausprägungen vorhanden sind, können die nicht genutzten Bereiche der linguistischen Skala freigelassen werden. Wichtig ist nur eine Bestimmung der Extrema der Skala, „sehr gut“ und „sehr schlecht“.

Die dynamische Skala wird abhängig der spezifischen Ausprägungen des Standortfaktors vom System automatisch berechnet. Die Funktionsweise der dynamischen Skalen wird im Folgenden am Beispiel des Gewerbesteuersatzes erläutert und kann auf alle anderen Standortfaktoren, die mit einer dynamischen Skala bewertet werden, übertragen werden. In einem ersten Schritt wird für jede betrachtete Alternative automatisch der entsprechende Steuersatz ermittelt und zwischengespeichert (siehe Teilschritt 8). Im nächsten Schritt wird ermittelt, welcher Steuersatz der beste (niedrigste) und welcher Steuersatz der schlechteste (höchste) ist. Folglich wird der beste Steuersatz dem Skalenbereich "sehr gut" und der schlechteste Steuersatz dem Skalenbereich "sehr schlecht" zugeordnet. Die restlichen Skalenbereiche werden nun auf Basis der Extrema der jeweiligen Alternativen interpoliert. Das heißt, der Wertebereich zwischen den Extrema wird gleichmäßig aufgeteilt. Somit würde beispielsweise bei einem maximalen Steuersatz von 45 % (= sehr schlecht) und einem minimalen Steuersatz von 10 % (= sehr gut) ein Intervall von 7 % für die Zwischenbereiche angesetzt. Für jede Standortalternative kann nun die entsprechende Standortfaktorausprägung auf der Skala eingeordnet und somit zu einer linguistischen Variabel transformiert werden. Die Dynamisierung der Skalenbereiche stellt sicher, dass immer diejenige Alternative am besten gewichtet wird, die die beste Ausprägung des jeweiligen Standortfaktors hat und damit unabhängig von einem manuell definierten Skalenbereich ist. Somit sind dynamische Skalen besonders für Faktoren mit hoher Volatilität hilfreich. Damit kann die Objektivität der Standortfaktorbewertung in entsprechendem Maße gewährleistet werden. Wichtig ist noch hervorzuheben, dass eine dynamische Skala im Rahmen einer spezifischen Standortsuche gleich bleibt und nicht neu berechnet werden sollte. Eine vollständige Übersicht, welche Standortfaktoren mittels einer statischen Ratingskala und welche mittels einer dynamischen Ratingskala bewertet werden, findet sich in Anhang 8.7.

Basierend auf der durch die linguistischen Fuzzy-Gewichte vorgenommenen Bewertung der Standortfaktoren werden analog zu den Nutzerpräferenzen aggregierte Fuzzy-Gewichte berechnet. Dazu werden die in Formel (5-8) definierten linguistischen Fuzzy-Gewichte eines Entscheiders E_T der Standortfaktoren $C_1, C_2, \ldots, C_n$ für die Standortalternativen $A_1, A_2, \ldots, A_h$ zugeordnet auf Basis der Verteilung von Abbildung 5-12, analog zu Teilschritt 7[402]:

$$\tilde{X}_{ijt} = \left(a_{ijt}, b_{ijt}, c_{ijt}, d_{ijt}\right), \qquad (5\text{-}8)$$

für alle

$$i = 1, \ldots, n$$

$$j = 1, \ldots, h$$

Ausgehend von dieser Zuordnung lassen sich die aggregierten Fuzzy-Gewichte im Falle von Gruppenentscheidungen analog zu Teilschritt 6 berechnen:[403]

$$\tilde{X}_{ij} = \left(W_1 \otimes \tilde{x}_{ij1}\right) \oplus \left(W_2 \otimes \tilde{x}_{ij2}\right) \oplus (\ldots) \oplus \left(W_t \otimes \tilde{x}_{ijk}\right), \qquad (5\text{-}9)$$

für alle

$$a_{ij} = \sum_{t=1}^{k} W_t * o_{ijt}$$

$$b_{ij} = \sum_{t=1}^{k} W_t * p_{ijt}$$

$$c_{ij} = \sum_{t=1}^{k} W_t * q_{ijt}$$

$$d_{ij} = \sum_{t=1}^{k} W_t * o_{ijt}$$

402 Vgl. Chou et al. (2008), A fuzzy simple additive weighting, S. 139.

403 Vgl. Chou et al. (2008), A fuzzy simple additive weighting, S. 139.

Für die qualitativen Faktoren besteht ein direkter Zusammenhang zwischen $\tilde{X}_{ij}$ und dem jeweiligen Standortfaktor der zugehörigen Alternative aufgrund der diskreten Skalierung. Für die quantitativen Faktoren ist dies aufgrund der Einheitenbehaftung nicht möglich. Daher ist für diese Standortfaktoren ein weiterer Schritt notwendig, um diese in eine dimensionslose Kennziffer umzuwandeln. Dafür wird entsprechend der Maximalnutzen-Methode die folgende Formel[404] verwendet:

$$\tilde{x}_{ij} = \left\{ \frac{\tilde{r}_{ij}}{\max\limits_{i}\{d_{ij}\}} \right\} \otimes 100, \qquad (5\text{-}10)$$

wobei gelten muss:

$$\max_{i}\{d_{ij}\} > 0$$

Das Verfahren der Definition einer dynamischen oder statischen Skala in Verbindung mit den aufgeführten Formeln zur Berechnung der Fuzzy-Gewichte funktioniert jedoch nur, solange alle notwendigen Daten automatisch beschafft werden können. Wie zuvor beschrieben, kann mit den gewählten Open Source-Datenbanken nicht sichergestellt werden, dass alle Standortfaktoren für jede denkbare Standortalternative automatisch beschafft werden können. Dementsprechend muss das Bewertungsmodell zusätzlich so gestaltet sein, dass es trotz der Nichtverfügbarkeit von Standortausprägungen ein aussagekräftiges Standortranking berechnen kann. Wenn die Daten für einen oder mehrere Standortfaktoren nicht vorhanden sind, prüft das System zunächst, welche Relevanzklasse dem Standortfaktor zugeordnet werden kann. Anschließend ordnet das System dem Standortfaktor in Abhängigkeit von der Relevanzklasse einen sogenannten Strafkostenwert (Penalty Costs) zu. Im Kontext des Bewertungsmodells wird durch die Strafkosten jede nicht vorhandene Ausprägung negativ bewertet. Damit soll sichergestellt werden, dass das Bewertungsmodell auch dann funktionieren kann, wenn die benötigten Ausprägungen nicht vorhanden sind. Die Höhe der Strafkosten korreliert dabei positiv mit der Relevanz des Standortfaktors. Zur Bestimmung der Strafkosten wurde ein Prüfschema entwickelt, wie in diesem Falle vorgegangen werden kann. Dieses Prüfschema ist in Abbildung 5-16 dargestellt und wird im Folgenden kurz vorgestellt.

[404] Vgl. Chou et al. (2008), A fuzzy simple additive weighting, S. 139.

Im ersten Schritt wird für jeden Standortfaktor geprüft, ob die entsprechenden Daten vorhanden sind. Sind für einen oder mehrere Standortfaktoren die entsprechenden Daten nicht verfügbar, muss zunächst ermittelt werden, welche Relevanzklasse dem jeweiligen Standortfaktor zugeordnet werden kann. Relevanz bedeutet in diesem Zusammenhang, wie wichtig der Standortfaktor für die Berechnung des Standortrankings ist. Das heißt, die Relevanzklasse gibt an, wie groß der negative Einfluss ist, falls dieser Standortfaktor nicht vorhanden ist. Drei Abstufungen werden für die Relevanzklassen definiert:

- Sehr relevant: Standortfaktoren werden als sehr relevant bezeichnet, wenn ohne diese die Entscheidung für oder gegen eine Standortalternative nicht getroffen werden kann
- Relevant: Als relevant werden Standortfaktoren bezeichnet, die eine erhöhte Bedeutung für die Standortentscheidung haben, jedoch die Entscheidung für oder gegen eine Standortalternative auch ohne getroffen werden kann
- Optional: Optionale Standortfaktoren sind Faktoren, die für eine Standortentscheidung nicht zwingend vorhanden sein müssen, deren Vorhandensein aber von Vorteil sein kann und im Idealfall zu präferieren ist

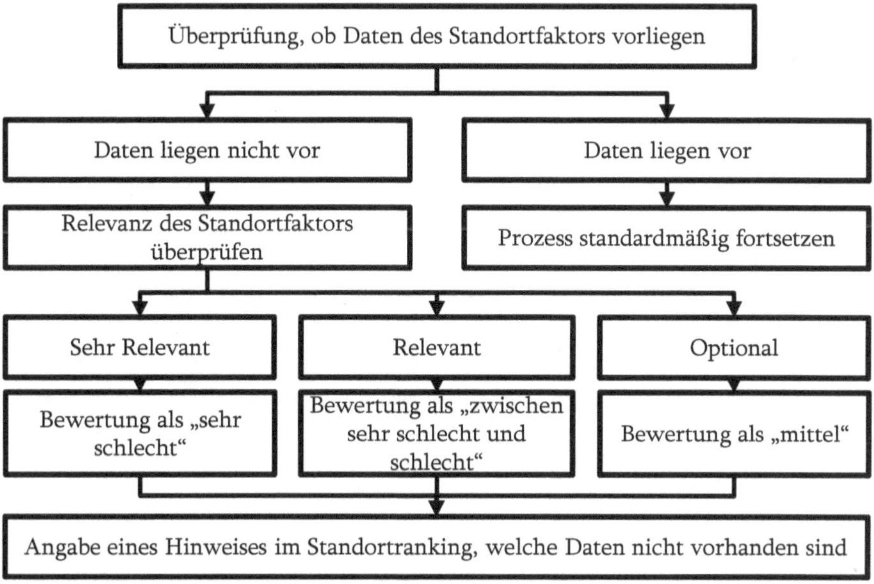

Abbildung 5-16: Vorgehen zur Gewichtung von Standortausprägungen bei nicht vollständigen Daten

Entsprechend dieser drei Klassen werden alle fehlenden Standortfaktoren bewertet. Dies soll kurz in einem Beispiel erläutert werden: Für ein produzierendes Unternehmen ist die Höhe von Zöllen oder die Verfügbarkeit von Arbeitskräften von höherer Relevanz, als unabhängige Medien oder eine geringe Distanz zu Banken und Kreditinstituten. Diese Einschätzung ist in gewissem Maße für Unternehmen unterschiedlich, folgt jedoch einem gleichen Schema. Zur Bestimmung dieses Schemas wurde eine Expertenbefragung mit Fachleuten aus sieben verschiedenen Industrien durchgeführt. Das Ergebnis der Befragung ist Ausgangsbasis für das Lösungsmodell dieser Arbeit und im Anhang 8.7 zusammen mit der Benennung der genutzten Skalen angegeben.

In einem letzten Schritt werden alle Standorte, für die keine Daten automatisch ermittelt werden können, vom System vermerkt. Diese werden folglich im Zuge der Präsentation des Standortrankings mit einem entsprechenden Hinweis für den Entscheider versehen. Falls möglich kann der Entscheider in der Phase der Ergebnisverfeinerung (Kapitel 5.5) die fehlenden Ausprägungen manuell ergänzen und somit eine Neuberechnung des Rankings initiieren. Die Strafkosten werden in diesem Fall durch die korrekte, linguistische Variable zur Berechnung eines neuen Fuzzy-Gewichts ersetzt.

Teilschritt 10: Konstruktion der Fuzzy-Rating Matrix

In diesem Schritt werden die dimensionslosen Kennzahlen aus den vorherigen Teilschritten in eine zusammenfassende Fuzzy-Gewichtungsmatrix $\widetilde{M}$ vereint. Die jeweiligen Einträge $\tilde{x}_{ij}$ der Matrix beschreiben die aggregierten Fuzzy-Gewichte in Abhängigkeit von der jeweiligen Alternative $A_1, A_2, ..., A_h$ und den zugehörigen Standortfaktoren $C_1, C_2, ..., C_n$. Der Aufbau der Fuzzy-Gewichtungsmatrix ist als Formel (5-11) dargestellt[405]:

$$\widetilde{M} = \left[\begin{bmatrix} \tilde{x}_{11} & \cdots & \tilde{x}_{1n} \\ \vdots & \ddots & \vdots \\ \tilde{x}_{h1} & \cdots & \tilde{x}_{hn} \end{bmatrix}\right] \tag{5-11}$$

Mithilfe der Fuzzy Gewichtungsmatrix G_j sowie der Fuzzy-Rating-Matrix $\widetilde{M}$ kann nun im nächsten Schritt das Standortranking berechnet werden.

Teilschritt 11: Berechnung des Standortrankings

Zur Berechnung des Standortrankings werden die Fuzzy-Gewichtungsmatrix G_j sowie der Fuzzy-Rating Matrix $\widetilde{M}$ miteinander multipliziert. Damit werden Nutzerpräferenzen der Standortfaktoren sowie Standortfaktorausprägungen zusammengebracht[406]:

$$\tilde{F} = \widetilde{M} \otimes G^T = \left[\begin{bmatrix} \tilde{x}_{11} & \cdots & \tilde{x}_{1n} \\ \vdots & \ddots & \vdots \\ \tilde{x}_{h1} & \cdots & \tilde{x}_{hn} \end{bmatrix}\right] \otimes \begin{bmatrix} G_1 \\ \dots \\ G_n \end{bmatrix} = \begin{bmatrix} \tilde{f}_1 \\ \dots \\ \tilde{f}_h \end{bmatrix}, \tag{5-12}$$

für alle

$$T = 1, \dots, h$$

[405] Vgl. Chou et al. (2008), A fuzzy simple additive weighting, S. 140.

[406] Vgl. Chou et al. (2008), A fuzzy simple additive weighting, S. 140.

Abschließend muss die berechnete Rangfolge in eine defuzzifizierte Form umgewandelt werden, damit der Entscheider die Standortrangliste entsprechend interpretieren kann. Dazu wird analog zu Teilschritt 8 ein Defuzzifizierungsprozess mithilfe einer vorzeichenbehafteten Distanzfunktion durchgeführt. Dementsprechend werden die scharfen Werte für das Standort-Ranking nach Folgender Formel berechnet[407]:

$$d(\widetilde{f}_j) = \frac{1}{4} \times (r_j + s_j + t_j + du_j), \qquad (5\text{-}13)$$

für alle

$$j = 1, 2, \dots, h$$

Die Standorte werden geordnet nach aufsteigender Distanz - die kürzeste Distanz stellt den besten Standort dar. Durch eine Veränderung der Nutzerpräferenzen oder der Standortfaktorausprägung kann die Standortbewertung im Sinne der Distanzfunktion aktiv beeinflusst werden.

Der Prozess zur Bestimmung eines Standortrankings kann so zu großen Teilen automatisiert werden. Der Prozess sowie die Prozessschritte sind für den Nutzer verständlich und transparent darstellbar, jedoch ist der direkte Einfluss einer Variablen, z. B. einer spezifischen Präferenzausprägung oder einer Standortfaktorausprägung, nur schwer zu bewerten. Daher kann das vorgestellte Bewertungsmodell nur eine erste Analyse sowie eine initiale Standortempfehlung abgeben. Im Sinne des Standortplanungsprozesses nach GRUNDIG aus Kapitel 2.2.1 kann festgehalten werden, dass die Standortempfehlung als Ergebnis des Bewertungsmodells einer Grobauswahl gleichzusetzen ist. Im Rahmen dieser Standortempfehlung werden drei bis fünf Standorte identifiziert, welche genauer analysiert und betrachtet werden müssen. Daher ist es notwendig, dass die Standortempfehlung sowohl durch den Nutzer validiert wird, als auch im Sinne der Feinplanung erweitert werden kann. In der weiteren Bearbeitung sollte dem Nutzer die Möglichkeit zur Analyse des Rankings und ebenfalls zur Bearbeitung der Standortempfehlung gegeben werden. Zur Bearbeitung durch den Nutzer werden Standardfunktionalitäten, wie das Anzeigen von weiteren Standortinformationen, zur Verfügung gestellt. Der Ausschluss von Standortalternativen aus dem Standortranking sollte möglich sein. Auch sollten klassische Nutzerfunktionen, wie das Abspeichern der Suchergebnisse, Teilen der Ergebnisse und Laden älterer Suchvorgänge vorgesehen werden, um eine Bearbeitung zu verschiedenen Zeitpunkten und im Team zu vereinfachen. Generell bietet es sich an,

[407] Vgl. Chou et al. (2008), A fuzzy simple additive weighting, S. 140.

entweder über ein ID-System oder ein Nutzerprofil Angaben zu speichern, um Nutzern ein effizienteres Arbeiten und besseres Erlebnis zu ermöglichen. Für die weitere Analyse im Rahmen der Feinauswahl wird im Kapitel 5.5 eine Auswahl von relevanten Methoden vorgestellt. Wichtig ist jedoch eine starke Nutzerorientierung und kontinuierliches Optimieren der für den Nutzer relevanten Funktionalitäten. Daher sind die vorgestellten Methoden nur als Auszug zu verstehen.

5.4 Zusätzliche Automatisierung zur Reduzierung des Nutzeraufwands und Steigerung der Anwendbarkeit mithilfe von Nutzerprofilen für die Präferenzdefinition

Aufgrund der hohen Komplexität der eindeutigen Bestimmung der Präferenzen, stößt der Entscheider an die Grenzen seines Fachwissens oder seiner Erfahrung. Darüber hinaus ist das langfristige Ziel, die Anzahl der Standortfaktoren in Zukunft zu vergrößern. Daraus ergibt sich die Notwendigkeit einer weiteren Optimierung. Daher wird geprüft, wie sowohl Effizienz, als auch Benutzerfreundlichkeit verbessert werden können. Einerseits übernimmt die Automatisierung eine erweiterte Entscheidungsunterstützungsfunktion, indem sie den Entscheider aktiv bei der Ermittlung seiner Präferenzen unterstützt. Andererseits erwarten Nutzer in Zeiten der Digitalisierung ein schnelles und effizientes System. Dies kann dazu führen, dass der Entscheidungsträger den Standortauswahlprozess frühzeitig abbricht, wenn der Prozess zu aufwendig und langwierig ist.[408] Das Risiko, dass ein solches Szenario eintritt, kann mit einer erweiterten Automatisierung entsprechend begrenzt werden. Darüber hinaus ist anzumerken, dass besonders in KMUs viele Entscheider zum ersten Mal eine Standortplanung durchführen müssen und somit mit einer hohen Anzahl an Anfragen überfordert sein können. Besonders diese Entscheider sind allerdings aufgeschlossen gegenüber Unterstützungsmöglichkeiten, jedoch ist eine Anpassbarkeit bzw. Individualisierbarkeit dieser Möglichkeiten aufgrund der hohen Entscheidungsvarianz als auch der Individualität der Aufgaben der Standortwahl zwingend notwendig.[409] Daher sollte dem Entscheider eine Hilfestellung bereitgestellt werden. Zum einen kann er sich detaillierte Erklärungen zu den einzelnen Standortfaktoren anzeigen lassen, um den Faktor besser zu verstehen und tieferes Fachwissen zu diesem zu erhalten. Als Alternative könnte der Nutzer eine automatisierte Ermittlung der noch offenen Präferenzen bereitgestellt bekommen. In diesem Fall müssen sogenannte

[408] Vgl. Weuthen (2019), Das goldene Zeitalter des Konsumenten, S. 116.

[409] Vgl. Gauch et al. (2007), User Profiles for Personalized Information, S. 78f.

Nutzerprofile erstellt werden, welche auf Basis von Experteninterviews vordefinierte Präferenzbewertungen bereitstellen. Nach Auswahl des bevorzugten Profils werden die Präferenzen für die jeweiligen Standortfaktoren automatisch vom System festgelegt.

Eine detaillierte Erläuterung der automatischen Ermittlung der Präferenzen durch Auswahl bestimmter Profile wird im Folgenden dargestellt. Darüber hinaus stellt Abbildung 5-17 das adaptierte UML-Diagramm dar, indem der Prozess der beiden Entscheidungsunterstützungsmethoden integriert ist.

Für die notwendige Automatisierung von Präferenzinformationen können die gängigen Methoden der Nutzermodellierung (user modeling) im Rahmen von adaptiven Websystemen genutzt werden. In diesem Zusammenhang kann die Automatisierung mittels merkmalsbasierter Modellierung (feature based modeling) oder Stereotyp-Modellierung (stereotype modeling) erfolgen. Die merkmalsbasierte Modellierung versucht auf Basis der Interaktion eines Benutzers mit dem System bestimmte Merkmale zu identifizieren und daraus die entsprechenden Nutzerpräferenzen abzuleiten. Darüber hinaus ist die merkmalsbasierte Modellierung in der Lage, sich im Laufe der Zeit ändernde Nutzermerkmale zu erfassen und zu verarbeiten. Dementsprechend können immer aktuelle Nutzermerkmale zur Ableitung von Nutzerpräferenzen verwendet werden. Eine Alternative zur merkmalsbasierten Modellierung ist die stereotypenbasierte Modellierung. Der von ELAIN RICH[410] entwickelte Ansatz versucht, alle Nutzer eines Systems in mehrere Gruppen, sogenannte Stereotypen, zu klassifizieren. Die Einordnung der Benutzer in die jeweiligen Stereotypen kann auf Basis einer Abfrage oder durch die Benutzer selbst erfolgen.

[410] Vgl. RICH (1979), User modeling via stereotypes, S. 329ff.

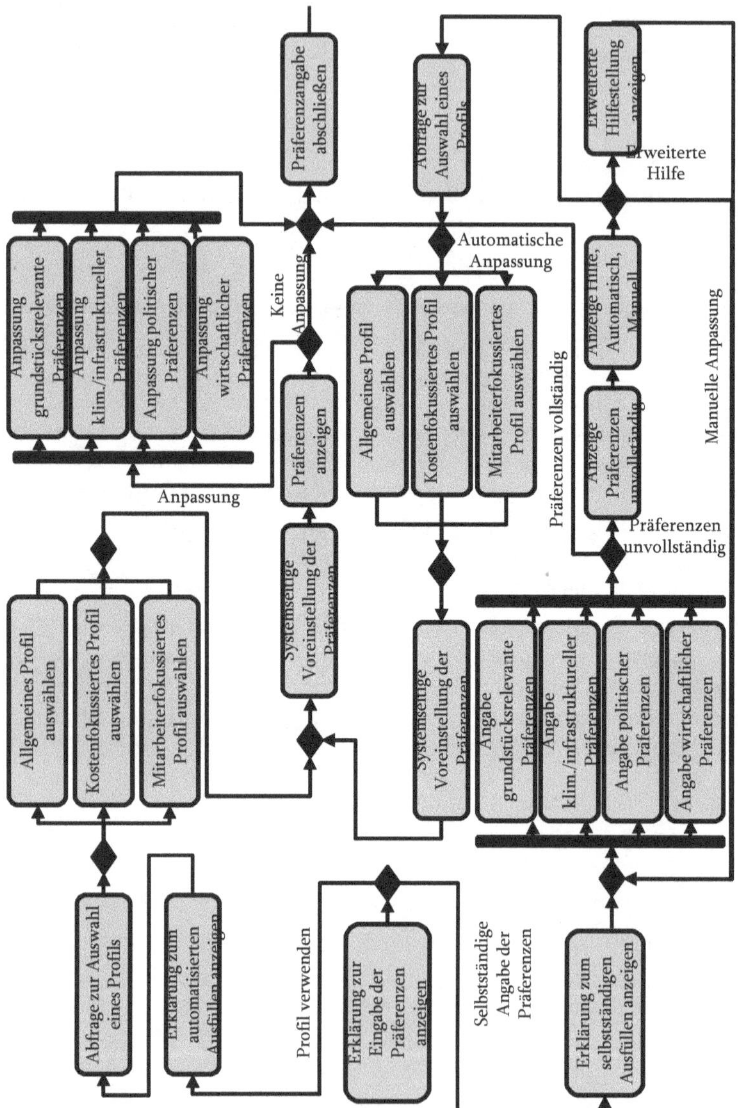

Abbildung 5-17: Adaptiertes UML-Diagramm für Teilschritt 5: Ermittlung der Präferenzen durch Nutzerprofile

Die Zuordnung von Nutzern zu Stereotypen vernachlässigt jedoch die Tatsache, dass verschiedene Nutzer unterschiedliche Eigenschaften haben, die nicht immer in ihrer Gesamtheit einem Stereotyp zugeordnet werden können. [411] Außerdem wird die Tatsache, dass sich die Eigenschaften der Nutzer im Laufe der Zeit ändern können, nur am Rande berücksichtigt. Die stereotypische Modellierung sieht vor, dass Nutzer bei einer Änderung ihrer Eigenschaften einem anderen Stereotyp zugeordnet werden können.

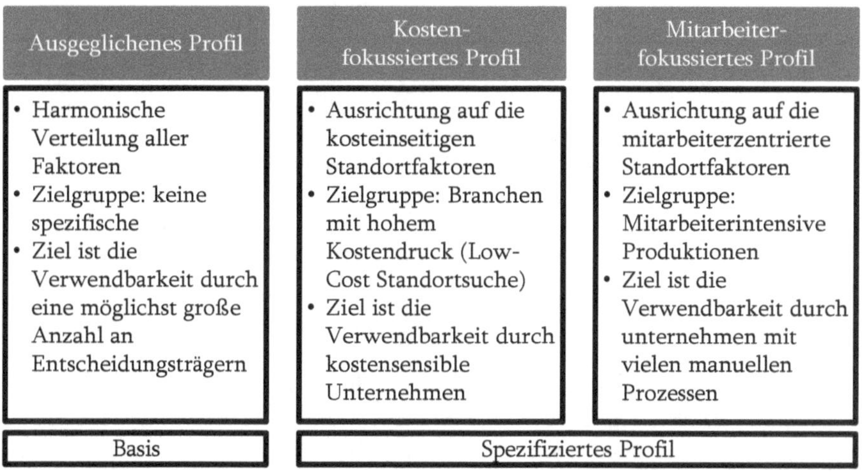

Abbildung 5-18: Nutzerprofile zur Automatisierung der Präferenzfestlegung

Um eine Automatisierung der Präferenzspezifikation zu gewährleisten, wird ein Hybrid aus merkmalsbasierter und stereotypbasierter Modellierung gewählt. Dadurch wird sichergestellt, dass Stereotypen, die in dieser Arbeit als Nutzerprofile bezeichnet werden, bereits zu Beginn der Nutzung des Evaluationsmodells zur Verfügung stehen und vom Nutzer ausgewählt werden können. Schließlich wird der Ansatz der merkmalsbasierten Modellierung verwendet, um die Nutzerprofile adaptiv zu gestalten. Für den in Kapitel 5.3.2 Teilschritt 5 beschriebenen Prozess wäre eine Integration von vorab definierten Präferenzprofilen, sogenannten Nutzerprofilen, mit einer manuellen Anpassbarkeit möglich.

Zur Umsetzung dieses Vorhabens werden in einem ersten Schritt drei Profile definiert, siehe Abbildung 5-18. Für die Bestimmung der Profile wurde eine unabhängige

[411] Vgl. Gauch et al. (2007), User Profiles for Personalized Information, S. 78ff.

Befragung von sieben potenziellen Nutzern durchgeführt auf deren Basis das allgemeine Profil abgeleitet wurde. Die befragten Nutzer sind Experten im Bereich der Standortplanung, da sie im Rahmen ihrer beruflichen Laufbahn entweder aktuell oder in der Vergangenheit mind. eine oder mehrere Standortauswahlprozesse aktiv begleitet haben. Die Experten stammen aus den Branchen Forschung und Beratung, Maschinenbau, Pharmazie, Konsumgüter, Automobilzulieferer, Biotechnologie sowie Automobilproduktion. Für die Befragung wurde eine kurze Einführung von maximal 15 Minuten in das Themenfeld gegeben, welche von einem ca. 30-minütigen Ausfüllen des Präferenzbogens abgeschlossen wurde. Dabei wurden die Experten gebeten, auf Basis ihrer Erfahrungen und einer hypothetisch für sie relevanten Standortauswahl, zu antworten und anzugeben, wie ihre Präferenzausprägungen für den Standortfaktoren sind. Dafür wurde Ihnen die bekannte fünfstufige Likert-Skala mit den Ausprägungen „sehr unwichtig", „unwichtig", „mittel", „wichtig" und „sehr wichtig" als Entscheidungsmöglichkeiten zur Auswahl gegeben. Die Antworten wurden parallel und für den Experten sichtbar dokumentiert und abschließend als Gesamteindruck dem Experten vorgelegt, sodass kleine Anpassungen zur Schaffung korrekter Verhältnisse durch diesen vorgenommen werden konnten. Im Anschluss an das Interview wurde dem Experten eine Übersicht über seine bisher abgegebenen Einschätzungen für das allgemeine Profil gegeben. Abweichungen von zwei Stufen auf der Likert-Skala oder mehr zum bisherigen Durchschnitt wurden gesondert hervorgehoben und mit dem Experten diskutiert. Dafür wurden 38 Faktoren gewählt, da die weiteren Faktoren als Basis- und K.O.-Kriterien keiner Relevanzeinordnung bedürfen. Eine Übersicht der Ergebnisse ist der folgenden Tabelle 5-2 zu entnehmen.

Tabelle 5-2: Zuordnung der Präferenzen zu den genutzten Standortfaktoren

Nr	Standortfaktor	Präzise Präferenz-ausprä-gung mög-lich?	Nume-rischer Durch-schnitt	Präferenz ausprägung
1	Ein direktes zur Verfügung stehen des Grundstücks	Ja,	3,7	Wichtig
2	Erweiterungsmöglichkeiten	Ja	4,7	Sehr Wichtig
3	Geringe Erschließungskosten	Ja	3,4	Mittel
4	Geringe Zeit für die Kaufabwick-lung	Ja	3,0	Mittel

Nr	Standortfaktor	Präzise Präferenz-ausprägung möglich?	Numerischer Durchschnitt	Präferenz ausprägung
5	Ein bereits erschlossenes Grundstück	Nein	3,8	Wichtig
6	Ein hohes Bildungsniveau	Nein	3,2	Mittel
7	Geringe Transportkosten	Ja	2,7	Mittel
8	Ein geringer Steuersatz (Mehrwertsteuer)	Nein	2,7	Mittel
9	Geringe Hebesätze der Gewerbesteuer	Ja	4,4	Wichtig
10	Geringe Stromkosten	Ja	4,1	Wichtig
11	Geringe Gaskosten	Ja	4,0	Wichtig
12	Geringe Frischwasserkosten	Ja	3,1	Mittel
13	Geringe Abwasserkosten	Ja	3,0	Mittel
14	Stabile Wechselkurse	Ja	4,0	Wichtig
15	Eine geringe Inflation	Ja,	3,9	Wichtig
16	Eine hohe Kaufkraft	Ja	3,4	Mittel
17	Geringe Zölle	Ja	4,2	Wichtig
18	Geringe Lohnkosten	Ja	4,4	Wichtig
19	Ein geringes politisches Risiko	Ja, Wichtig	3,9	Wichtig
20	Eine hohe Arbeitszeitflexibilität der Arbeitnehmer	Nein	3,4	Mittel
21	Eine hohe Arbeitnehmerqualifikation	Nein	4,0	Wichtig
22	Eine große Verfügbarkeit an Arbeitnehmern	Nein	3,8	Wichtig
23	Eine geringe Fluktuation der Arbeitnehmer	Ja, Mittel	3,4	Mittel

Nr	Standortfaktor	Präzise Präferenz-ausprägung möglich?	Numerischer Durchschnitt	Präferenz ausprägung
24	Die Verfügbarkeit unabhängiger Medien	Ja, Unwichtig	2,4	Unwichtig
25	Eine geringe Distanz zur Autobahn	Ja	4,7	Sehr Wichtig
26	Eine geringe Distanz zum Flughafen	Ja	3,4	Mittel
27	Eine geringe Distanz zum Bahnhof	Ja	2,4	Unwichtig
28	Eine geringe Distanz zum Hafen	Nein	3,0	Mittel
29	Eine geringe Distanz zu Krankenhäusern	Ja	3,4	Mittel
30	Eine geringe Distanz zu Bildungseinrichtungen	Ja	4,2	Wichtig
31	Eine geringe Distanz zu Forschungseinrichtungen	Ja	3,4	Wichtig
32	Eine geringe Distanz zu Banken und Kreditinstitute	Ja	1,85	Unwichtig
33	Verfügbarer Wohnraum in der Nähe zum Standort	Nein	4,0	Wichtig
34	Eine geringe Luftfeuchtigkeit	Ja	2,6	Mittel
35	Eine hohe Wasserqualität	Nein	3,5	Wichtig
36	Ein konstantes Temperaturniveau	Nein	3,1	Mittel
37	Eine Geringe Gefahr von Überschwemmungen durch Starkregen	Ja	4,0	Wichtig
38	Eine geringe Gefahr durch Sturmschäden	Ja	3,9	Wichtig

Das Ziel dieses Profils ist es, eine möglichst große Gruppe von Entscheidern anzusprechen, sodass jeder Entscheider die automatisierten Präferenzinformationen nutzen kann. Da es sich um ein allgemeines Profil handelt, sind die Präferenzen bezüglich der 46 Standortfaktoren in einem entsprechend allgemeinen Kontext definiert worden. Dadurch sollte es möglich sein, dass dieses Profil sowohl von einem Entscheider aus der Automobilindustrie, als auch aus der chemischen Industrie genutzt werden kann. Basierend auf dem allgemeinen Profil kann der Entscheider aus zwei Profilen mit spezifischerem Fokus wählen. Das erste Profil konzentriert sich auf Kosten, die mit einem neuen Fabrikstandort verbunden sein können, da Kosten ein entscheidendes Wettbewerbs- und damit Erfolgskriterium sind. Dazu gehören u. a. Stromkosten, aber auch der Steuersatz und weitere. Dementsprechend richtet sich dieses Profil insbesondere an Entscheider, deren Produktions- oder Geschäftsziele besonders sensibel auf Kosten jeglicher Art reagieren. Das zweite Profil fokussiert alle mitarbeiterbezogenen Standortfaktoren, daher wird das Profil als mitarbeiterfokussiertes Nutzerprofil bezeichnet. Dieses Profil richtet sich an Entscheider, deren Produktion besonders mitarbeiterintensiv ist oder die z. B. die Lebensbedingungen von Expatriates als besonders wichtig erachten. Basierend auf dem allgemeinen Profil werden die Präferenzen entsprechend angepasst. Dies geschieht für jeden als relevant identifizierten Standortfaktor nach dem gleichen Prinzip. Wenn ein Standortfaktor im Rahmen des Kostenfokusprofils eine besondere Relevanz aufweist, wird die Präferenzstufe um eine Stufe erhöht. Mit anderen Worten: Wenn der Steuersatz im allgemeinen Profil eine Präferenzstufe von "wichtig" hat, wird die Präferenzstufe im Kostenfokusprofil um eine Stufe auf "sehr wichtig" erhöht (siehe Abbildung 5-19). Dies ermöglicht eine konsistente und objektive Bestimmung der Präferenzwerte für die spezifischen Profile auf der Grundlage des allgemeinen Profils. Das gleiche Vorgehen wird auch für die entsprechenden mitarbeiterfokussierten Standortfaktoren genutzt.

Standortfaktor	Allgemein	Kosten-fokussiert	Mitarbeiter-fokussiert
Ein geringer Steuersatz (Mehrwertsteuer)	Mittel	Wichtig	Mittel
Verfügbarkeit potentiellen Arbeitnehmern	Relevant	Relevant	Sehr relevant

Abbildung 5-19: Vergleich der Nutzerprofile am Beispiel des Standortfaktors

Diese drei Profile sollen letztlich als Basis für das geplante Automatisierungsprojekt dienen, um die Standortpräferenzen automatisch ermitteln zu können. Es können jedoch beliebig viele weitere Profile manuell oder durch merkmalsbasierte Modellierung hinzugefügt bzw. abgeleitet werden. An dieser Stelle sei jedoch erwähnt, dass die drei vordefinierten Profile dem MECE-Prinzip (mutually exclusive and collectively exhaustive) entsprechen. Das bedeutet, dass die jeweiligen Profile alle relevanten Standortfaktoren abdecken müssen, sich aber nicht überschneiden dürfen. Übertragen auf das Automatisierungsprojekt bedeutet dies, dass sich die Profile in ihrem Fokus auf die Standortfaktoren nicht überschneiden dürfen, sodass sich die jeweiligen Profile ausreichend voneinander unterscheiden. Somit darf das Profil kostenfokussiert keine Standortfaktoren als relevant einstufen, die im Profil mitarbeiterfokussiert werden und umgekehrt. Dementsprechend müssen auch neu hinzukommende Profile diesem Prinzip entsprechen, bevor sie zur Nutzung freigegeben werden können.

Zur kontinuierlichen Verbesserung der Nutzerprofile wird empfohlen, nachträgliche Veränderungen an den Nutzerprofilpräferenzen durch den Entscheider zu dokumentieren und anschließend zu analysieren. Lassen sich wiederholt Änderungen feststellen oder können Gemeinsamkeiten der Nutzer, z. B. ähnliche Grundstücksgrößen, gleiche Branche o. ä. identifiziert werden, sollte entweder das Profil angepasst oder ein neues Profil erstellt werden. Besonders während der Initiierung der Systemarchitektur sollte auf Veränderungen der Profile besonders geachtet werden, da die Nutzeranzahl schnell die Anzahl der Experten für die Profilerstellung übersteigen wird und Ausreißer dadurch ein hohes Gewicht bekommen.

5.5 Erweiterte Schritte zur Feinplanung des Standortrankings

Die in diesem Abschnitt vorgestellten Methoden sollen einen ersten Blick auf relevante Funktionalitäten geben, welche für die Feinauswahl hilfreich sind. Diese bilden jedoch nicht den vollständigen Prozess der Feinauswahl ab, sondern sollen vielmehr eine detailliertere Eingrenzung des Entscheidungsraums ermöglichen. Das bedeutet, dass der Entscheider nach der Entscheidung für einen Standort auch die bisher nicht berücksichtigten Standortfaktoren bewerten muss. Darüber hinaus soll an dieser Stelle angemerkt werden, dass einige Methoden eine Neuberechnung des Standortrankings bzw. von Teilen des Rankings benötigen. In diesem Fall wird versucht, eine Variable zu verändern und alle anderen Parameter gleich zu halten. Somit wird es dem Nutzer möglich sein, den Einfluss gewisser Parameter auf die Standortempfehlung aktiv nachzuempfinden und somit seine Transparenz über den Prozess zu erhöhen. In Abbildung 5-20 werden die vorgestellten Methoden dargestellt.

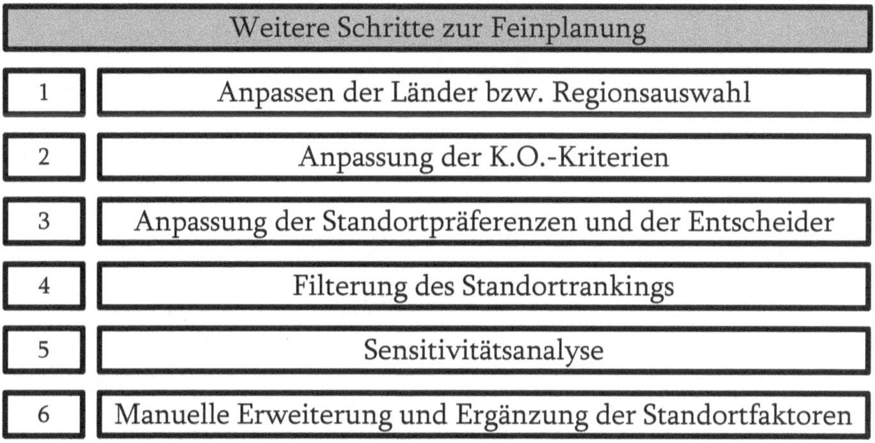

Abbildung 5-20: Erweiterungsschritte zur Analyse des Standortrankings

Analysemöglichkeit 1: Anpassen der Länderauswahl bzw. Regionsauswahl

Durch eine Anpassung der Länderauswahl grenzen Nutzer den Fokus der Suche zu Beginn der Suche ein. Damit hat dieses Kriterium einen hohen Einfluss auf die Anzahl der in Betracht gezogenen Standortalternativen. Eine Veränderung hat dementsprechend die Chance den Betrachtungsrahmen zu erweitern oder diesen weiter einzugrenzen. In beiden Fällen führt dies zu einer Neuberechnung des Standortrankings aufgrund des Aufbaus der Fuzzy-Logik. Eine Durchführung der Teilschritte 6 bis 11 ist nochmals notwendig.

Analysemöglichkeit 2: Anpassen der K.O.-Kriterien

Durch eine Anpassung der K.O.-Kriterien kann analog zur Anpassung der Länderauswahl der Entscheidungsraum verändert werden. Dies ist besonders bei den Faktoren Art des Standorts (Greenfield/Brownfield) und Grundstücksgröße gegeben. Die Art des Grundstücks ermöglicht eine vollständig neue Betrachtung der zur Verfügung stehenden Standortalternativen, da besonders bei sinkender Neubebauung aufgrund umweltrelevanter Auflagen, die Zahl der Brownfields steigen wird. Die Grundstücksgröße wurde im Rahmen dieses Lösungsmodells bereits als Band definiert, jedoch ist eine harte Abgrenzung schwer möglich. Ein Grundstück ist nicht nur nach der reinen Größe, sondern auch nach der Nutzbarkeit der Fläche zu betrachten. Diese kann jedoch nur schwerlich quantifiziert werden. Daher ist eine Betrachtung eines größeren Spektrums meist hilfreich und notwendig, um eine robuste Standortempfehlung zu erhalten. Nach der Veränderung der K.O.-Kriterien muss eine Neuberechnung des Standortrankings analog zur Änderung der Länderauswahl erfolgen.

Analysemöglichkeit 3: Anpassung der Standortpräferenzen und der Entscheider

Neben der optionalen Anpassung der Länderauswahl und der K.O.-Kriterien kann der Entscheidungsträger ebenfalls seine persönlichen Nutzerpräferenzen entsprechend anpassen. Dies kann entweder durch die Anpassung eines oder mehrerer Einzelpräferenzen oder auch durch die Auswahl eines anderen Nutzerprofils geschehen. Hier sollten insbesondere alle Änderungen zum vormalig ausgewählten Nutzerprofil aufgezeichnet und zur Weiterentwicklung der Profile genutzt werden. Darüber hinaus ist eine Anpassbarkeit der Anzahl der Entscheidungsträger und deren Gewichtungen zueinander relevant für die unternehmensinterne Skalierung oder die Reaktion auf Veränderungen im Unternehmen, z. B. bei organisatorischen Veränderungen. Nach der Veränderung von Standortnutzerpräferenzen oder der Anzahl der Entscheider muss nur die Fuzzy-Gewichtungsmatrix neu bestimmt werden. Im Fall von neuen Entscheidungsträgern müssen Nutzerpräferenzen durch diese angegeben werden, bevor eine Neuberechnung erfolgen kann. Als Ergebnis ergibt sich ein neues Standortranking.

Analysemöglichkeit 4: Filterung des Standortrankings

Die erweiterten Filtermöglichkeiten innerhalb des Standortrankings ermöglichen es dem Entscheider, seinen Entscheidungsraum weiter einzugrenzen. Das heißt, der Entscheider hat die Möglichkeit, die angezeigten Standortempfehlungen mithilfe von weiteren K.O.-Kriterien für die 46 Standortfaktoren zu reduzieren. Als Beispiel könnten hier z. B. Maximalangaben für Entfernungen zu Flughäfen, Autobahnen oder Häfen oder die Höhe von Löhnen angegeben werden. Auf der anderen Seite könnten weitere Einschränkungen, wie spezifische Ausstattungen von Brownfieldstandorten, z. B. Deckenkräne, genutzt werden. Mithilfe dieser Funktion kann eine einfache Reduzierung des Standortrankings auf nur die für den Entscheider relevanten Varianten ermöglicht werden. Der Vorteil dieser Analysemöglichkeit ist, dass keine Neuberechnung des Standortrankings bzw. der Fuzzy-Rankingmatrix notwendig ist, da nur auf Basis der bestehenden Bewertung ein Standort ausgeschlossen wird. Daher ist dieser Prozess sofort umsetzbar und kann ohne Probleme rückgängig gemacht werden.

Analysemöglichkeit 5: Sensitivitätsanalyse

Um eine oder mehrere Standortalternativen gegeneinander zu vergleichen, kann der Entscheidungsträger eine Sensitivitätsanalyse über verschiedene Entscheidungsvariablen verwenden. Die Sensitivitätsanalyse wird in der Literatur verwendet, um den Einfluss einer Variablen auf das Gesamtergebnis zu bestimmen. Dies führt im Ergebnis zu einer gesteigerten Robustheit des Ergebnisses, in unserem Fall der Standortempfehlungen. Eine Alternative wird als robust angesehen, wenn sich die relative Rangfolge in der Standortrangliste durch die Variation der Standortpräferenzen nicht ändert. In Anlehnung an NITZSCH[412] gliedert sich die Sensitivitätsanalyse in die folgenden Schritte:

1. Auswählen eines Faktors, der variiert werden soll
2. Variation des ausgewählten Faktors
3. Berechnung der neuen Gewichtungen
4. Präsentation des neuen Standortrankings sowie der Veränderung

Als Variationsfaktoren bieten sich neben den bereits genannten Eingabekriterien besonders die vom Nutzer gesetzten Standortpräferenzen an, da diese den höchsten Grad an Unsicherheit aufweisen und auf der reinen Erfahrung des Nutzers basieren. Hierbei ist zu empfehlen, dass der Nutzer ein Kriterium auswählt, bei welchem er sich bereits unsicher ist. Alternativ wäre es möglich, dem Nutzer auf Standortpräferenzen mit einem hohen Einfluss hinzuweisen. Dafür wäre zum einen ein Maximalwert innerhalb der Fuzzy-Gewichtungsmatrix als höchster Wert einer Standortpräferenz oder sogar ein Maximum in der Fuzzy-Rating-Matrix als höchste Kombination von Präferenz und Ausprägung eine interessante Alternative. Der Vorschlag mit dem Maximum zu beginnen liegt in dem hohen Veränderungspotenzial, das sich durch eine Anpassung ergeben kann. Gleichzeitig sollte auch eine Minimalbetrachtung berücksichtigt werden, um in diesem Feld Ausreißer zu identifizieren und keinen wichtigen Faktor zu übersehen. Darüber hinaus können K.O.-Kriterien, wie die Grundstücksgröße aktiv variiert werden, um eine bessere Übersicht über den Rand des Entscheidungsraums zu erhalten. Eine Variation der Ausprägungen eines Standortfaktors sollte zuerst nicht in Erwägung gezogen werden. Dies ist nur zu geringen Maße sinnvoll, da es sich bei den Werten um Fakten handelt und keine Kenntnis über die Varianz bzw. die Sicherheit dieser Faktoren vorliegt. Somit kann eine Variation zu ungewollten Ergebnissen führen und ist nur in seltenen Fällen als sinnvoll anzusehen. Ein Beispiel für eine sinnvolle Variierung könnte z. B. die Inflation sein, da dieser

---

[412] Vgl. Nitzsch (2017), Entscheidungslehre, S. 361.

Faktor von Natur aus variabel ist und besonders durch Krisen größere Sprünge machen kann.

Wenn die Sensitivitätsanalyse keine Verschiebung der Standortrangfolge auslöst, kann die Standortentscheidungsempfehlung als robust angesehen werden und wird daher zur Detaillierung empfohlen. Falls dies nicht der Fall ist, können Informationen, bspw. welche Standorte sich verschoben haben, für den Entscheider sehr relevant sein, um potenzielle Alternativstandorte bzw. Gründe für einen Standortausschluss zu identifizieren. Auch hier wird empfohlen, eine Grundfunktionalität herzustellen und diese im Sinne des DevOps-Ansatzes mit dem Nutzer zusammen weiterzuentwickeln.

Analysemöglichkeit 6: Manuelle Erweiterung und Ergänzung von Standortfaktoren

An dieser Stelle sollte dem Nutzer die Möglichkeit gegeben werden, die Standortfaktoren zu bearbeiten. Es bestehen drei Möglichkeiten, wie der Nutzer diese beeinflussen kann. Als erstes sollte ein Nutzer die Möglichkeit haben Standortfaktoren, die unabhängig des Grundes nicht automatisch beschafft werden konnten, manuell zu ergänzen und somit die Strafkosten, die Penalty Costs in der Ausprägungsbewertung, für den Faktor aufzuheben. Menschliche Nutzer haben aufgrund ihrer Möglichkeit kompliziert und komplex zu denken, die Möglichkeit Standortfaktorausprägungen zu finden, die die Web Crawler aufgrund ihrer beschränkten Datenquellen nicht identifizieren oder aus diesen extrahieren konnten. Darüber hinaus wird die vorgeschlagene Softwarearchitektur immer auf spezifische Datenquellen, welche durch den Programmierer aktiv angeschlossen werden, begrenzt sein. Eine solche Begrenzung besteht nicht für Menschen. Daher sollte es für den Nutzer möglich sein, Standortalternativen die mit Strafkosten belegt sind, direkt im Auswahlfenster zu korrigieren. Im Anschluss an diese müssen die Teilschritte 6-11 automatisch neu durchlaufen werden und ein neues Standortranking zu berücksichtigen. Falls mehrere Standortfaktoren fehlen, sollte im Sinne der Effizienz eine Neuberechnung erst nach Eingabe aller Faktoren durch den Nutzer von diesem aktiv ausgelöst werden.

Als weitere Optionen sollte die Ergänzung von einzelnen Standortfaktoren ermöglicht werden. Wenn ein oder mehrere Standortfaktoren vom Nutzer neu angelegt werden, müssen mehrere Schritte durch den Nutzer durchlaufen werden. Zuerst muss der neue Standortfaktor benannt und kurz beschrieben werden. Im darauffolgenden Schritt muss eine Skala für den neuen Standortfaktor angegeben werden. Dafür muss der Nutzer für die neun Bereiche der linguistischen Skala Werte bzw. einen Wertebereich angeben, um eine Verrechnung der Ausprägungen des Faktors in eine Fuzzy-Zahl zu ermöglichen. Mithilfe dieser Schritte kann der Faktor in die Fuzzy-Matrix integriert werden. Es muss jedoch muss eine individuelle

Präferenzbewertung vorgenommen werden. Falls der neue Standortfaktor in einer bestehenden Datenbank des Softwaretools zu finden ist, sollte ein Nutzer die Möglichkeit erhalten, die Quelle in einer der bestehenden Datenbanken anzugeben. Somit wäre eine automatisierte Beschaffung möglich. Alternativ muss in diesem Einzelfall eine manuelle Eingabe erfolgen.

Falls ein Faktor bereits durch einen anderen Nutzer angegeben wurde, was aufgrund einer gleichen bzw. sehr ähnlichen Benennung oder einer gleichen Quelle zu identifizieren wäre, sollte diese Information beim Anlegen eines neuen Standortfaktors offengelegt werden, um eine höhere Effizienz und Nutzerfreundlichkeit in der Ergänzung von Faktoren zu erreichen. Darüber hinaus sollte bei einer Häufung der Ergänzung eines Standortfaktors dieser als regulärer Faktor in das Bewertungsmodell übernommen werden.

Der Fall des Ausschlusses eines Standortfaktors ist als nicht relevant zu betrachten, da dies durch eine Nutzerbewertung als „sehr unwichtig" bereits abgedeckt ist. In diesem Fall wird dem Standortfaktor über die linguistischen Variablen eine Nutzerpräferenz von Null zugewiesen (siehe Abbildung 5-12) und hat somit keinen Einfluss auf das Fuzzy-Ranking aller Standortalternativen.

Weitere Analysemöglichkeiten können in Zusammenarbeit mit Nutzern entwickelt und ergänzt werden, daher hat diese Arbeit keinen Anspruch auf Vollständigkeit in diesem Bereich, sondern soll als initiale Ideensammlung verstanden werden.

Das Lösungsmodell im Sinne der Systemarchitektur ist nun vollständig und umfänglich definiert. Daher wird im nächsten Schritt der DevOps-Zyklus fortgesetzt und in die Umsetzung des Lösungsmodells im Sinne eines Demonstrators sowie dem Testen mit potenziellen Nutzern fortgefahren.

6 Validierung des Lösungsmodells

Der nächste Schritt nach der bisher theoretischen Erarbeitung des Lösungsmodells ist die Prüfung, ob die getroffenen Annahmen und Ansätze zielführend und valide sind sowie den definierten Anforderungen aus Kapitel 4.1 entsprechen. Dafür wird ein Softwaredemonstrator entwickelt, welcher alle Bewertungsschritte des Lösungsmodells (Teilschritt 1- 11) enthält. Aufgrund der hohen Komplexität muss dieser jedoch aufseiten der Standortfaktoren sowie der Standortalternativen eine reduzierte Funktionalität aufweisen. Die Vorgehensweise zum Aufbau, den genutzten Datenbanken, APIs sowie Programmierumgebungen werden detailliert in Kapitel 6.1 erläutert. Im nächsten Schritt wird im Rahmen eines Fallbeispiels (Kapitel 6.2) die Funktionalität des Lösungsmodells mit besonderem Fokus auf die mathematischen Berechnungen vorgeführt. Jedoch reichen der Aufbau des Demonstrators und ein theoretisches Fallbeispiel nicht zur Validierung der Funktionalität des Lösungsmodells. Im Sinne des DevOps-Ansatzes ist eine Interaktion mit zukünftigen Nutzern anzustreben (siehe Kapitel 5.1). Von diesen wird eine Rückmeldung zu erfolgskritischen Faktoren wie der Transparenz und Nutzerfreundlichkeit der Systemarchitektur sowie weiteren Ideen zur Verbesserung des Lösungsmodells erwartet. Schließlich werden die Ergebnisse aus beiden Validierungsstrategien genutzt, um eine Überprüfung und Bewertung der Anforderungen an das Lösungsmodell vorzunehmen (Kapitel 6.4).

6.1 Aufbau des Demonstrators

Für den Demonstrator wurde sich an die Vorgaben aus Kapitel 5 zum Aufbau der Systemarchitektur gehalten. Für die Umsetzung des Demonstrators wurde die Programmiersprache Python[413] in der Version 3.8.5 aufgrund ihrer Einfachheit und hohen Verbreitung genutzt. Als Web Framework wurde Django[414] v.3.1.2. eingesetzt, als Programmierumgebung wurde Django mit der Erweiterung Django-Crisp-Forms

413 https://www.python.org/

414 https://www.djangoproject.com/

zur besseren Bearbeitung von Formen, Ein- und Ausgabefeldern auf der zu entwickelnden Webplattform genutzt. Darüber hinaus wurden weitere vorgefertigte Bibliotheken für Standardfunktionen wie das Auslesen von URLs, CSVs oder dem Systemdatum genutzt. Eine Übersicht der verwendeten Programmierumgebung sowie den genutzten Bibliotheken ist Tabelle 6-1 zu entnehmen. Aufgrund der Natur des Demonstrators wurde dieser nicht aktiv gehostet, sondern nur als lokale Version ausgeführt, da dadurch Kosten für das Hosting gespart werden konnten. Inhaltlich führte dies zu keinem Unterschied und kann daher für die folgenden Validierungen und Auswertungen vernachlässigt werden.

Tabelle 6-1: Übersicht der genutzten Programmierumgebungen und Bibliotheken

Python 3.8.5	Pathlib 1.0.1
Django 3.1.2	DateTime 4.3
Django-crispy-forms	Unicodecsv 0.14.1
Django-countries 7.2.1	Plotly 4.14.1
Beautifulsoup4 - 4.9.3	Numpy 1.19.4

Darüber hinaus wurden zur vereinfachten Websuche APIs angesteuert, um eine direkte Datenverbindung zu gewissen Datenbanken aufzubauen. Fokussiert wurden dabei Datenbanken aus denen eine Vielzahl von Daten in hoher Frequenz angefragt werden. Aus Kostengründen wurde für diesen Demonstrator nur auf kostenlose Schnittstellen bzw. befristet von den Anbietern kostenlos zur Verfügung gestellte APIs genutzt. Eine Übersicht der genutzten APIs sowie deren Versionen ist in Tabelle 6-2 abgebildet. Es sei an dieser Stelle angemerkt, dass keine aktive Schnittstelle zu Standortportalen aufgrund von hohen Kostanforderungen und Web Crawler Sperren umgesetzt werden konnte. Daher wurde für diese ein einmaliger Extrakt von 25 industriellen Standorten innerhalb von Deutschland vorgenommen. Diese 25 Standorte werden für den Demonstrator als feste Datenbasis genutzt. Dadurch reduziert sich die Anwendbarkeit besonders im Hinblick auf internationale Anwendbarkeit, erhöht jedoch die Validierbarkeit durch die Reduzierung einer Kernvariable.

Tabelle 6-2: Übersicht genutzte APIs

Wbdata 0.3.0	googlemaps 4.4.7
Mateomatics 2.2.1	

Die Benutzeroberfläche wurde einfach und übersichtlich strukturiert, mit dem Ziel, alle relevanten Nutzerinformationen und Schritte abzubilden. Die verschiedenen Nutzeroberflächen sind in Anhang 8.14 bis 8.20 dargestellt. Explizit sei an dieser Stelle darauf hingewiesen, dass keine optische sowie nutzerfokussierte Optimierung der Oberflächen stattgefunden hat. Daher können die Ergebnisse in Bezug auf die Nutzerfreundlichkeit und –übersichtlichkeit der Experten an dieser Stelle noch Verbesserungspotenzial aufzeigen. Das Verbesserungspotential wurde aufgrund einer anderen Fokussierung dieses Demonstrators in Kauf genommen und kann einfach durch professionelle UX-Designer in einer kommerziellen Umsetzung erreicht werden.

Bevor der Demonstrator im Einsatz mit Experten genutzt wurde, sind verschiedene Tests durchgeführt worden, um ein planmäßiges Verhalten sicherzustellen. Dabei wurde zum einen die korrekte Funktion der Web Crawler geprüft. Hierfür wurden zu drei verschiedenen Zeitpunkten alle Webinformationen manuell geprüft, um sicherzustellen, dass die richtigen Informationen sowie die korrekten Ausprägungen vom Demonstrator identifiziert und extrahiert wurden. Zum anderen wurde der Prozess mit mehreren wissenschaftlichen Mitarbeitern des WZL der RWTH Aachen testweise durchgegangen, um sowohl die grundlegende Verständlichkeit, als auch die korrekte Funktionsweise zu testen. Als letztes Testverfahren wurden alle möglichen Einstellungen dokumentiert und einzeln probiert und getestet. Alle beschriebenen Testverfahren wurden mindestens im Vier-Augen Prinzip durchgeführt, sodass menschliche Fehler im Rahmen der Validierung vermieden werden.

Für die Expertenvalidierungen wurde die Demonstratorentwicklung eingefroren, sodass alle Experten die gleiche Version erleben und bewerten konnten. Die im Rahmen der Interviews genannten Verbesserungen konnten daher nicht für nachfolgende Interviews umgesetzt werden und werden daher im Sinne eines Product Backlogs für zukünftige Entwicklungen gesammelt.

6.2 Kalkulationsbeispiel der Fuzzy-Logik-Berechnung

Zur Veranschaulichung und Validierung des Berechnungsprozesses wird an dieser Stelle ein Fallbeispiel aufgestellt und detailliert erläutert. Ziel ist, eine Prüfung des Vorgehens sowie im Speziellen der Berechnungen vorzunehmen, da dies im Softwaredemonstrator nur indirekt möglich ist. Aufgrund der hohen Komplexität werden an dieser Stelle Vereinfachungen vorgenommen. Es werden daher nur zwei Entscheidungsträger mit — in Summe vier — Standortfaktoren für zwei Standortalternativen bewertet.

Fallbeispiel

Ein Hightech-Unternehmen plant die Suche nach einem Standort für den Bau eines neuen Werks. Aus Supply Chain-Sicht wurde der Suchbereich für den zukünftigen Standort auf Deutschland, Österreich und die Schweiz eingegrenzt. Es wurde aufgrund der hohen Investitionssumme entschieden, dass ein neuer Standort mit einer Größe von 100.000 – 125.000 m² gekauft werden soll. Nach einer ersten Prüfung und Berücksichtigung des kritischen Attributs Verfügbarkeit von Fachkräften, werden zwei Alternativen A1 und A2 für die weitere Bewertung ausgewählt. Entscheidungsträger für den neuen Standort sind der zukünftige Werksleiter D1 sowie der Abteilungsleiter für Fabrikplanungsprojekte D2. In ihrer Bewertung möchten die beiden Entscheidungsträger fokussiert vier Standortfaktoren (C1-C4) berücksichtigen:

- Distanz zur Autobahn (C1),
- Verfügbarkeit von Fachkräften (C2),
- Stromkosten (C3) und
- Lohnkosten (C4).

Im Folgenden werden die verschiedenen Schritte des Lösungsmodells einzeln bearbeitet sowie die relevanten Informationen benannt bzw. Berechnungen vorgeführt.

Schritt 1: Bewertungsmodell initiieren

Zum Start muss das Bewertungsmodell initiiert werden. Für diesen Schritt müssen alle relevanten Informationen vorliegen sowie die strategische Entscheidung für die Suche eines Standorts getroffen sein. Da dies hier gegeben ist, kann das Bewertungsmodell gestartet werden.

Schritt 2: Anzahl der Entscheidungsträger bestimmen

Das Entscheidungsmodell muss zwei Entscheidungsträger berücksichtigen. In diesem Beispiel werden beide Entscheidungsträger gleichberechtigt behandelt. Daher wird die Gewichtung beider Entscheidungsträger auf jeweils 50 % festgelegt.

Schritt 3: Suchregion bzw. relevante Länder festlegen

Als Suchregion wurden auf Basis des Supply Chain-Designs Deutschland, Österreich und die Schweiz festgelegt.

Schritt 4: K.O.-Kriterien bestimmen

Auf Basis der Fallbeschreibung konnten die ersten drei K.O.-Kriterien beantwortet werden, jedoch wurden keine maximalen Kaufkosten festgelegt. Aufgrund des Hightechprodukts und die hochpräzisen Fertigungsverfahren ist eine Erdbebengefährdung nicht zulässig. Eine Flutgefahr soll mit technischen Mitteln verhindert werden, daher ist dieses als K.O.-Kriterium nicht relevant. Eine Gleisanbindung wird nicht benötigt. Eine Übersicht der K.O.-Kriterien ist in folgender Tabelle dargestellt.

Tabelle 6-3: K.O.-Kriterien für das Fallbeispiel

#	K.O.-Kriterium	Ausprägung
1	Greenfield und/oder Brownfield?	Greenfield
2	Mieten und/oder Kaufen?	Kaufen
	Maximale Kaufkosten?	Nicht gegeben
3	Benötigte Fläche?	100.000-125.000m²
4	Erdbebengefährdung zulässig?	Nein
	Flutgefahr zulässig?	Ja
5	Gleisanbindung benötigt?	Nein

Schritt 5: Nutzerpräferenzen festlegen

Die beiden Entscheider wurden unabhängig voneinander gebeten für die vier Standortfaktoren ihre Präferenzen auf einer Skala von sehr unwichtig bis sehr wichtig anzugeben.

Tabelle 6-4: Nutzerpräferenzen der Entscheider E_1 und E_2

Faktor	Beschreibung	E_1	E_2
C_1	Distanz zur Autobahn	Wichtig	Wichtig
C_2	Verfügbarkeit v. Fachkräften	Sehr Wichtig	Wichtig
C_3	Stromkosten	Wichtig	Sehr Wichtig
C_4	Lohnkosten	Unwichtig	Mittel

Schritt 6: Berechnung der aggregierten Fuzzy-Gewichte

In diesem Schritt werden die durch die Entscheider angegebenen Ausprägung mittels linguistischer Variablen in Fuzzy-Zahlen verrechnet. Dabei gilt die in Abbildung 5-12 dargestellte Transformationsregel:

$$\widetilde{G_j} = (I_1 \otimes \tilde{G}_{j1}) \oplus (I_2 \otimes \tilde{G}_{j2}) \oplus (\ldots) \oplus (I_t \otimes \tilde{G}_{jt}) \qquad (6\text{-}1)$$

In diesem Fallbeispiel handelt es sich um eine homogene Entscheidung bei der gilt $I_1 = I_2 = 0{,}5$. Daher folgt für C1 folgende spezifische Formel:

$$\begin{aligned}\widetilde{G_1} &= (I_1 \otimes \tilde{G}_{11}) \oplus (I_2 \otimes \tilde{G}_{12}) \\ &= (0{,}5 * 5) + (0{,}5 * 5) = 2{,}5 + 2{,}5 = 5\end{aligned} \qquad (6\text{-}2)$$

Analog werden für alle weiteren Standortfaktoren die entsprechenden aggregierten Fuzzy-Gewichte errechnet. Das Ergebnis der Multiplikation ist der in Formel (6-2) abgebildete Vektor für die aggregierten Fuzzy-Gewichte. Zur Übersicht wurden zusätzlich die Eingangsvariablen der Entscheidungsträger als Eingangsgröße in diese Berechnung angegeben.

Tabelle 6-5: Aggregierte Fuzzy-Gewichte der Standortfaktoren

Faktoren	Beschreibung	Entscheidungsträger								Agreggierte Fuzzy-Gewichte			
		$\tilde{G}_{11}$				$\tilde{G}_{12}$				$\tilde{G}_1$			
C_1	Distanz zur Autobahn	5	7	7	10	5	7	7	10	5	7	7	10
C_2	Verfügbarkeit v. Fachkräften	7	10	10	10	5	7	7	10	6	8,5	8,5	10
C_3	Stromkosten	5	7	7	10	7	10	10	10	6	8,5	8,5	10
C_4	Lohnkosten	0	3	3	5	2	5	5	8	1	4	4	6,5

Schritt 7: Defuzzifizierung der aggregierten Fuzzy-Gewichte

Die im vorherigen Schritt berechneten, aggregierten Fuzzy-Gewichte müssen im Anschluss defuzzifiziert werden. Dafür wird auf Formel (5-6) aus Kapitel 5.3.2. zurückgegriffen. Es wird die Distanzfunktion auf die aggregierten Fuzzy-Gewichte angewendet, sodass für C1 gilt:

$$\begin{aligned} d(\tilde{G}_{1,C_1}) &= \frac{1}{4} \times (a_1 + b_1 + c_1 + d_1) \\ &= \frac{1}{4} \times (5 + 7 + 7 + 10) \\ &= \frac{29}{4} = 7{,}25 \end{aligned} \qquad (6\text{-}3)$$

Analog zu dieser Berechnung werden die weiteren defuzzifizierten Werte für C2, C3 und C4 berechnet. Die Ergebnisse sind Tabelle 6-6 zu entnehmen.

Anschließend müssen die defuzzifizierten Werte auf den Wert 1 bzw. 100 % normiert werden. Dafür wurde die klassische Normierungsformel aus der Mathematik angewendet (siehe Formel (5-7). Für C1 ergibt sich für das Fallbeispiel:

$$G_1 = \frac{d(\tilde{G}_{1,C_1})}{\sum_{j=1}^{4} d(\widetilde{G_1})} = \frac{7{,}25}{27{,}625} = 0{,}2624 \qquad (6\text{-}4)$$

Die Werte für C2-C4 können analog berechnet werden und die Ergebnisse für das Fallbeispiel sind zusammen mit den defuzzifizierten Werten in Tabelle 6-6 dargestellt.

Tabelle 6-6: Defuzzifizierung und Normalisierung der Werte

	Faktoren				Summe
	C_1	C_2	C_3	C_4	
Defuzzifiziert	7,2500	8,2500	8,2500	3,8750	27,625
Normalsiert	0,2624	0,2986	0,2986	0,1403	1,0000

Schritt 8: Beschaffung aller relevanten Standortfaktoren

In diesem Schritt werden die Ausprägungen der Standortfaktoren mittels Web Technologien beschafft. Da dies im Rahmen dieses Fallbeispiels nicht automatisiert möglich ist, werden für die beiden Standortalternativen A1 und A2 sowie die vier Standortfaktoren C1 bis C4 die jeweiligen Ausprägungen in

Tabelle 6-7 angegeben.

Tabelle 6-7: Ausprägungen der Standortfaktoren je Standortalternative und transformierte linguistische Werte

Standort	C_1	C_2	C_3	C_4
	Distanz zur Autobahn	Verfügbarkeit v. Fachkräften	Stromkosten	Lohnkosten
A_1	3km	5,1%	25,11 ct/kWh	37,10 €/h
A_2	7km	9,9%	23,67 ct/kWh	40,30 €/h

Schritt 9: Bewertung der Ausprägungen der Standortfaktoren

Die Ausprägungen der Standortfaktoren müssen im nächsten Schritt zuerst in linguistische Variablen transformiert werden, damit diese in Fuzzy-Zahlen umgewandelt und verrechnet werden können. Grundlage dafür sind die in Anhang 8.7 angegebenen Skalentypen sowie die vorab definierten Skalen aus dieser Arbeit. Das Ergebnis dieser Transformation ist in Tabelle 6-8 ersichtlich.

Tabelle 6-8: In linguistische Variablen umgewandelte Standortfaktoren

Standort	C_1	C_2	C_3	C_4
	Distanz zur Autobahn	Verfügbarkeit v. Fachkräften	Stromkosten	Lohnkosten
A_1	G	G	M	G
A_2	S	SG	G&SG	S&M

Im nächsten Schritt müssen diese linguistischen Variablen in Fuzzy-Zahlen für jeden Standortfaktor umgerechnet werden. Dafür wird die in Abbildung 5-15 dargestellte Definition der linguistischen Variablen genutzt. Das Ergebnis ist der aufgebaute Fuzzy-Vektor je Variable C1, C2, C3 und C4 in Tabelle 6-9

Tabelle 6-9: Übersicht der Fuzzy-Ausprägungsvektoren je Standortfaktor

Alternativen	Faktoren															
	$\tilde{C}_1$				$\tilde{C}_2$				$\tilde{C}_3$				$\tilde{C}_4$			
A_1	60	80	80	100	60	80	80	100	30	50	50	70	60	80	100	100
A_2	0	20	20	40	80	100	100	100	60	80	100	100	15	20	50	70

Schritt 10: Konstruktion der Fuzzy-Rating-Matrix

Die Ergebnisse aus den Schritten 7 und 9 werden nun zu einer Fuzzy-Gewichtungsmatrix zusammengeführt. Dieser Schritt ist insbesondere bei der Betrachtung von vielen Standortfaktoren relevant, da in diesem Fall alle Standortfaktoren einzeln für alle verfügbaren Alternativen betrachtet werden. Die daraus entstehenden Einzelvektoren der Standortfaktoren für alle Standorte werden in diesem Schritt zu einer übergreifenden Matrix zusammengefasst. Es gilt Formel (6-6) aus Kapitel 5. Für das Fallbeispiel im Speziellen vereinfacht sich die Fuzzy-Gewichtungsmatrix zu:

$$\tilde{M} = \left\| \begin{bmatrix} \tilde{x}_{11} & \tilde{x}_{12} & \tilde{x}_{13} & \tilde{x}_{14} \\ \tilde{x}_{21} & \tilde{x}_{22} & \tilde{x}_{23} & \tilde{x}_{24} \end{bmatrix} \right\|, \quad \text{mit bspw. } x_{11} = (60, 80, 80, 100) \tag{6-5}$$

Dies entspricht in diesem speziellen Fall Tabelle 6-9.

Schritt 11: Berechnung des Standortrankings

Im letzten Schritt wird die Fuzzy-Gewichtungsmatrix mit der Fuzzy-Ratingmatrix multipliziert. In diesem Schritt werden somit Nutzerpräferenzen und Standortfaktorausprägungen zusammengebracht und ein Faktor je Standort erzeugt. Dafür gilt die bereits bekannte Formel (5-12):

$$\tilde{F} = \tilde{M} \otimes G^T = \left[\begin{bmatrix} \tilde{x}_{11} & \cdots & \tilde{x}_{1n} \\ \vdots & \ddots & \vdots \\ \tilde{x}_{h1} & \cdots & \tilde{x}_{hn} \end{bmatrix}\right] \otimes \begin{bmatrix} G_1 \\ \cdots \\ G_n \end{bmatrix} = \begin{bmatrix} \tilde{f}_1 \\ \cdots \\ \tilde{f}_h \end{bmatrix} \qquad (6\text{-}6)$$

Dabei entspricht $\tilde{M}$ der Fuzzy-Gewichtungsmatrix aus Schritt 10 und G^Tist der transformierte Gewichtungsvektor aus Schritt 7. Nach Berechnung der Matrix-Vektor-Multiplikation ergibt sich der Fuzzy-Score-Vektor $\tilde{F}$ zu:

Tabelle 6-10: Berechneter Fuzzy-Score-Vektor

Alternativen	Fuzzy-Score Vektor $\tilde{F}$			
A_1	55,104	86,594	92,566	51,911
A_2	36,736	65,692	80,622	43,493

Anschließend muss der so berechnete Vektor defuzzifiziert werden, um ein Standortranking extrahieren zu können. Dafür wird abermals auf die Distanzfunktion aus Formel (5-7) zurückgegriffen. In diesem Fall ergeben sich die defuzzifierten und somit finale, harte Werte für die beiden Standortalternativen:

- Alternative A1: 71,544
- Alternative A2: 56,636

Eine anschließende Sortierung nach Größe ergibt das Standortranking. Somit ist als Ergebnis dieses Fallbeispiels Alternative A1 gegenüber Alternative A2 zu bevorzugen.

6.3 Expertenvalidierung des Lösungsmodells am Beispiel des Demonstrators

Zur Validierung des mit dem Softwaredemonstrator umgesetzten Lösungsmodells wurde neben einer dedizierten Studie der Ergebnisse des Softwaredemonstrators zusätzlich eine weitere Studie mit Experten aus dem Fachgebiet der Fabrikplanung vorgenommen. Dafür wurde auf den gleichen Expertenkreis zurückgegriffen, welcher bereits zur Validierung des Forschungsbedarf aus Kapitel 1.1 und der Konzipierung der Nutzerprofile aus Kapitel 5.4 genutzt wurde. Dadurch konnte zum einen eine durchgehend konsistente Expertenmeinung und zum anderen eine vollumfängliche Betrachtung der Fragestellung erreicht werden, da diese Experten in mehreren Synchronisationspunkten in die Entwicklung und Validierung des Lösungsmodells eingebunden waren.

Ähnlich wie bereits in der vorangegangenen Studie zu Nutzerprofilen, haben alle Experten langjährige Erfahrung mit der Standortplanung, da sie in einen oder mehrere Standortplanungsprozesse eingebunden waren. Gleichwohl sei an dieser Stelle noch einmal hervorgehoben, dass die Experten aus verschiedenen Branchen stammen, verschiedene Ansätze der Standortplanung bereits genutzt haben sowie verschiedenen Alters sind und somit verschiedene Erfahrungsstufen vorweisen. Dadurch kann eine Unvoreingenommenheit der Experten angenommen werden sowie eine hohe Reflexion durch Breite theoretische und praktische Kenntnisse der Experten erreicht werden. Hervorzuheben ist zusätzlich, dass zwei Experten entweder in oder gerade mit einer Standortplanung fertig geworden sind. Die Studie wurde als ca. 60-minütiges Online Interview mit jeweils einem Experten durchgeführt. Das Interview wurde in drei Abschnitten gegliedert.

Der erste Abschnitt behandelt eine kurzfristige Einführung zum aktuellen Stand der Forschungsarbeit. In groben Zügen wurde das Lösungsmodell erläutert sowie das Ziel und die damit verknüpften Fragen für die Experten vorgestellt. Als Ziel der Studie wurde die Validierung der in Kapitel 4.1 aufgestellten Anforderungen definiert, wobei ein besonderer Fokus auf die nutzergetriebenen Anforderungen im Rahmen der Expertenstudie gelegt wurde (siehe

Abbildung 6-1), welche nicht bereits durch die Erstellung des Softwaredemonstrators geprüft werden konnten.

Anforderungen aus der Systemtheorie	
• Empirisch Korrektheit des Lösungsmodells (ähnlich)	Studie
• Formale Richtigkeit des Lösungsmodells (widerspruchsfrei)	Dem.
• Hohe Produktivität der Lösung (produktiv)	Dem.
• Gute Handhabbarkeit für den Nutzer (nutzerfreundlich)	Studie
• Geringer Aufwand in der Umsetzung (kostengünstig)	Dem.
Anforderungen aus dem Anwendungskontext	
• Transparenz über den Lösungsweg	Studie
• Anpassbarkeit der Gewichtungen sowie der Entscheidungsvariablen durch die Nutzer	Dem.
• Integration mehrere Nutzer für eine Standortentscheidung	Theo.
• Aktualität und Seriosität der Quellen	Theo.
• Umgang mit unsicheren und fehlenden Informationen	Dem.

Dem= Demonstrator, Theo. = Theoretische Validierung, Studie = Expertenstudie

Abbildung 6-1: Validierungsmethoden des Lösungsmodells

Zur Validierung der vier Anforderungen Korrektheit, Produktivität, Nutzerfreundlichkeit und Transparenz wurden zwei Aufgaben mit den Experten bearbeitet. Als erste Aufgabe wurden die Experten gebeten, eine manuelle Standortauswahl aus drei verschiedenen Standorten vorzunehmen. Genauer formuliert, lautet die Aufgabenstellung: „Stellen Sie sich vor, dass Sie die im folgenden gezeigten Standorte für Ihr Unternehmen zur Auswahl haben. Gesucht wird ein kleiner Produktionsstandort mit 4000 m^2 Produktionsfläche für einen neuen Standort in Deutschland. Nutzen Sie dafür die angegebenen Parameter und ordnen Sie die Standorte in der für Sie korrekten Präferenzreihenfolge an.“ Dazu wurden die 29 Standortfaktoren, welche auch im Softwaredemonstrator implementiert sind, den Experten tabellarisch zur Verfügung gestellt. Mit diesen Informationen wurden die Experten gebeten eine Bewertung der drei Standorte abzugeben. Ziel dieser Aufgabe ist, die Validierung der Korrektheit der Ergebnisse zwischen manueller und automatischer Planung. Da alle Ausgangsdaten auch im Softwaredemonstrator verarbeitet werden, kann somit validiert werden, dass das Lösungsmodell gleiche Ergebnisse, wie eine manuelle Entscheidungsfindung hervorbringt.

Als zweite Aufgabe wurde der Experte schrittweise durch den Demonstrator geleitet. Leider war es aufgrund technischer Gegebenheiten nicht möglich, dass der Experte den Softwaredemonstrator selbst bedient. Als Testfall wurde die gleiche Fragestellung aus Aufgabe 1 bearbeitet. Anschließend wurden den Experten drei Fragen gestellt:

- Wie hoch würden Sie den Aufwand der Standortsuche mit dem Softwaredemonstrator im Vergleich zur manuellen Standortauswahl bewerten? [Skala 1-5: 1= minimaler Aufwand, 5 = gleich hoher Aufwand, wie bei einer manuellen Standortsuche]
- Wie nutzerfreundlich fanden Sie den vorgestellten Softwaredemonstrator? War die Nutzung des Softwaredemonstrators für Sie einfach und intuitiv möglich? [Skala 1-5: 1= sehr geringe Nutzerfreundlichkeit, 5 = sehr hohe Nutzerfreundlichkeit]
- Wie bewerten Sie die Transparenz des Softwaredemonstrators über den Entscheidungsprozess? [Skala 1-5: 1 = sehr geringe Transparenz, 5 = sehr hohe Transparenz]

Der vollständige Aufbau der Studie ist im Anhang 8.13 zu finden. Die Ergebnisse der Studie sowie den daraus folgenden Rückschluss auf die Anforderungen aus Kapitel 4.1 werden im folgenden Kapitel analysiert.

6.4 Abgleich und Bewertung der Validierungsergebnisse mit den Anforderungen an das Lösungsmodell

Folgend werden die Anforderungen aus Kapitel 4.1. aufgegriffen und hinsichtlich ihres Erfüllungsgrads durch das Lösungsmodell bewertet. Dafür werden sowohl die Erkenntnisse durch den Aufbau des Softwaredemonstrators aus Kapitel 6.1, als auch die Ergebnisse der Expertenstudie aus Kapitel 5.4 herangezogen. Zur besseren Übersicht werden die Anforderungen in der gleichen Reihenfolge abgearbeitet, wie sie in Kapitel 4.1 vorgestellt wurden. Abschließend fasst Abbildung 6-2 den Erfüllungsgrad visuell zusammen.

Empirische Korrektheit des Ergebnisses

Die empirische Korrektheit ist eine grundlegende Anforderung aus der Systemtheorie, welche sicherstellt, dass das Ergebnis des Lösungsmodells zu Ergebnissen eines konventionellen Auswahlprozesses passt. Der Nachweis für diesen Punkt ist aufgrund der hohen Anzahl an Variablen sowie der Individualität des Planungsprozesses nicht trivial. Für den in Kapitel 6.3 vorgestellten Use Case konnten trotzdem verwertbare Ergebnisse erzeugt werden. Von den drei ausgewählten und den Experten präsentierten Standorten (siehe Anhang 8.13 Frage 1) wählten alle Experten Standort 2 als präferierten Standort, gefolgt von Standort 1. Jedoch führten alle Experten an, dass der Unterschied zwischen beiden Standorten sehr gering sei und eine tiefergehende regionale Analyse sowie lokale Bewertung für eine finale Entscheidung notwendig wäre. Standort 3 wurde von allen Experten als Präferenz 3 gewählt bzw. sogar aktiv ausgeschlossen, da die Größe des Standorts nicht ausreichend für die Umsetzung der geforderten Produktion ist. Im Softwaredemonstrator wurde in allen Interviews Standort 3 nicht als relevanter Standort angezeigt, da dieser durch die gesetzte Quadratmeteranforderung im Bereich der K.O.-Kriterien ausgeschlossen wurde. Die anderen beiden Standorte waren in allen Ergebnisanzeigen vertreten. Jedoch war in allen bis auf einem Interview Standort 1 mit einem höheren Fuzzy-Score bewertet als Standort 2. Dies überrascht nicht, da ein wesentliches Entscheidungskriterium der Experten die Standortgröße und die damit korrelierenden Kosten waren. Daher muss an dieser Stelle festgestellt werden, dass die empirische Korrektheit noch nicht gegeben ist.

Durch eine Integration einer neuen Variablen, der angestrebten Standortgröße in m^2, welche durch den Nutzer im Bereich der K.O.-Kriteriendefinition angegeben werden muss, konnte dieses Problem gelöst werden. Durch dieses Kriterium werden Standorte, welche zu groß sind, abgewertet und eine Spezifizierung nach der notwendigen Größe für den Planer wird erreicht. Darüber hinaus wird empfohlen, die Abgrenzung der Standortfläche, welche aktuell im Lösungsmodell nur durch eine Schranke nach unten, der minimalen Grundstücksfläche begrenzt wird, mit einer weiteren Schranke nach oben, der maximalen Grundstücksfläche, zu erweitern. Somit kann eine Skalierung des neuen Faktors angestrebte Grundstücksfläche entweder über eine Linearisierung der durch den Nutzer angegebenen Grenzen oder über eine dynamische Skalierung über alle verfügbaren Standortinserate erfolgen. In diesem Fall wird die Linearisierung jedoch zu besseren Ergebnissen führen, da besonders bei gesuchten Grundstücken mit kleiner Fläche ohne eine Begrenzung nach oben, große Grundstücke die Skalierung vergrößern und eine Abgrenzung der für den Nutzer relevanten Inserate nicht mehr möglich ist. Der zusätzliche manuelle Aufwand für den Planer sollte im Sinne der empirischen Korrektheit in Kauf genommen werden. Darüber hinaus wird für eine zukünftige Umsetzung empfohlen, die Miet- bzw. Grundstückskosten als Kostensatz — z. B. €/m² — umzurechnen. Zum einen wird dadurch auch die indirekte Beteiligung die Grundstücksfläche aus diesem Faktor entfernt und zum anderen kann eine Skalierung zusätzlich über lokale Kostensätze, falls vorhanden. Diese würden dem Nutzer in der Auswertung zusätzlich helfen, die Qualität der angezeigten Lösung einzuschätzen, da Kosten erfahrungsweise für alle Planer der essenziellste Standortfaktor ist.

Eine exemplarische Umsetzung im Softwaredemonstrator hat sich als erfolgreich erwiesen. Daher kann die anfänglich mangelnde empirische Korrektheit durch einfache Maßnahmen korrigiert werden. Darüber hinaus haben alle Experten übereinstimmend wiedergegeben, dass bereits die Ergebnisse ohne Korrektur einen Mehrwert für Planer darstellen und genutzt werden können, da aufgrund des hohen Individualisierungs-grades und der Tragweite der Entscheidung alle Varianten betrachtet und hinterfragt werden. Trotzdem kann besonders bei mehrmaliger Nutzung bei guter empirischer Korrektheit und hoher Ergebniskorrelation zu manuellen Planungen, das Vertrauen in das Lösungsmodell nachhaltig gesteigert und somit auch der vom Planer eingesetzte Aufwand reduziert werden.

Formale Richtigkeit

Die formale Richtigkeit ist eine essenzielle Grundanforderung an sowohl das Lösungsmodell, als auch im speziellen an den Softwaredemonstrator. Die formale Richtigkeit der Berechnungslogik des Lösungsmodells wurde in Kapitel 6.2 bereits nachgewiesen.

Darüber hinaus wurden mit dem Softwaredemonstrator Funktionstests aller Einzelkomponenten zur Validierung der korrekten Funktionsweise durchgeführt. Alle Funktionen haben sich im Rahmen der Erwartungen verhalten und korrekte Ergebnisse geliefert. Besonders die Ergebnisse der WebCrawler und APIs wurden durch manuelle Einzelprüfung validiert.

Als dritter Prüfschritt wurden verschiedene Testdaten, analog dem Fallbeispiel in Kapitel 6.2, erzeugt. Diese Testdaten wurden manuell mittels MS Excel dokumentiert und in den Softwaredemonstrator eingelesen. Aufgrund der aufbereiteten Daten und der somit vorhersehbaren Ergebnisse konnte zum einen geprüft werden, ob korrekte Standortempfehlungen durch den Softwaredemonstrator berechnet werden. Darüber hinaus konnte mittels einer manuell durchgeführten Sensitivitätsanalyse geprüft werden, ob bei Veränderung der Nutzerpräferenzen zu einer korrekt erwartbaren Änderung des Standortrankings führt.

Im Rahmen dieser drei Testschritte ist kein Widerspruch der Berechnungslogik, im Aufbau oder der Programmierung des Softwaredemonstrators aufgetreten. Somit kann die formale Richtigkeit angenommen werden.

Hohe Produktivität der Lösung

Ziel dieser Anforderung war die signifikante Verbesserung der Standortauswahl sowie Entscheidungssituation. Die Experten haben im Rahmen der Studie dem Softwaredemonstrator auf einer Skala von eins, sehr hohe Produktivität, zu fünf, gleich große Produktivität wie eine manuelle Planung, im Mittelwert eine 2,0 gegeben. Grund für diese Wertung war die geführte Eingabe und die schnelle Anpassbarkeit, welche eine schnelle Prüfung und Validierung der Ergebnisse ermöglicht sowie die Aufhebung der Heuristifizierung der manuellen Planung. Mithilfe einer Rückfrage konnte die Wertung auf einen Wert von 1,375 verbessert werden, wenn eine große Anzahl an Standortinseraten in das Lösungsmodell eingebunden werden können. Wie bereits in Kapitel 6.1 beschrieben, konnte nur eine eingeschränkte Anzahl an Standortinseraten aufgrund von Restriktionen der Anbieter eingebunden werden. Um eine hohe Produktivität zu erreichen und den Nachteil einer heuristischen Planung zu entgehen, müssen verschiedene Wege wie Kooperationen, Kauf von Inseraten oder einer eigenen Inseratsammlung genutzt werden, um die Verfügbarkeit von einer maximalen Anzahl an Standortinseraten sicherzustellen. Von einem Experten wurde an dieser Stelle das Pareto-Prinzip angeführt, welches in diesem Falle besagt, dass 80 % aller Inserate im Lösungsmodell abgebildet sein sollten, um eine hohe Produktivität und damit Aussagekraft zu erreichen. Final kann somit festgehalten werden, dass das Lösungsmodell eine hohe Produktivität verspricht, jedoch in der Umsetzung kritische Erfolgsfaktoren beachtet werden müssen. Darüber hinaus wurde durch die Experten die starke Führung des Nutzers durch die gezielte Abfrage nach Kriterien als produktivitätssteigernd erwähnt. Einzig bei der Auswahl der Standortpräferenzen fühlten sich alle Experten weiterhin verpflichtet, alle einzelnen Präferenzoptionen individuell zu prüfen. Eine Reduzierung auf die relevanten Kriterien für ein spezifisches Profil wie die Mitarbeiterverfügbarkeit, Gehaltskosten etc. wurde als hilfreich angesehen. Auch eine durch den Nutzer mögliche direkte Reduzierung sowie eine nachhaltige Speicherung der Präferenzen wurde gewünscht. Letzteres benötigt eine individuelle Nutzerauthentifizierung, welche technisch und organisatorisch möglich ist, jedoch nicht zwingend sein sollte, um keine unnötigen Hürden aufzubauen.

Schlussendlich wurde im Rahmen der Validierung eine hohe Produktivität für das Lösungsmodell festgestellt. Somit kann diese Anforderung als erfüllt angesehen werden.

Gute Handhabbarkeit für den Nutzer

Besonders die intuitive und einfache Handhabbarkeit für den Planer ist ein essenzielles Kriterium, welches die spätere Umsetzung und den Erfolg des Lösungsmodells beeinflusst. Nur wenn der Mensch gerne mit der Umsetzung des Lösungsmodells arbeitet, kann durch dieses effektiv ein Mehrwert geschaffen werden. Daher ist neben der Schaffung eines inhaltlichen Mehrwerts, eine geringe Eintrittshürde zu schaffen. Diese wurde in der Umsetzung des Softwaredemonstrators sowie mit der Implementierung von speziellen Vereinfachungen für den Nutzer — z. B. den Nutzerprofilen — besonders berücksichtigt. Daher wurde im Rahmen der Expertenstudie dieses Kriterium mit 4,25 von 5 Punkten durch die Experten auf einer Skala von eins, kompliziert und nicht intuitiv nutzbar, bis fünf, einfach und intuitiv nutzbar, bewertet. Erläuterungstexte, ein kleinschrittiges Vorgehen sowie vorgefertigte Informationspakete wurden im Demonstrator explizit positiv hervorgehoben. Jedoch wurde angemerkt, dass in einer industriellen Umsetzung besonders im Bereich der Präferenzbestimmung sowie der K.O.-Kriterien Referenzwerte und eine stärkere Visualisierung hilfreich wäre. Zukünftiger Fokus zur Verbesserung der Handhabbarkeit sollte weiterhin auf den Bereich der Präferenzbestimmung gesetzt werden, da dieser aufgrund der Anzahl an Faktoren die höchste Komplexität liegt. Darüber hinaus könnten (branchenspezifische) Referenzwerte für die K.O.-Kriterien z. B. zur Erdbebengefährdung besonders für wenig erfahrene Nutzer hilfreich sein. Schlussendlich sind adäquate Analysewerkzeuge, welche nicht Bestandteil des Demonstrators waren, zu ergänzen.

In Summe kann jedoch festgestellt werden, dass eine initial gute Handhabbarkeit des Lösungsmodells vorliegt.

Geringer Aufwand

Der Aufwand der Erstellung des Softwaredemonstrators hat gezeigt, dass durch die hohe Standardisierung von heutigen Programmiersprachen, eine Umsetzung mit geringem Aufwand möglich ist. Besonders für das Frontend können bereits vorgefertigte Masken und Elemente sowie im Backend bestehende Datenbanken genutzt werden. Im Fall von Quellen mit einer bestehenden Anwenderschnittstelle (API) konnten auch diese mit geringem Aufwand integriert werden. Einzig die initiale Identifizierung der richtigen Information für den Anwendungskontext bedarf einem hohen Initialaufwand. Darüber hinaus wird schnell klar, dass der Aufwand stark mit der Anzahl der integrierten Datenbanken im Backend skaliert. Der Zielwert von 125 Standortfaktoren, welche vom VDI Fachausschuss identifiziert wurden, muss aufgrund von mangelnden Quellen mit vollständig internationalen Informationen sowie dem Wunsch nach regionalen und nicht nur nationalen Informationen durch verschiedenste Datenbanken beschafft werden. Somit ist an dieser Stelle ein mehrstufiges Vorgehen, analog zum Aufbau des Softwaredemonstrators anzustreben. So kann ein geringer initialer Aufwand erreicht werden, welcher kontinuierlich mit Wartungs- und Erweiterungsarbeiten fortgeführt werden.

Daher kann an dieser Stelle festgehalten werden, dass der Aufwand dem Nutzen aktuell positiv gegenübersteht, jedoch durch eine Erweiterung der Standortfaktoren und weiterer Funktionen wachsen wird. Daher sollte zum einen versucht werden, bei der Umsetzung bestehende Vorlagen, Schnittstellen etc. zu nutzen, als auch eine Anwendung des Pareto-Prinzips in der Integration von Quellen und Parametern zu berücksichtigen, da eine Beschaffung von allen notwendigen Informationen für die Gesamtheit der verfügbaren Standortoptionen nicht realistisch und sinnvoll ist.

Somit muss an dieser Stelle festgehalten werden, dass die Anforderung nach einem geringen Aufwand nur teilweise als erfüllt angesehen werden kann, da besonders zum Erreichen einer hohen Güte und einer hohen Produktivität ein hoher Aufwand in den Anschluss verschiedener Daten- und Standortquellen gesteckt werden muss. Jedoch ist im Vergleich zum Erfüllungsgrad der anderen Anforderungen aus der Systemtheorie diese eingeschränkte Erfüllung im Sinne von PATZAK als ausreichend hinzunehmen.

Transparenz des Lösungswegs

Ein hohes Maß an Transparenz des Lösungswegs war eine der Kernanforderungen an das Lösungsmodell. Jedoch ist dieses Ziel besonders durch die Auswahl eines komplexen Entscheidungsverfahrens, der Fuzzy-Logik, verkompliziert wurden. Obgleich im Rahmen der Expertenstudie ein Wert von 4,00 Punkten auf einer Skala von eins, keiner Transparenz, und fünf, sehr hohe Transparenz, erreicht. Die Experten erklärten, dass aufgrund der Aufteilung der Informationseingabe in mehrere abgetrennte Schritte eine Nachvollziehbarkeit der genutzten Informationen gegeben war. Weiterhin begrüßten alle Experten die Möglichkeit zur — auch nachträglichen — Anpassbarkeit vieler Werte, welche eine Transparenz durch Adaption für den Nutzer ermöglicht. Gleichzeitig wurde der Ansatz der Präsentation von berechneten Einzelwerten (siehe Anhang 8.19) von Eingaben und Ausgaben sehr positiv aufgenommen. Eine Erweiterung auf alle genutzten Werte sowie der Möglichkeit zur

Sortierung und Analyse bspw. mittels Nutzwertanalyse sollten das Transparenzlevel weiter erhöhen. Diese Punkte sind bereits im Lösungsmodell enthalten und konnten nur im Rahmen des Softwaredemonstrators nicht umgesetzt werden. Weiterhin haben sich die Experten dafür ausgesprochen, eine Visualisierung des Lösungsmodells, besonders der nicht jedem Planer bekannten Fuzzy-Logik sowie der genutzten Informationsquellen optional zu ermöglichen. Anbieten würde sich eine statische oder interaktive Darstellung während der Berechnungszeit im Anschluss an die manuelle Eingabe. Darüber hinaus wurden keine Verbesserungsmöglichkeiten durch die Experten angesprochen.

Als Fazit kann daher festgehalten werden, dass das Lösungsmodell ein hohes Maß an Transparenz erzeugt, welches ausreicht, um Nutzer von den Ergebnissen des Lösungsmodells zu überzeugen. Weitere Maßnahmen können und sollten betrachtet werden, um eine nachhaltig hohe Transparenz und Akzeptanz sicherzustellen.

Anpassbarkeit durch Nutzer

Die Standortplanung ist ein Planungsschritt mit vielen offenen Variablen und Unbekannten. Aus diesem Grund ist der Planungs- und Entscheidungsprozess auch als explorativer Prozess anzusehen. Dies bedeutet für das Lösungsmodell, dass eine Veränderung so vieler Parameter wie möglich durch den Planer ermöglicht werden sollte. Der Softwaredemonstrator hat gezeigt, dass dies in allen Schritten möglich ist. Jedoch muss an dieser Stelle angemerkt werden, dass eine Veränderung der relevanten Regionen, dem ersten Auswahlschritt, einem Neustart des Lösungsmodells gleichkommt. Alle weiteren manuellen Eingaben, Anzahl Entscheider, K.O.-Kriterien und Präferenzen können jederzeit durch den Nutzer geändert werden. Im Rahmen des Lösungsmodells ist dies entweder durch ein zurückgehen in den durchgeführten Teilschritten oder einer Anpassung im Ergebnisfenster möglich. Im Softwaredemonstrator wurde die Anpassbarkeit durch die Experten in verschiedensten Varianten ausprobiert und für gut befunden. Besonders die erstellten Nutzerprofile wurden als hilfreich angesehen, da diese den Nutzer entlasten, jedoch weiterhin eine hohe Anpassbarkeit ermöglichen. Festzuhalten ist, dass aufgrund der gewählten Berechnungslogik, der Fuzzy-Logik, eine teilweise oder sogar vollständige Neuberechnung notwendig ist. Abhängig der Änderungen müssen entweder die Fuzzy-Gewichtungsmatrix und/oder die Fuzzy-Ratingmatrix neu berechnet werden. In jedem Fall muss das Standortranking neu erstellt werden. Um eine geringe Wartezeit für den Nutzer zu ermöglichen, sollten an dieser Stelle nur notwendige Berechnungen durchgeführt werden.

Trotzdem kann zusammenfassend festgestellt werden, dass eine hohe Anpassbarkeit im Rahmen des Lösungsmodells umgesetzt wurde und somit diese Anforderung als erfüllt angesehen werden kann.

Multi-Nutzerintegration

Die Anforderung, mehrerer Nutzer zu integrieren, basiert auf den Erfahrungen industrieller Standortsuchen, in denen eine Person oder ein Team hauptverantwortlich für den Auswahlprozess ist. Darüber hinaus sind diverse Entscheidungsträger in den Prozess eingebunden. Dieser Sachverhalt wurde im Rahmen des Lösungsmodells beachtet und abgedeckt. Dies betrifft im Besonderen die gemeinsame Bestimmung der Nutzerpräferenzen. Jedoch bedingt die Implementierung eines Multi-Nutzerprozesses zum einen die Möglichkeit einen Hauptnutzer zu bestimmen, welcher weitere Nutzer zu einem gemeinsamen Entscheidungsprozess einlädt, zum anderen eine Verarbeitung der Eingabedaten mehrerer Nutzer. Ersteres bedingt eine Indizierung und Speicherung eines Suchprozesses, womit dieser aufgerufen und nachträglich bearbeitet werden kann. Darüber hinaus wäre das Einrichten eines Nutzeraccounts hilfreich, um ein aktives Management von Standortsuchen und jeweils eingeladenen Nutzern zu ermöglichen. Diese Funktionalität ist unabhängig vom eigentlichen Lösungsmodells und kann als heutiger, industrieller Standort problemlos integriert werden. Eine Einladung zu einer Suche via E-Mail und Direktlink kann bei entsprechenden Vorarbeiten erfolgen. Die zweite Voraussetzung, die Implementierung mehrerer Nutzer in die Fuzzy-Berechnungslogik, wurde bereits im Rahmen des Lösungsmodell, siehe Kapitel 5.3.2 Teilschritt 2, umgesetzt. Eine mathematische Validierung dieses Schrittes wurde im Rahmen dieser Forschungsarbeit mithilfe einer adaptierten Version des Softwaredemonstrators erfolgreich umgesetzt.

Somit kann diese Anforderung als theoretisch möglich und umgesetzt im Rahmen des Bewertungsmodells betrachtet werden.

Aktualität und Seriosität der Informationen sowie Umgang mit unsichereren Daten und fehlenden Daten

Die Aktualität und Seriosität der genutzten Informationen ist maßgeblich für die Ergebnisqualität. Im Fall dieser Forschungsarbeit wurde dies durch die Auswahl der seriösen und hochqualitativen Quellen, z. B. der Weltbank oder der Yale University, erfolgreich umgesetzt. Dies ist zwar nicht generisch für alle Umsetzungen dieses Lösungsmodells möglich und wird im Rahmen des Betriebs und der Wartung einer Umsetzung des Lösungsmodells zukünftig möglich sein. Dabei stellt das vorgestellte Lösungsmodell zum einen die Relevanz einer hohen Seriosität, als auch gute Beispiele für mögliche Quellen vor. Eine hohe Aktualität der Informationen konnte durch einen aktiven Abruf aller Informationen durch APIs oder Web Crawler sichergestellt bzw. auf die Aktualität der Quelle erhöht werden.

Der Umgang mit unvollständigen, fehlenden oder unsicheren Informationen wurde durch das Konzept der Penalty Costs (siehe Kapitel 5.3.2 Teilschritt 9) berücksichtigt. Mithilfe dessen können im Falle fehlender Informationen für einen Standort weiterhin Ergebnisse berechnet und dem Nutzer transparent zur Verfügung gestellt werden. Weiterhin ist durch manuelle Eingabe bzw. spätere Aktualisierung der fehlenden oder unsicheren Information eine Kompensation der Penalty Costs möglich.

Diese Funktion wurde nicht im Rahmen des Demonstrators aufgrund der regionalen Beschränkung auf Deutschland sowie einer reduzierten Anzahl an Faktoren umgesetzt. Dennoch ist das Konzept hinreichend beschrieben und durch andere Anwendungen z. B. im Bereich der Lieferantenauswahl technisch validiert. Daher wird diese Anforderung an das Lösungsmodell für diese Forschungsarbeit als umgesetzt angesehen.

Anforderungen aus der Systemtheorie	
• Empirisch Korrektheit des Lösungsmodells (ähnlich)	(✓)
• Formale Richtigkeit des Lösungsmodells (widerspruchsfrei)	✓
• Hohe Produktivität der Lösung (produktiv)	✓
• Gute Handhabbarkeit für den Nutzer (nutzerfreundlich)	✓
• Geringer Aufwand in der Umsetzung (kostengünstig)	(✓)
Anforderungen aus dem Anwendungskontext	
• Transparenz über den Lösungsweg	✓
• Anpassbarkeit der Gewichtungen sowie der Entscheidungsvariablen durch die Nutzer	✓
• Integration mehrere Nutzer für eine Standortentscheidung	✓
• Aktualität und Seriosität der Quellen	(✓)
• Umgang mit unsicheren und fehlenden Informationen	✓

✓ Vollständig erfüllt (✓) Teilweise erfüllt ✖ Nicht erfüllt

Abbildung 6-2: Übersicht des Erfüllungsgrads der Anforderungen an das Lösungsmodell

Soll nun ein übergreifendes Fazit über die Validierung gezogen werden, kann festgehalten werden, dass das Lösungsmodell einen hohen Erfüllungsgrad der an sie gestellten Anforderungen erreicht. Keine Anforderung wird nicht erfüllt und nur drei Anforderungen werden teilweise erfüllt. Die empirische Korrektheit kann erst nach einer Anpassung der Berechnungsfaktoren sowie einer Veränderung der Größenabfrage als erfüllt angesehen werden. Dies ist als einziger kritischer Punkt im Rahmen der Validierung anzusehen.

Die nur teilweise Erfüllung im Rahmen der Umsetzung kann als teilweise erwartetet akzeptiert werden und spiegelt die Möglichkeit wider, nahezu endlos nach weiteren, besseren oder aktuelleren Quellen zu suchen und diese an das Lösungsmodell anzuschließen. Daher kann kein wirkliches Ende der Umsetzung des Lösungsmodells definiert werden. Trotzde, hat der Softwaredemonstrator in besonderer Weise nachweisen können, dass eine erste funktionierende Umsetzung im Sinne eines Minimal Viable Products (MVP) möglich ist.

Die letzte nur teilweise erfüllte Anforderung nach aktuellen und seriösen Quellen kann theoretisch für diese Forschungsarbeit als erfüllt angesehen werden, ist jedoch vollständig von der spezifischen Identifikation und Auswahl von Quellen durch einen späteren Umsetzer abhängig. Eine Qualitätskontrolle oder Absicherung durch das Lösungsmodell selbst ist nicht möglich und kann daher maximal durch den späteren Nutzer erfolgen. Daher ist an dieser Stelle eine Verknüpfung mit dem Kriterium der Transparenz sinnvoll, welche im Falle dieser Forschungsarbeit als hoch eingestuft wurde. Daher ist jedoch an dieser Stelle nochmals zu empfehlen, große Sorgfalt und auch einen nicht zu vernachlässigenden zeitlichen Aufwand in die Auswahl der Quellen zu investieren. Diese Arbeit bildet hierfür einen guten Ausgangspunkt und verweist an mehreren Stellen auf staatliche und überstaatliche Quellen wie die Weltbank, welche auch zukünftig als Quellen genutzt werden können.

Daher kann final das Fazit gezogen werden, dass die Validierung des Lösungsmodells erfolgreich sowie positiv abgeschlossen werden kann. Anschließend soll jedoch das gesamte Forschungsvorgehen kritisch reflektiert sowie ein kurzer Ausblick über weiteren Forschungsbedarf, welcher im Rahmen dieser Arbeit identifiziert wurde, gegeben werden.

7 Zusammenfassung und Ausblick

Die Standortplanung ist die strategische Komponente einer jeden Fabrikneuplanung und entscheidet über den wirtschaftlichen Erfolg des Standorts, teilweise sogar des Unternehmens, für die nächsten 20 bis 30 Jahre. Wichtigste Ressource in diesem Zusammenhang sind Informationen, welche zur Identifikation und Auswahl von potenziellen Standorten benötigt werden. Eine Studie zeigt, dass Planer im Durchschnitt einen Großteil ihrer Arbeitszeit aufwenden diese Informationen zu suchen, zu beschaffen und daher nur zu einem geringen Maß Zeit der Analyse und Verarbeitung im Sinne des Planens, ihrer eigentlichen Aufgabe, widmen. Neue und innovative IKT-Technologien, eine stetige Vergrößerung der verfügbaren Informationen im World Wide Web sowie innovative Entscheidungsverfahren zur Lösung komplexer Sachverhalte bieten neue Möglichkeiten, den manuellen Prozess der Standortsuche und -auswahl zu digitalisieren und zu objektivieren. Dies führte zu den in Kapitel 1.2 definierten Forschungsfragen, wie ein teilautomatisiertes Systemkonzept für die industrielle Standortplanung mittels Web Technologien aussieht. Im ersten Schritt wurden dafür zuerst der Standortplanungsprozess sowie die für diesen benötigte Informationen detailliert in Kapitel 2.1 analysiert. Ausgehend davon wurden nacheinander die Themenfelder des Informationsmanagements, mit Fokus auf der Identifikation und Beschaffung von Informationen aus Webquellen, sowie der Entscheidungslehre vorgestellt, da nur eine Kombination aller drei Disziplinen zu einem erfolgsversprechenden Modell führen kann. Eine Analyse der bestehenden Literatur in Kapitel 3 zeigte weiterhin, dass es noch keinerlei Ansätze von integriertem Informationsmanagement im Rahmen der Fabrikplanung und besonders der Standortplanung gibt, jedoch die Herausforderung der Entscheidung für einen Standort weitläufig adressiert wird. Speziell im letztgenannten Bereich hat sich die Fuzzy-Logik als moderner Ansatz des Entscheidungsmanagements herauskristallisiert, jedoch auch die Herausforderung eines integrierten Lösungsmodells hervorgehoben. Daher konnte an dieser Stelle bereits als erste Erkenntnis festgehalten werden, dass es sich weniger um eine technische, als eine sozio-technische Problemstellung handelt, da Vertrauen, Transparenz und Akzeptanz wichtige Kriterien für die erfolgreiche Umsetzung eines teilautomatisierten Systemkonzepts sind. Daher wurde initial in Kapitel 4.1. eine

Anforderungsliste an ein solches Systemkonzept aufgebaut. Ein Lösungsmodell zur Beantwortung der Forschungsfrage wurde anschließend schrittweise entwickelt und erläutert. Da das Lösungsmodell nur im Rahmen einer Software umgesetzt werden kann, wurde daher das Lösungsmodel in drei Teile geteilt: Dem Frontend bzw. dem Graphical User Interface (GUI), welches die vollständige Kommunikation mit einem späteren Nutzer abdeckt, der Middleware, in welcher die Bewertung und Verarbeitung aller Informationen umgesetzt wird sowie dem Backend, welches die Aufgabe der Speicherung und Beschaffung aller relevanten Informationen übernimmt. Für das Backend wurden der Anschluss und die Verarbeitung von verschiedenen Datenquellen via Application Programming Interfaces (APIs) und einer Kombination von Web Crawler und Web Scrapern vorgestellt. Für die Middleware wurde sich an der Fuzzy-Logik zur Datenverarbeitung orientiert, welche besonders für den Umgang mit fehlenden bzw. unsicherheitsbehafteten Informationen bekannt ist. Das GUI wurde aufgrund der starken Abhängigkeit zu einer genutzten Programmierungsumgebung nur im Rahmen der benötigten Teilschritte erörtert, jedoch nicht im Detail wie die anderen beiden Bereiche spezifiziert. Als essenzielle Erkenntnis im Rahmen des Entwicklungsprozesses des Systemkonzepts wurden drei Schwachstellen identifiziert. Zum einen ist für ein solches Systemkonzept wesentlich den Informationsraum zu definieren. Welche Informationen werden wann und wofür benötigt. Diese Informationen konnten aus der Literatur — spezifisch einer Veröffentlichung des VDI Fachausschusses für Fabrikplanung — extrahiert und somit wurden 125 generell für die Standortplanung spezifische Informationen identifiziert werden. Einige Standortfaktoren können aus technischen oder Verfügbarkeitsgründen nicht mittels Web Technologien beschafft werden. Daher wurde die Anzahl von 125 generischen Faktoren auf 46 für die automatische Beschaffung geeigneter Informationen reduziert. Darüber hinaus wurde geprüft und validiert, dass mit dieser Anzahl an Informationen eine Grobauswahl von Standorten getroffen werden kann. Im gleichen Schritt wurden jedoch auch die Schritte der Feinauswahl von der Automatisierung ausgeschlossen. Als zweite Erkenntnis wurde festgestellt, dass für die Verarbeitung der Informationen in der Middleware eine Skalierung der Standortfaktoren notwendig ist, da nur so eine Umwandlung von einer reinen Information über eine Ausprägung eine aussagekräftige Information über die Güte eines Kriteriums für einen Standort gemacht werden kann. Daher wurden für die in dieser Forschungsarbeit betrachteten 46 Standortfaktoren individuelle Skalen definiert sowie Skalentypen definiert, welche auch auf weitere Faktoren einfach angewendet werden können. Als letzte Erkenntnis wurde klar, dass die spezifische Festlegung der Wichtigkeit eines Faktors im Gegensatz zu einem anderen Faktor für einen Nutzer zum einen sehr aufwendig, zum anderen aber auch sehr komplex ist. Daher wurden im Rahmen einer Expertenbefragung drei Nutzerprofile entwickelt, ein allgemeines Profil, ein kosten- sowie ein mitarbeiterorientiertes Profil, welche zukünftige Nutzer in der initialen Auswahl ihrer Präferenzen unterstützen. In Summe dieser Ergänzungen konnte neben einer reinen Aufwandsreduzierung auch eine Steigerung der Entscheidungsqualität, besonders für unerfahrene Standortplaner, erreicht werden.

Zukünftig kann diese Arbeit als Ausgangspunkt für weitere Forschung in zwei Kernbereichen genutzt werden. Erster Kernbereich ist die vertikale Vertiefung des vorgestellten Lösungskonzepts im Sinne der Erweiterung der integrierten Standortfaktoren. Dafür muss eine weitere Spezifizierung von generischen Anforderungen erfolgen. Hier sollte ein besonderer Fokus auf rechtliche Faktoren wie Umweltauflagen, gelegt werden. Falls diese weiter aufgeschlüsselt werden können, ist eine Identifikation dieser Informationen wiederholt zu prüfen und somit eine Erweiterung der Entscheidungsvariablen sowie eine Verbesserung der Entscheidungsqualität möglich. An dieser Stelle sollte darauf hingewiesen werden, dass auch für diese Faktoren eine automatische Beschaffung erwünscht und möglich ist. Jedoch eine automatisierte Verwertung aufgrund zu hoher Unternehmensspezifika, individueller Produktionsprozesse und Unternehmensziele nicht möglich bzw. sinnvoll ist.

Als zweiter Kernbereich kann eine Verbesserung der zur Verfügung stehenden Standorte tiefergehend betrachtet werden. Im aktuellen Lösungskonzept wird auf bestehende Datenbanken mit Standortinseraten zurückgegriffen. Diese haben zum einen den Nachteil, dass diese keinen Anspruch auf Vollständigkeit haben sowie zum anderen eine schwankende Qualität. Im Rahmen der Expertenbefragungen dieser Arbeit wurde festgestellt, dass alle Experten bereits negative Erfahrungen, z. B. falsche Inserate, nicht aktuelle Inserate oder Inserate ohne tatsächlich verfügbares Grundstück, sogenannte Fake-Inserate, gemacht haben. Daher sollte sich zukünftige Forschung mit der Validierung von bestehenden Standortinseraten beschäftigen, um die Qualität dieser zu erhöhen. Auch hat eine Anfrage mehrerer örtlicher Landkreise die Erkenntnis gebracht, dass besonders die Digitalisierung von öffentlichen Standortangeboten nicht oder nur in sehr geringem Maß gegeben ist. Darüber hinaus haben besonders Großunternehmen bzw. im generellen Unternehmen mit einer hohen Flächenanforderung, z. B. Automobilzulieferer oder Agrarunternehmen, die Herausforderung, dass keine ausreichend großen Standorte in Onlinemedien verfügbar sind. Daher könnte z. B. durch eine Analyse von Karteninformationen und Bebauungsplänen eine Möglichkeit zur Identifikation von verfügbaren bzw. potenziellen Grundstücken entwickelt werden. In Kombination mit dem Lösungsmodell dieser Arbeit kann somit zuerst eine Bestimmung präferierter Regionen erfolgen sowie anschließend eine Prüfung potenzieller Standorte. Mit diesen kann aktiv auf lokale Verwaltungen und Flächenbesitzer zugegangen werden. Somit reduziert sich für Großunternehmen bzw. Großflächennutzer der Aufwand der Standortauswahl signifikant. Überdies steigt für alle Standortplanungen die Auswahlqualität durch die aktive Vergrößerung des Standortangebots sowie einen objektiveren Prozess.

Somit kann festgehalten werden, dass diese Forschungsarbeit einen Beitrag zur Verbesserung der Standortauswahl leistet, jedoch weiterer Forschungsbedarf auf Grundlage dieser Arbeit besteht.

8 Anhang

8.1 Vorgehen der strukturierten Literaturrecherche

Zur Durchführung einer strukturierten Analyse des Standes der Technik existieren verschiedenste Methoden. Für diese Arbeit wurde das Vorgehen einer strukturierten Literaturrecherche nach VOM BROCKE ET AL.[415] ausgewählt. In ihrer Arbeit analysierten VOM BROCKE ET AL diverse Recherchemethoden und entwickelten auf Basis dieser ein zusammengeführtes Verfahren zur Literaturrecherche. Als Ergebnis wird ein Vorgehen in fünf Schritten vorgeschlagen, welches in Abbildung 8-1 dargestellt wird und im Rahmen dieser Arbeit schrittweise abgearbeitet wird.

Der erste Schritt (I) umfasst die Definition des Prüfumfangs. Hierbei wird sich an der Taxonomie nach COOPER[416] orientiert. Mithilfe dieser Taxonomie kann sichergestellt werden, dass zum einen nachvollziehbar, aber auch fokussiert die richtige Literatur identifiziert werden kann. Dafür wird der Rechercheumfang mithilfe der Merkmale Suchfokus, Zielstellung, Perspektive, Zielgruppe, Reichweite und Organisation eingegrenzt.[417]

---

[415] Vgl. Brocke et al. (2009), Reconstructing the Giant, S. 6ff.

[416] Cooper (1988), Organizing knowledge syntheses.

[417] Vgl. Cooper (1988), Organizing knowledge syntheses, S. 107ff.

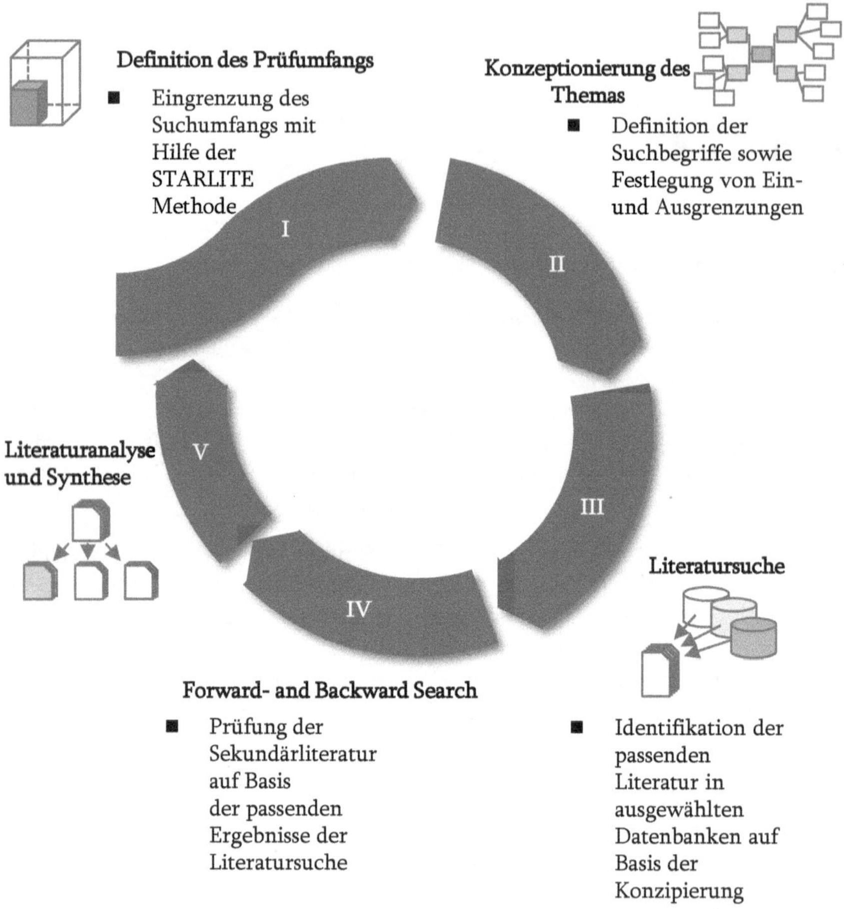

Abbildung 8-1: Vorgehen zur strukturierten Literaturrecherche nach VOM BROCKE ET. AL.[418] und der STARLITE-Methode nach BOOTH[419]

[418] In Anlehnung an Brocke et al. (2009), Reconstructing the Giant, S. 7.

[419] Vgl. Booth (2006), Brimful of STARLITE.

Diese Taxonomie wurde im Jahr 2006 durch BOOTH[420] unter dem Akronym STARLITE erweitert. STARLITE steht für ***Sta**ndards for **R**eporting **Lite**rature searches* und standardisiert auf der einen Seite die Suchfelddefinition und auf der anderen Seite die Ergebnisauswertung. Die Methode gibt acht Merkmale vor, welche vorab der Recherche definiert werden müssen.[421] Diese Merkmale sowie ihre Ausprägungen für diese Arbeit sind in Tabelle 8-1 dargestellt und kurz erläutert. Die Merkmale S, T, A, R, L und E sind für beide im Rahmen dieser Arbeit durchgeführten Recherchen gültig und verändern sich nicht. Die Merkmale Suchbegriffe (I), Zeitraum (T) sowie Einbeziehung und Ausschluss werden individuell zur Suche aufgrund der entsprechenden Themenfelder definiert. Daher wird vorab zu den jeweiligen Suchergebnissen in den folgenden Unterkapiteln eine spezifizierte Version der Tabelle 8-1 als Grundlage der Suche vorangestellt.

Tabelle 8-1: STARLITE-Methode nach BOOTH als Ausgangsbasis für die folgenden Literaturrecherchen[422]

Merkmal	Kategorie
S: Auswahlstrategie (Sampling strategy)	Selektiv: Betrachtung aller Literatur innerhalb festgeschriebener Grenzen
T: Studientypen (Type of Studies)	Wissenschaftliche Zeitschriftenartikel und Bücher
A: Methode (Approaches)	Schlagwortsuche in Datenbanken
R: Zeitraum (Range of years)	1990 - 2020 (einschließlich)
L: Beschränkungen (Limits)	- Deutsche und englische Sprache - Manuelle Eingrenzung der Ergebnisse über Überschriften und Zusammenfassungen
I: Einbeziehung und Ausschluss (Inclusion and exclusion)	Themenfeldspezifisch -> Siehe Kapitel 3.1.1/ 3.2.1

[420] Booth (2006), Brimful of STARLITE.
[421] Vgl. Booth (2006), Brimful of STARLITE, 422-424.
[422] In Anlehnung an Booth (2006), Brimful of STARLITE, 424.

T: Schlagwörter (Terms used)	Themenfeldspezifisch -> Siehe Kapitel 3.1.1/ 3.2.1
E: Elektronische Datenbanken (Electronic sources)	Google Scholar, Science Direct

Im dritten Schritt erfolgt die Suche von zutreffender und relevanter Literatur auf Basis den in Schritt eins und zwei festgelegten Taxonomie und Suchbegriffen. Diese werden im darauffolgenden Schritt ausgewertet und reduziert. Hierzu liefert MOHER[423] in seinem PRISMA-Phasenmodell eine interessante Strukturierung, welche auch im Rahmen dieser Arbeit angewendet wird. Die gefundenen Ergebnisse werden zuerst um Duplikate reduziert, im Anschluss erfolgt eine erste Sichtung der Suchergebnisse auf Basis der Überschriften sowie der Zusammenfassungen (engl. Abstracts). Alle nicht passenden Einträge werden ausgeschlossen. Alle potenziell passenden Ergebnisse werden auf Basis des Volltextes weiter evaluiert und auf ihre Eignung geprüft.[424] Die noch übrig gebliebenen passenden Beiträge werden im letzten Schritt nach relevanter Sekundärliteratur geprüft sowie diese dem gleichen Prüfprozess unterzogen. Als Sekundärliteratur werden genutzte Quellen in als passend identifizierten Beiträgen verstanden. Als Ergebnis steht nun eine Anzahl geprüfter und passender wissenschaftlicher Beiträge zum gewünschten Themenfeld bereit, welche vom Nutzer tiefergehend analysiert, verglichen und in Synthese gebracht werden können.

Zur Übersicht der Ergebnisse wird in jedem Abschnitt eine Ergebnisübersicht der jeweils ein- und ausgeschlossenen Beiträge je Suchfeld angegeben. Für diese wird sich eines Vorschlags von MOHER[425] bedient (vgl. Abbildung 8-2).

423 Moher et al. (2015), Preferred reporting items for systematic.
424 Vgl. Moher et al. (2015), Preferred reporting items for systematic, S. 2f.
425 In Anlehnung an Moher et al. (2015), Preferred reporting items for systematic, S. 3.

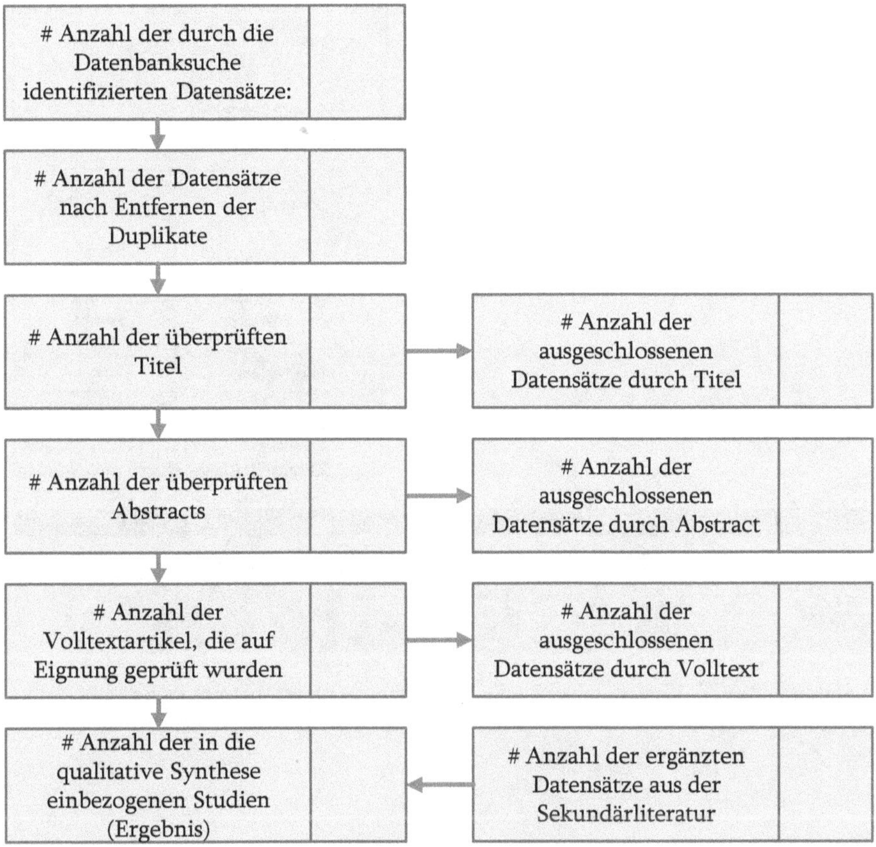

Abbildung 8-2: Quantitative Ergebnisdarstellung in Anlehnung an MOHER[426]

Werden die detaillierten Schritte der Taxonomiefestlegung nach BOOTH[427] sowie die Auswertung nach MOHER[428] zum generellen Vorgehen nach VOM BROCKE ET AL. ergänzt, so ergibt sich ein umfassendes und klar strukturiertes Vorgehen, welches in Abbildung 8-3 dargestellt ist und auf dessen Basis die Recherchen in Kapitel 3 durchgeführt wurden.

---

426 In Anlehnung an Moher et al. (2015), Preferred reporting items for systematic, S. 3.

427 Vgl. Booth (2006), Brimful of STARLITE, 424f.

428 Vgl. Moher et al. (2015), Preferred reporting items for systematic, S. 2ff.

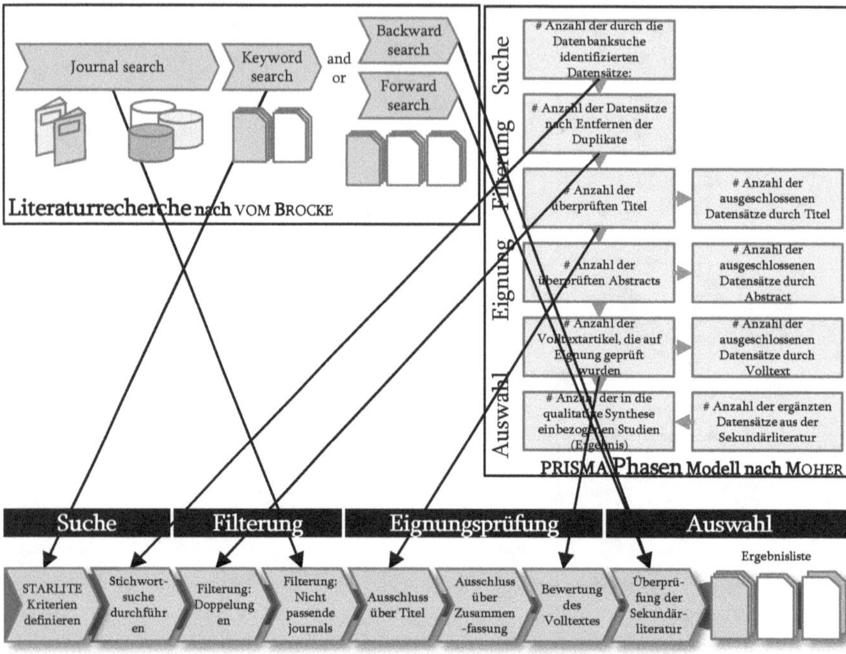

Abbildung 8-3: Vorgehensweise zur strukturierten Literaturrecherche[429]

[429] Eigene Darstellung auf Basis von Booth (2006), Brimful of STARLITE; Brocke et al. (2009), Reconstructing the Giant; Moher et al. (2015), Preferred reporting items for systematic.

8.2 Standortfaktoren auf Basis der VDI

Tabelle 8-2: Liste relevanter Standortfaktoren des VDI Fachausschusses

Nr.	Standortfaktoren
1	Roh-, Hilfs- und Betriebsstoffkosten
1.1	Preise
1.2	Transportkosten
2	Vertriebskosten
2.1	Werbekosten
3	Steuer- und Subventionsgesetzgebung
3.1	Steuersatz
3.2	Subventionen
3.3	Förderprogramme
3.4	Existenzgründungshilfen und Förderungen von Forschungsvorhaben
3.5	Hebesätze bei der Gewerbesteuer
3.6	Steuerbegünstigungen
3.7	Internationales Steuergefälle
4	Grundstückkosten
4.1	Mietkosten
4.2	Kaufpreis
4.3	Erschließungskosten
5	Baukosten
5.1	Kosten für Architekten
5.2	Kosten für Baustoffe
5.3	Besondere Einrichtungen
6	Zeit bis Realisierung
7	Kosten bis zur Realisierung
7.1	Kosten für Anlagen
7.2	Kosten für Umzug

Nr.	Standortfaktoren
7.3	Kosten für Inbetriebnahme
7.4	Kosten für Projektteam
8	Kosten für Medienversorgung
8.1	Stromkosten
8.2	Gaskosten
8.3	Druckluft
8.4	Frischwasserkosten
8.5	Abwasserkosten
8.6	Erschließungskosten
9	Finanzielle Entwicklung
9.1	Wechselkurse
9.2	Inflation
10	Absatzpreise
10.1	Kosten für den Absatz von Produkten
10.2	Erzielbare Preise am Markt
11	Marktpotenzial
11.1	Wachstumsaussichten
11.2	Konkurrenz/ Wettbewerb
11.3	Absatzvolumen und -chancen
11.4	Investitionsklima
12	Bevölkerungsstrukturen
12.1	Anzahl und Schichtung potenzieller Konsumenten
12.2	Kaufkraft
12.3	Alphabetisierungsquote
13	Heimatanbindung des Produktes oder der Marke
13.1	Distanz zum Hauptquartier
14	Absatzkontakte zu Abnehmern

Nr.	Standortfaktoren
14.1	Unternehmen, die dort produzieren, wo der Kunde lebt, um Kundenwünschen vor Ort zu begegnen
15	Kontakte zu Absatzhilfen
15.1	Makler
15.2	Messen
15.3	Werbeagenturen
15.4	kooperationswillige Handelshäuser bei abgeschotteten Vertriebswegen
15.5	Ausstellungen
16	Verkehr/Verkehrsinfrastruktur
16.1	Distanz zur Autobahn
16.2	Distanz zum Flughafen
16.3	Distanz zum Bahnhof
16.4	Distanz zum Hafen
17	Grundstückseigenschaften
17.1	Grundstücksgröße
17.2	Lage
17.3	Gefälle
17.4	Beschaffenheit
17.5	Altlasten
17.6	Umgebungseigenschaften
17.7	Vorschriften
17.8	Erschließung
17.9	Besitzverhältnisse
17.10	Tragfähigkeit
17.11	Grundwasserspiegel
17.12	Genehmigungszustand
17.13	Mieten oder Kaufen
17.14	Erweiterungsmöglichkeiten

Nr.	Standortfaktoren
18	Wirtschaftsordnung
18.1	Wettbewerbsgesetze
18.2	Gewerbeordnung
18.3	Mitbestimmung sowie Risiken einer Änderung der Wirtschaftsordnung aufgrund politischer Entwicklungen
19	Politisches System
19.1	Stabilität des Systems
19.2	Staatsform
20	Gesellschaftliches System
20.1	Stabilität des Systems
20.2	Wohlstand
21	Rechtssystem
21.1	Stabilität des Systems
21.2	Korruption
21.3	Schutz gegen Piraterie
22	Gesetze
22.1	Handelsgesetzte
22.2	Zölle
22.3	Arbeitsrecht
22.4	Baurecht
22.5	Umweltrecht
22.6	Strafrecht
23	Infrastruktur des Standorts
23.1	Wohnraum
23.2	Krankenhäuser
23.3	Bildungseinrichtungen
23.4	Kultureinrichtungen
23.5	landschaftliche Lage und Umgebung

Nr.	Standortfaktoren
23.6	Forschungseinrichtungen
23.7	Telekommunikationseinrichtungen
24	Investitions- und Finanzierungsbereich
24.1	Distanz zu Banken und Kreditinstituten
25	Verfügbarkeit von Arbeitskräften
25.1	Qualifikation
25.2	Menge
25.3	Beschaffung
25.4	Arbeitszeitflexibilität
25.5	Fluktuation
25.6	Motivation
25.7	Mentalität
26	Personalkosten
27	Transportkosten vom Lieferanten bis zum Absatzmarkt
27.1	Kosten der Anlieferung von Vorprodukten
27.2	Kosten des Transports der Produkte von Herstellung zu den Absatzmärkten
28	Verfügbarkeit der notwendigen Ressourcen
28.1	Rohstoffe
28.2	Hilfsstoffe
28.3	Betriebsstoffe
28.4	Zwischenerzeugnisse
29	Medienverfügbarkeit
29.1	Menge
29.2	Sicherheit
30	Ver- und Entsorgungsbedingungen und -qualität
30.1	Wasser
30.2	Abfälle

Nr.	Standortfaktoren
30.3	Gefahrenstoffe
31	Geologische Bedingungen
31.1	Erdbebengefährdung
32	Klimatische Bedingungen
32.1	Luftfeuchtigkeit
32.2	Temperatur
32.3	Niederschlag
32.4	Windstärke
32.5	Flutgefahr
33	Nähe zu Prozesspartner
33.1	Distanz zu kooperationswilligen Betrieben
33.2	Technische Kompetenz von kooperationswilligen Betrieben
33.3	Zulieferern sowie Anlagen- und Maschinenbauern
33.4	Nähe zu Entwicklungsbetrieben
33.5	Nähe zu Know-how und Innovations-Zentren
34	Natürliche Gegebenheiten
34.1	Bodenschätze
35	Umweltschutzmaßnahmen
35.1	Auflagen zur Reduktion von Umweltbelastungen
35.2	Aktivität von Bürgerinitiativen

8.3 Interviewleitfaden zur Validierung der Praxisrelevanz

Vorweg möchten wir uns bei Ihnen dafür bedanken, dass Sie sich die Zeit für dieses Interview nehmen, und die Gelegenheit nutzen uns kurz vorzustellen.

Mein Name ist Sebastian Patrick Vierschilling. Seit 2016 bin ich wissenschaftlicher Mitarbeiter und seit 2019 Gruppenleiter für digitale Fabrikplanung am Werkzeugmaschinenlabor (WZL) der RWTH Aachen. Im Rahmen meiner Promotion beschäftige ich mich mit der Definition eines Informationsmanagementsystems für die digitale Fabrikplanung.

Mein Name ist Christoph Bäcker und ich bin Masterand am WZL der RWTH Aachen. Ich schreibe im Rahmen des Forschungsvorhabens von Herrn Vierschilling meine Masterarbeit und unterstütze bei dieser Studie.

Diese Studie verfolgt das Ziel, die sich durch die systematische Einführung und Nutzung eines ganzheitlichen Informationsmanagement-Systems im Fabrikplanungsprozess ergebenden Potenziale aufzudecken und die notwendigen Komponenten und Eigenschaften zur erfolgreichen Umsetzung zu identifizieren.

Die Ergebnisse dieses Interviews sollen der wissenschaftlichen Erkenntnisgewinnung dienen und folgend in das im Rahmen des Forschungsvorhabens zu definierende Modell einfließen.

Falls Sie es erlauben, möchten wir gerne Ihren Namen sowie Ihre Position in Ihrem Unternehmen in der Auswertung aufnehmen. Des Weiteren würden wir, zur Erleichterung der wissenschaftlichen Auswertung, dieses Gespräch gerne aufzeichnen. Die Transkription des Interviews wird vertraulich behandelt und nicht mit der Arbeit veröffentlicht.

Die gestellten Fragen werden sich mit der Aufdeckung von Potenzialen durch die Integration eines Informationsmanagementsystems in den digitalen Fabrikplanungsprozess befassen. Hierbei steht im Vordergrund ihre persönlichen Erfahrungen aus der beruflichen Praxis bei der späteren Modellentwicklung zu berücksichtigen.

Bei Interesse teilen wir sehr gerne die von uns erarbeiteten Forschungsergebnisse mit Ihnen. Hierzu besteht jederzeit die Möglichkeit der Einsichtnahme in Zwischen- sowie Endergebnis.

Wenn Sie mit diesen Rahmenbedingungen einverstanden sind, würden wir nun gerne mit dem Interview beginnen und die Tonaufzeichnung des Gesprächs starten

-Beginn der Tonaufzeichnung-

Name der interviewenden Person:

Name der befragten Person:

Unternehmen der befragten Person:

Position befragten Person:

Datum:

Ort:

Art: (telefonisch/ Videokonferenz)

- Einleitungsfragen
  a) Kontextfragen:
     i) Können Sie mir etwas zu ihrem beruflichen Hintergrund sagen?
     ii) Wie alt sind Sie?
     iii) Welche Positionen sind Sie in den letzten 5 Jahren durchlaufen?
  b) Welche Informationsmanagementsysteme werden aktuell in Ihrem Unternehmen zur Fabrikplanung verwendet? Wie viele unterschiedliche/für welche Tätigkeiten/Insellösungen?
     i) Können Sie uns etwas zu den Aufgabenbereichen von Informationsmanagementsystemen im Fabrikplanungsprozess sagen? Für welche Tätigkeiten aus der digitalen FP/Aufwand?

- Allgemeine Fragen
  a) Informationskommunikation:
     i) Kennen Sie zu Projektstart schon den vollständigen Bedarf an Informationen?
     ii) Welche Potenziale könnten sich durch eine zentralisierte fabrikplanungsspezifische Kommunikations- und Informationsplattform ergeben?
     iii) Wieviel Prozent der Informationen werden von den verschiedenen Mitarbeitern mehrfach gesucht?

  b) Informationsbeschaffung:
     i) Wieviel Stunden in der Woche nutzen Sie ca. zur Informationsbeschaffung und dem damit verbundenen Mehraufwand?
     ii) Gibt es einen Unterschied zwischen internen und externen Informationen?
     iii) Gibt es Unterschiede in den Planungsphasen?

   iv) Welche Möglichkeiten sehen Sie zur Reduzierung der manuellen Informationssuche durch die automatische Informationsbeschaffung?
c) Informationsinfrastruktur:
   i) Wie hoch schätzen Sie das Risiko von Mehrarbeit oder Fehlplanung aufgrund nichtaktueller oder falscher Planungsdaten ein?
   ii) Welche Chancen und Umsetzungsmöglichkeiten sehen Sie in einer strukturierten Informationsvernetzung?

- Eventualfragen (je nach Expertise des Befragten)

a) Kommunikation:
   i) Welche Planungssysteme, -modelle und -daten müssten in welchen Planungsphasen zwingend automatisiert bereitgestellt werden?
   ii) In welchen Datenbanken (Quellen) suchen Sie die Informationen, bei welchen Informationen entstehen oftmals Komplikationen?
   iii) Wie werden Änderungen an bestehenden Informationen in ihrem FP-Prozess kommuniziert?
   iv) Wie wird mit konfligierenden Informationen umgegangen?
   v) Wie findet ein Abgleich der aktuellen Planungsinformationstypen in ihren Projekten statt?
b) Beschaffung:
   i) Verfolgen Sie bereits automatisierte Informationsbeschaffungsansätze?
   ii) Wie hoch schätzen Sie den Anteil an projektübergreifend „doppelt" gesuchten Informationen? Bsp. Gesetze oder Normen
   iii) Bei welcher Informationsart sehen Sie die größten Herausforderungen?
   iv) Wie werden Verantwortungen bei Such- und Prüfaufträgen zugewiesen?
c) Infrastruktur:
   i) Verwenden Sie ein standardisiertes Prozessdatenmanagement/Workflowmanagement?
   ii) Besteht eine zentrale Dokumentation von gesuchten Inhalten auf Projektbasis?

iii) Verwenden Sie verknüpfte Softwaretools?
iv) Haben Sie ein Planungsphasen übergreifendes Datenmanagementsystem?

- Global:
  a) Gibt es aus ihrer Sicht aktuelle Problemstellungen aus der Praxis, welche durch strukturierte Verwendung eines Informationsmanagementsystems verhindert werden könnten?
  b) Welche Formen/Dimensionen von Informationsmanagementsystemen erachten Sie als sinnvoll für die Fabrikplanung?
  c) Eignen sich Informationsmanagementsysteme gleichermaßen für alle Phasen der Fabrikplanung?

- Abschlussfragen
  a) Gibt es Ihrerseits noch Fragen an uns?
  b) Dürfen wir bei Unklarheiten während der Auswertung des Interviews noch einmal auf Sie zukommen?

8.4 Ergebnisse der Expertenbefragung zur Praxisrelevanz von Informationsmanagement in der Standortplanung

Tabelle 8-3: Experteneinschätzung zu Potenzialen aus Interviews eins bis vier

	Interview 1	Interview 2	Interview 3	Interview 4
Transparenz über benötigte Informationen zu Projektstart	In Phase 2 ist der Budgetplan definiert und 90-95% der Informationen sind vorhanden	80% vorhanden via Standardisierungsansatz 20% relevante und schwer zu beschaffenden Informationen	Liegen zu 90-95% ohne Detaillierung vor	50% der Informationen sind vorhanden und transparent 50% müssen individuell beschafft werden
Mehrfach-Suchaufwände durch verschiedene Mitarbeiter	100% der Informationen werden mehrfach gesucht Informationen werden teilweise 2-3 mal gesucht	50% der Informationen werden mehrfach gesucht Bsp.: Vier Leute suchen für sich an unterschiedlichen Stellen	100% der Informationen werden mehrfach gesucht	30-60% der Informationen werden auf Grund unstrukturierter Ablage und nicht standardisierter Versionierung mehrfach gesucht
Zeit zur Informationsbeschaffung pro Woche	20-30 %	10-20 %	Mehr als 50-60 %	Bis zu 10h (25 %) in einer Woche

Fehlplanungen aufgrund nicht aktueller oder falscher Informationen	Kommunikation funktioniert meistens Restrisiko von 5%	Besonders in Detailplanungen Probleme mit der Aktualität Risiko von 30%	Risiko eher gering	Risiko ist hoch

Tabelle 8-4: Expertenschätzung zu Potenzialen aus Interview fünf bis sieben

	Interview 5	Interview 6	Interview 7
Transparenz über benötigte Informationen zu Projektstart	80% sind bekannt 0% sind initial vorhanden	30% sind aus Vorprojekten bekannt 10% müssen erarbeitet werden	60%
Mehrfach-Suchaufwände durch verschiedene Mitarbeiter	Bei spezifischen Informationen: 20% Bei übergreifenden Informationen (z. B. Layoutplanung): 80-90%	Ist durch die modulare Struktur sehr unwahrscheinlich	70% der Informationen werden mehrfach gesucht
Zeit zur Informationsbeschaffung pro Woche	20-30%	10-20%	8h (20%)
Fehlplanungen aufgrund nichtaktueller oder falscher Informationen	Risiko von 25% durch nicht aktuelle Daten	Risiko ist hoch	Risiko und Wahrscheinlichkeit sehr hoch

8.5 Einordnung der Standortfaktoren zu Planungsphasen

Tabelle 8-5: Einordnung der Standortfaktoren zu Planungsphasen

Nr.	Standortfaktoren	Nicht relevant	Fein-planung	Grob-planung	Strategische Planung
1	Roh-, Hilfs- und Betriebsstoffkosten				
1.1	Preise				x
1.2	Transportkosten				
2	Vertriebskosten				
2.1	Werbekosten		x		
3	Steuer- und Subventionsgesetzgebung				
3.1	Steuersatz			x	
3.2	Subventionen		x		
3.3	Förderprogramme		x		
3.4	Existenzgründungshilfen und Förderungen von Forschungsvorhaben		x		
3.5	Hebesätze bei der Gewerbesteuer			X	
3.6	Steuerbegünstigungen		x		
3.7	Internationales Steuergefälle			X	
4	Grundstückkosten				
4.1	Mietkosten			x	
4.2	Kaufpreis			x	
4.3	Erschließungskosten		x		
5	Baukosten				
5.1	Kosten für Architekten		x		
5.2	Kosten für Baustoffe		x		
5.3	Besondere Einrichtungen		x		
6	Zeit bis Realisierung		x		
7	Kosten bis zur Realisierung		x		

Nr.	Standortfaktoren	Nicht relevant	Fein-planung	Grob-planung	Strategische Planung
7.1	Kosten für Anlagen		x		
7.2	Kosten für Umzug		x		
7.3	Kosten für Inbetriebnahme		x		
7.4	Kosten für Projektteam		x		
8	Kosten für Medienversorgung				
8.1	Stromkosten			x	
8.2	Gaskosten			x	
8.3	Druckluft			x	
8.4	Frischwasserkosten			x	
8.5	Abwasserkosten			x	
8.6	Erschließungskosten			x	
9	Finanzielle Entwicklung				
9.1	Wechselkurse			x	
9.2	Inflation			x	
10	Absatzpreise				
10.1	Kosten für den Absatz von Produkten				x
10.2	Erzielbare Preise am Markt				x
11	Marktpotenzial				
11.1	Wachstumsaussichten				x
11.2	Konkurrenz/ Wettbewerb				x
11.3	Absatzvolumen und -chancen				x
11.4	Investitionsklima				x
12	Bevölkerungsstrukturen				
12.1	Anzahl und Schichtung potenzieller Konsumenten				x
12.2	Kaufkraft			x	
12.3	Alphabetisierungsquote			x	

Nr.	Standortfaktoren	Nicht relevant	Fein-planung	Grob-planung	Strategische Planung
13	Heimatanbindung des Produktes oder der Marke				
13.1	Distanz zum Hauptquartier	x			
14	Absatzkontakte zu Abnehmern				
14.1	Unternehmen, die dort produzieren, wo der Kunde lebt, um Kundenwünschen vor Ort zu begegnen				x
15	Kontakte zu Absatzhilfen				
15.1	Makler		x		
15.2	Messen		x		
15.3	Werbeagenturen		x		
15.4	kooperationswillige Handelshäuser bei abgeschotteten Vertriebswegen		x		
15.5	Ausstellungen		x		
16	Verkehr/Verkehrsinfrastruktur				
16.1	Distanz zur Autobahn			x	
16.2	Distanz zum Flughafen			x	
16.3	Distanz zum Bahnhof			x	
16.4	Distanz zum Hafen			x	
17	Grundstückseigenschaften				
17.1	Grundstücksgröße			x	
17.2	Lage		x		
17.3	Gefälle		x		
17.4	Beschaffenheit		x		
17.5	Altlasten		x		
17.6	Umgebungseigenschaften		x		
17.7	Vorschriften		x		
17.8	Erschließung			x	

Nr.	Standortfaktoren	Nicht relevant	Fein-planung	Grob-planung	Strategische Planung
17.9	Besitzverhältnisse		x		
17.10	Tragfähigkeit		x		
17.11	Grundwasserspiegel		x		
17.12	Genehmigungszustand		x		
17.13	Mieten oder Kaufen				x
17.14	Erweiterungsmöglichkeiten			x	
18	Wirtschaftsordnung				
18.1	Wettbewerbsgesetze		x		
18.2	Gewerbeordnung		x		
18.3	Mitbestimmung sowie Risiken einer Änderung der Wirtschaftsordnung aufgrund politischer Entwicklungen			x	
19	Politisches System				
19.1	Stabilität des Systems			x	
19.2	Staatsform	x			
20	Gesellschaftliches System				
20.1	Stabilität des Systems	x			
20.2	Wohlstand	x			
21	Rechtssystem				
21.1	Stabilität des Systems	x			
21.2	Korruption	x			
21.3	Schutz gegen Piraterie		x		
22	Gesetze				
22.1	Handelsgesetzte		x		
22.2	Zölle			x	
22.3	Arbeitsrecht		x		
22.4	Baurecht		x		

Nr.	Standortfaktoren	Nicht relevant	Fein-planung	Grob-planung	Strategische Planung
22.5	Umweltrecht		x		
22.6	Strafrecht		x		
23	Infrastruktur des Standorts				
23.1	Wohnraum			x	
23.2	Krankenhäuser			x	
23.3	Bildungseinrichtungen			x	
23.4	Kultureinrichtungen		x		
23.5	landschaftliche Lage und Umgebung		x		
23.6	Forschungseinrichtungen			x	
23.7	Telekommunikationseinrichtungen	x		x	
24	Investitions- und Finanzierungsbereich				
24.1	Distanz zu Banken und Kreditinstituten			x	
25	Verfügbarkeit von Arbeitskräften				
25.1	Qualifikation			x	
25.2	Menge			x	
25.3	Beschaffung		x		
25.4	Arbeitszeitflexibilität			x	
25.5	Fluktuation			x	
25.6	Motivation		x		
25.7	Mentalität		x		
26	Personalkosten				
27	Transportkosten vom Lieferanten bis zum Absatzmarkt				
27.1	Kosten der Anlieferung von Vorprodukten		x		
27.2	Kosten des Transports der Produkte von Herstellung zu den Absatzmärkten		x		
28	Verfügbarkeit der notwendigen Ressourcen				

Nr.	Standortfaktoren	Nicht relevant	Fein-planung	Grob-planung	Strategische Planung
28.1	Rohstoffe		x		
28.2	Hilfsstoffe		x		
28.3	Betriebsstoffe		x		
28.4	Zwischenerzeugnisse		x		
29	Medienverfügbarkeit				
29.1	Menge			x	
29.2	Sicherheit		x		
30	Ver- und Entsorgungsbedingungen und -qualität				
30.1	Wasser			x	
30.2	Abfälle		x		
30.3	Gefahrenstoffe		x		
31	Geologische Bedingungen				
31.1	Erdbebengefährdung				
32	Klimatische Bedingungen				
32.1	Luftfeuchtigkeit			x	
32.2	Temperatur			x	
32.3	Niederschlag			x	
32.4	Windstärke			x	
32.5	Flutgefahr			x	
33	Nähe zu Prozesspartner				
33.1	Distanz zu kooperationswilligen Betrieben		x		
33.2	Technische Kompetenz von kooperationswilligen Betrieben		x		
33.3	Zulieferern sowie Anlagen- und Maschinenbauern		x		
33.4	Nähe zu Entwicklungsbetrieben		x		
33.5	Nähe zu Know-how und Innovations-Zentren		x		

Nr.	Standortfaktoren	Nicht relevant	Fein-planung	Grob-planung	Strategische Planung
34	Natürliche Gegebenheiten				
34.1	Bodenschätze	x			
35	Umweltschutzmaßnahmen				
35.1	Auflagen zur Reduktion von Umweltbelastungen		x		
35.2	Aktivität von Bürgerinitiativen		x		

8.6 Quelle, Einheit und Einteilung der relevanten Standortfaktoren

Tabelle 8-6: Zuordnung von Quellen und Einheiten zu den ausgewählten Standortfaktoren

Nr.	Standortfaktoren	Quelle	Einheit
	Grundstücksspezifisch Qualitativ:		
1	Verfügbarkeit Grundstück	Inserat	-
2	Erweiterungsmöglichkeiten	Inserat	-
3	Erschlossenes Grundstück	Inserat	-
	Quantitativ:		
4	Mietkosten	Inserat	€
5	Kaufpreis	Inserat	€
6	Grundstücksgröße	Inserat	€
	Klimatisch / Infrastrukturell Qualitativ:		
7	Distanz zur Autobahn	Kartendienst (GoogleMaps)	km

Nr.	Standortfaktoren	Quelle	Einheit
8	Distanz zum Flughafen	Kartendienst (GoogleMaps)	km
9	Bahnanschluss	Inserat	-
10	Distanz zum Bahnhof	Kartendienst (GoogleMaps)	km
11	Distanz zum Hafen	Kartendienst (GoogleMaps)	km
12	Distanz Krankenhäuser	Kartendienst (GoogleMaps)	km
13	Distanz Bildungseinrichtungen	Kartendienst (GoogleMaps)	km
14	Distanz Forschungseinrichtungen	Kartendienst (GoogleMaps)	km
15	Distanz Banken und Kreditinstitute	Kartendienst (GoogleMaps)	km
16	Luftfeuchtigkeit	Wetterdienst (meteomatix)	%
17	Wasserqualität	Wetterdienst (meteomatix)	-
18	Temperatur	Wetterdienst (meteomatix)	°C
19	Niederschlag	Wetterdienst (meteomatix)	mm/Jahr
20	Windstärke	Wetterdienst (meteomatix)	km/h
21	Erbebengefahr		-
22	Flutgefahr	Wetterdienst (meteomatix)	-
	Politisch Qualitativ:		
23	Risikoindex	CIA Factbook	-
24	Arbeitszeitflexibilität		-

Nr.	Standortfaktoren	Quelle	Einheit
31	Menge an verfügbaren Arbeitnehmern	OECD	-
32	Fluktuation der Arbeitnehmer		-
33	Verfügbarkeit unabhängiger Medien	Reporters without Boarders	-
	Wirtschaftlich Qualitativ:		
34	Bildungsniveau		-
	Quantitativ:		
35	Treibstoffkosten	Globalpetrolprices	US$/ l
36	Steuersatz	Worldbank	%
37	Hebesätze der Gewerbesteuer	Worldbank	%
38	Stromkosten		US$/ kWh
39	Gaskosten	Globalpetrolprices	US$/ m^3
40	Frischwasserkosten		US$/ m^3
41	Abwasserkosten		US$/ m^3
42	Wechselkurse	CIA Factbook	US$/ x
43	Inflation	Worldbank, CIA Factbook	%
44	Kaufkraft	Worldbank	US$/ Haushalt
45	Zölle	Worldbank	%
46	Lohnkosten	Worldbank	US$/ h

8.7 Relevanz und Skalentyp der relevanten Standortfaktoren

Tabelle 8-7: Bewertung der Relevanz sowie Zuordnung eines Skalentyps für die ausgewählten Standortfaktoren

Nr.	Standortfaktoren	Optional	Relevant	Sehr Rele-	Skalentyp
	Grundstücksspezifisch				
1	Verfügbarkeit Grundstück			x	Statisch
2	Erweiterungsmöglichkeiten			x	Dynamisch
3	Zeit für Kaufabwicklung		x		Statisch
4	Mieten oder Kaufen				Über K.O.
5	Erschlossenes Grundstück		x		Statisch
6	Mietkosten				Über K.O.
7	Kaufpreis				Über K.O.
8	Grundstücksgröße				Über K.O.
9	Erschließungskosten		x		Dynamisch
	Klimatisch / Infrastrukturell				
10	Distanz zum Hauptquartier	x			Über K.O.
11	Distanz zur Autobahn			x	Statisch
12	Distanz zum Flughafen		x		Statisch
13	Bahnanschluss				Über K.O.
14	Distanz zum Bahnhof	x			Statisch
15	Distanz zum Hafen		x		Statisch
16	Distanz zu Krankenhäuser		x		Statisch
17	Distanz zu Bildungseinrichtungen		x		Statisch
18	Distanz zu Forschungseinrichtungen		x		Statisch
19	Distanz zu Banken und Kreditinstitute	x			Statisch

Nr.	Standortfaktoren	Optional	Relevant	Sehr Rele-	Skalentyp
20	Verfügbarer Wohnraum		x		Dynamisch
21	Luftfeuchtigkeit		x		Dynamisch
22	Wasserqualität		x		Statisch
23	Temperatur		x		Dynamisch
24	Niederschlag		x		Statisch
25	Windstärke		x		Statisch
26	Erbebengefahr				Über K.O.
27	Flutgefahr				Über K.O.
	Politisch				
28	Risikoindex			x	Statisch
29	Arbeitszeitflexibilität		x		Dynamisch
30	Arbeitnehmerqualifikation			x	Statisch
31	Menge an verfügbaren Arbeitnehmern		x		Statisch
32	Fluktuation der Arbeitnehmer		x		Dynamisch
33	Verfügbarkeit unabhängiger Medien	x			Statisch
	Wirtschaftlich				
34	Bildungsniveau		x		Statisch
35	Treibstoffkosten		x		Dynamisch
36	Steuersatz		x		Dynamisch
37	Hebesätze der Gewerbesteuer			x	Dynamisch
38	Stromkosten		x		Dynamisch
39	Gaskosten		x		Dynamisch
40	Frischwasserkosten		x		Dynamisch
41	Abwasserkosten		x		Dynamisch
42	Wechselkurse			x	Dynamisch
43	Inflation			x	Dynamisch

Nr.	Standortfaktoren	Optional	Relevant	Sehr Rele-	Skalentyp
44	Kaufkraft		x		Dynamisch
45	Zölle			x	Dynamisch
46	Lohnkosten			x	Dynamisch

8.8 Auswahl der im Demonstrator umgesetzten Standortfaktoren inkl. Quellenangabe

Tabelle 8-8: Übersicht der im Demonstrator integrierten Standortfaktoren inkl. deren Quelle

Nr.	Standortfaktoren
	Grundstücksspezifisch
1	Erweiterungsmöglichkeiten
2	Zeit für die Kaufabwicklung
3	Zeit bis zur Verfügbarkeit des Grundstücks
4	Erschließungskosten
5	Erschließungsstatus des Grundstücks
	Wirtschaftlich
6	Inflation
7	Kaufkraft
8	Wechselkurse
9	Abwasserkosten

Nr.	Standortfaktoren
10	Lohnkosten
11	Treibstoffkosten
12	Hebesätze der Gewerbesteuer
13	Stromkosten
14	Gaskosten
15	Frischwasserkosten
16	Zölle
17	Bildungsniveau
18	Steuersatz (Mehrwertsteuer)
	Politisch
19	politisches Risiko
20	Fluktuation der Arbeitnehmer
21	Verfügbarkeit unabhängiger Medien
22	Arbeitszeitflexibilität der Arbeitnehmer
23	Arbeitnehmerqualifikation
24	Verfügbarkeit an Arbeitnehmern
	Klimatisch/Infrastrukturell
25	Distanz Banken und Kreditinstitute
26	Gefahr von Stürmen
27	Distanz zur Autobahn
28	Luftfeuchtigkeit
29	Distanz zu Bildungseinrichtungen
30	Distanz zum Flughafen
31	Distanz zum Bahnhof
32	Distanz zu Krankenhäusern

Nr.	Standortfaktoren
33	Distanz zu Forschungseinrichtungen
34	Gefahr von Starkregen
35	Distanz zum Hafen
36	Verfügbarer Wohnraum in der Nähe zum Standort
37	Wasserqualität
38	Temperaturniveau

8.9 Fragebogen für die Expertenbefragung

Tabelle 8-9: Fragebogen über Nutzerpräferenzen für die Expertenbefragung

Nr.	Standortfaktoren	Sehr unwichtig	Unwichtig	Mittel	Wichtig	Sehr wichtig
	Grundstückspezifisch					
1	Erweiterungsmöglichkeiten					
2	Geringe Zeit für die Kaufabwicklung					
3	Ein direktes zur Verfügung stehen des Grundstücks					
4	Geringe Erschließungskosten					
5	Ein bereits erschlossenes Grundstück					
	Klimatisch/ Infrastrukturell					
6	Eine geringe Distanz zur Autobahn					
7	Eine geringe Distanz zum Flughafen					
8	Eine geringe Distanz zum Bahnhof					

Nr.	Standortfaktoren	Sehr unwichtig	Unwichtig	Mittel	Wichtig	Sehr wichtig
9	Eine geringe Distanz zum Hafen					
10	Verfügbarer Wohnraum in der Nähe zum Standort					
11	Eine geringe Distanz zu Krankenhäusern					
12	Eine geringe Distanz zu Bildungseinrichtungen					
13	Eine geringe Distanz zu Forschungseinrichtungen					
14	Eine geringe Distanz Banken und Kreditinstitute					
15	Eine geringe Luftfeuchtigkeit					
16	Eine hohe Wasserqualität					
17	Ein konstantes Temperaturniveau					
18	Eine Geringe Gefahr von Überschwemmungen durch Starkregen					
19	Eine geringe Gefahr durch Sturmschäden					
	Politisch					
20	Ein geringes politisches Risiko					
21	Eine hohe Arbeitnehmerqualifikation					
22	Eine hohe Arbeitszeitflexibilität der Arbeitnehmer					
23	Eine große Verfügbarkeit an Arbeitnehmern					
24	Eine geringe Fluktuation der Arbeitnehmer					
25	Die Verfügbarkeit unabhängiger Medien					
	Wirtschaftlich					
26	Ein hohes Bildungsniveau					

Nr.	Standortfaktoren	Sehr unwichtig	Unwichtig	Mittel	Wichtig	Sehr wichtig
27	Geringe Treibstoffkosten					
28	Ein geringer Steuersatz (Mehrwertsteuer)					
29	Geringe Hebesätze der Gewerbesteuer					
30	Geringe Stromkosten					
31	Geringe Gaskosten					
32	Geringe Frischwasserkosten					
33	Geringe Abwasserkosten					
34	Stabile Wechselkurse					
35	Eine geringe Inflation					
36	Eine hohe Kaufkraft					
37	Geringe Zölle					
38	Geringe Lohnkosten					

8.10 Allgemeines Profil der Nutzerpräferenzen

Tabelle 8-10: Ergebnis der Expertenbefragung: Allgemeines Nutzerprofil

Nr.	Standortfaktoren	Sehr unwichtig	Unwichtig	Mittel	Wichtig	Sehr wichtig
	Grundstückspezifisch					
1	Erweiterungsmöglichkeiten					x
2	Geringe Zeit für die Kaufabwicklung			x		

Nr.	Standortfaktoren	Sehr unwichtig	Unwichtig	Mittel	Wichtig	Sehr wichtig
3	Ein direktes zur Verfügung stehen des Grundstücks				x	
4	Geringe Erschließungskosten			x		
5	Ein bereits erschlossenes Grundstück				x	
	Klimatisch/ Infrastrukturell					
6	Eine geringe Distanz zur Autobahn					x
7	Eine geringe Distanz zum Flughafen			x		
8	Eine geringe Distanz zum Bahnhof		x			
9	Eine geringe Distanz zum Hafen			x		
10	Verfügbarer Wohnraum in der Nähe zum Standort				x	
11	Eine geringe Distanz zu Krankenhäusern			x		
12	Eine geringe Distanz zu Bildungseinrichtungen				x	
13	Eine geringe Distanz zu Forschungseinrichtungen			x		
14	Eine geringe Distanz Banken und Kreditinstitute		x			
15	Eine geringe Luftfeuchtigkeit			x		
16	Eine hohe Wasserqualität				x	
17	Ein konstantes Temperaturniveau			x		
18	Eine Geringe Gefahr von Überschwemmungen durch Starkregen				x	
19	Eine geringe Gefahr durch Sturmschäden				x	
	Politisch					
20	Ein geringes politisches Risiko					x
21	Eine hohe Arbeitnehmerqualifikation				x	

Nr.	Standortfaktoren	Sehr unwichtig	Unwichtig	Mittel	Wichtig	Sehr wichtig
22	Eine hohe Arbeitszeitflexibilität der Arbeitnehmer			x		
23	Eine große Verfügbarkeit an Arbeitnehmern				x	
24	Eine geringe Fluktuation der Arbeitnehmer			x		
25	Die Verfügbarkeit unabhängiger Medien		x			
	Wirtschaftlich					
26	Ein hohes Bildungsniveau			x		
27	Geringe Treibstoffkosten			x		
28	Ein geringer Steuersatz (Mehrwertsteuer)			x		
29	Geringe Hebesätze der Gewerbesteuer				x	
30	Geringe Stromkosten				x	
31	Geringe Gaskosten				x	
32	Geringe Frischwasserkosten			x		
33	Geringe Abwasserkosten			x		
34	Stabile Wechselkurse				x	
35	Eine geringe Inflation				x	
36	Eine hohe Kaufkraft			x		
37	Geringe Zölle				x	
38	Geringe Lohnkosten				x	

8.11 Kostenfokussiertes Profil der Nutzerpräferenzen

Tabelle 8-11: Ergebnis der Expertenbefragung: Kostenfokussiertes Nutzerprofil

Nr.	Standortfaktoren	Sehr unwichtig	Unwichtig	Mittel	Wichtig	Sehr wichtig
	Grundstücksspezifisch					
1	Ein direktes zur Verfügung stehen des Grundstücks				x	
2	Erweiterungsmöglichkeiten					x
3	Geringe Erschließungskosten				x	
4	Geringe Zeit für die Kaufabwicklung			x		
5	Ein bereits erschlossenes Grundstück				x	
	Klimatisch/ Infrastrukturell					
6	Eine geringe Distanz zur Autobahn					x
7	Eine geringe Distanz zum Flughafen			x		
8	Eine geringe Distanz zum Bahnhof		x			
9	Eine geringe Distanz zum Hafen			x		
10	Verfügbarer Wohnraum in der Nähe zum Standort				x	
11	Eine geringe Distanz zu Krankenhäusern			x		
12	Eine geringe Distanz zu Bildungseinrichtungen				x	
13	Eine geringe Distanz zu Forschungseinrichtungen			x		
14	Eine geringe Distanz Banken und Kreditinstitute		x			
15	Eine geringe Luftfeuchtigkeit				x	
16	Eine hohe Wasserqualität			x		

Nr.	Standortfaktoren	Sehr unwichtig	Unwichtig	Mittel	Wichtig	Sehr wichtig
17	Ein konstantes Temperaturniveau			x		
18	Eine Geringe Gefahr von Überschwemmungen durch Starkregen				x	
19	Eine geringe Gefahr durch Sturmschäden				x	
	Politisch					
20	Ein geringes politisches Risiko					x
21	Eine hohe Arbeitnehmerqualifikation				x	
22	Eine hohe Arbeitszeitflexibilität der Arbeitnehmer			x		
23	Eine große Verfügbarkeit an Arbeitnehmern				x	
24	Eine geringe Fluktuation der Arbeitnehmer			x		
25	Die Verfügbarkeit unabhängiger Medien		x			
	Wirtschaftlich					
26	Ein hohes Bildungsniveau			x		
27	Geringe Treibstoffkosten				x	
28	Ein geringer Steuersatz (Mehrwertsteuer)			x		
29	Geringe Hebesätze der Gewerbesteuer					x
30	Geringe Stromkosten					x
31	Geringe Gaskosten					x
32	Geringe Frischwasserkosten				x	
33	Geringe Abwasserkosten				x	
34	Stabile Wechselkurse					x
35	Eine geringe Inflation					x
36	Eine hohe Kaufkraft			x		

Nr.	Standortfaktoren	Sehr unwichtig	Unwichtig	Mittel	Wichtig	Sehr wichtig
37	Geringe Zölle					x
38	Geringe Lohnkosten					x

8.12 Mitarbeiterfokussiertes Profil nach der Expertenbefragung

Tabelle 8-12: Ergebnis der Expertenbefragung: Mitarbeiterfokussiertes Nutzerprofil

Nr.	Standortfaktoren	Sehr unwichtig	Unwichtig	Mittel	Wichtig	Sehr wichtig
	Grundstückspezifisch					
1	Ein direktes zur Verfügung stehen des Grundstücks				x	
2	Erweiterungsmöglichkeiten					x
3	Geringe Erschließungskosten			x		
4	Geringe Zeit für die Kaufabwicklung			x		
5	Ein bereits erschlossenes Grundstück				x	
	Klimatisch/ Infrastrukturell					
6	Eine geringe Distanz zur Autobahn					x
7	Eine geringe Distanz zum Flughafen				x	
8	Eine geringe Distanz zum Bahnhof		x			
9	Eine geringe Distanz zum Hafen			x		
10	Verfügbarer Wohnraum in der Nähe zum Standort					x
11	Eine geringe Distanz zu Krankenhäusern				x	

Nr.	Standortfaktoren	Sehr unwichtig	Unwichtig	Mittel	Wichtig	Sehr wichtig
12	Eine geringe Distanz zu Bildungseinrichtungen					x
13	Eine geringe Distanz zu Forschungseinrichtungen				x	
14	Eine geringe Distanz Banken und Kreditinstitute			x		
15	Eine geringe Luftfeuchtigkeit				x	
16	Eine hohe Wasserqualität			x		
17	Ein konstantes Temperaturniveau			x		
18	Eine Geringe Gefahr von Überschwemmungen durch Starkregen				x	
19	Eine geringe Gefahr durch Sturmschäden				x	
	Politisch					
20	Ein geringes politisches Risiko					x
21	Eine hohe Arbeitnehmerqualifikation					x
22	Eine hohe Arbeitszeitflexibilität der Arbeitnehmer				x	
23	Eine große Verfügbarkeit an Arbeitnehmern					x
24	Eine geringe Fluktuation der Arbeitnehmer				x	
25	Die Verfügbarkeit unabhängiger Medien			x		
	Wirtschaftlich					
26	Ein hohes Bildungsniveau				x	
27	Geringe Treibstoffkosten			x		
28	Ein geringer Steuersatz (Mehrwertsteuer)				x	
29	Geringe Hebesätze der Gewerbesteuer				x	
30	Geringe Stromkosten				x	

Nr.	Standortfaktoren	Sehr unwichtig	Unwichtig	Mittel	Wichtig	Sehr wichtig
31	Geringe Gaskosten				x	
32	Geringe Frischwasserkosten			x		
33	Geringe Abwasserkosten			x		
34	Stabile Wechselkurse				x	
35	Eine geringe Inflation				x	
36	Eine hohe Kaufkraft			x		
37	Geringe Zölle				x	
38	Geringe Lohnkosten				x	

8.13 Fragebogen für die Validierung mithilfe des Softwaredemonstrators

Name der interviewenden Person:

Name der befragten Person:

Unternehmen der befragten Person:

Position befragten Person:

Datum:

Ort:

Art: (telefonisch/ Videokonferenz)

Teil 1: Gedankenexperiment

Standort-parameter	Standort 1	Standort 2	Standort 3	Einheit
Greenfield oder Brownfield	Greenfield	Greenfield	Brownfield	-
Lage	Erlen-bruch18, 15366 Neuen-hagen (bei Berlin)	Spree-Neiße Kreiss, 03099 Kolkwitz	Genthiner Straße 14a, 39539 Havel-berg	-
Grundstücksgröße	7000	6700	4000	m²
Kaufpreis	0	0		€
Mietpreis	30000	18000	42000	€
Schienenanschluss vorhanden?	Nein	Nein	Nein	-
Grundstück erschlossen?	Teilerschlos-sen	Nein	Ja	-
Arbeitslosigkeit	4,3	4,3	4,3	% der gesam-ten Erwerbs-bevölkerung
Gewinnsteuer	0	0	0	% der ge-werblichen Gewinne
Konsumausgaben der priva-ten Haushalte und privaten Organisationen ohne Erwerbszweck	1.709,30	1.709,30	1.709,30	Mio US$
Lohn- und Gehalts-empfänger	1.012.630	1.012.630	1.012.630	% der Ge-samtbeschäf-tigung
Kaufkraft	55.220	55.220	55.220	US$

Standort-parameter	Standort 1	Standort 2	Standort 3	Einheit
Inflation	1,6	1,6	1,6	jährlich %
Pumpenpreis für Diesel-kraftstoff	1,39	1,39	1,39	US$ pro Liter
Steuern auf internationalen Handel	0	0	0	% der Ein-nahmen
Verfügbarkeit unab-hängiger Medien	8,25	8,25	8,25	-
Wasserqualität	99	99	99	-
Erdbebengefährdung	3,5	4,5	3,5	EMS
Distanz zum Flughafen	55	18,2	132	km
Distanz zum Bahnhof	4,4	6,3	9,8	km
Distanz zum Krankenhaus	18,8	5,6	23	km
Distanz zur Autobahn	7,4	1,1	52,1	km
Distanz Hafen	303	409	202	km
Distanz Bildungs-einrichtung	3,2	1	0,9	km

Teil 2: Anwendung des Softwaredemonstrators

Frage 1 Wie hoch würden Sie den Aufwand der Standortsuche mit dem Softwaredemonstrator im Vergleich zur manuellen Standortauswahl bewerten?

1 2 3 4 5

Haben Sie Wünsche oder Verbesserungsvorschläge?

Frage 2	Wie Nutzerfreundlich empfanden Sie das Arbeiten mit dem vorgestellten Softwaredemonstrator? War die Nutzung des Softwaredemonstrators für Sie einfach und intuitiv möglich? 1 2 3 4 5 Haben Sie Wünsche oder Verbesserungsvorschläge?
Frage 3	Wie bewerten Sie die Transparenz des Softwaredemonstrators über den Entscheidungsprozess? 1 2 3 4 5 Haben Sie Wünsche oder Verbesserungsvorschläge?
Frage 4	Haben Sie noch weitere Anmerkungen bzw. Ergänzungen zum Lösungsmodell oder dem Softwaredemonstrator?

8.14 Softwaredemonstrator: Startseite /Einführung

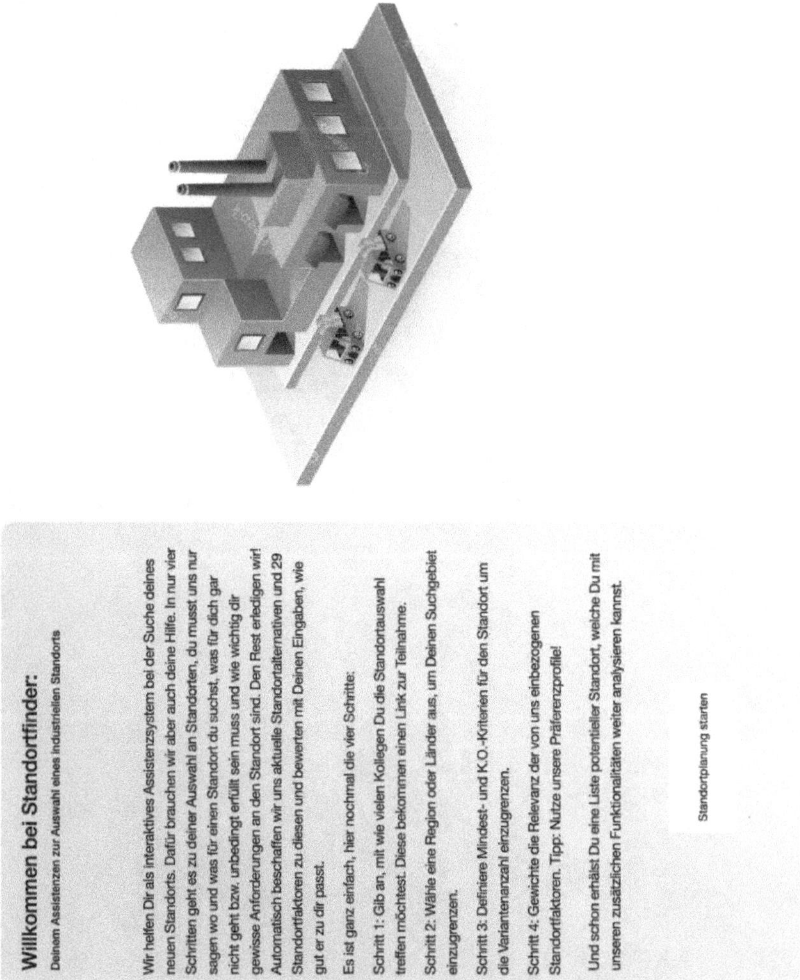

Abbildung 8-4: Startseite und initiale Erläuterungen des Softwaredemonstrators

8.15 Softwaredemonstrator: Anzahl Entscheidungsträger

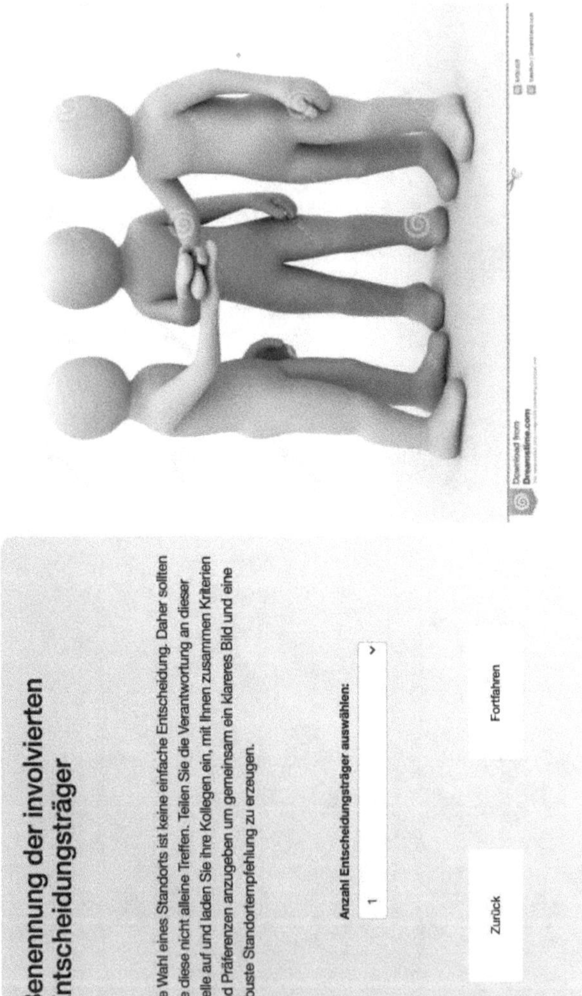

Abbildung 8-5: Benennung der involvierten Entscheidungsträger

8.16 Softwaredemonstrator: Region- und Länderauswahl

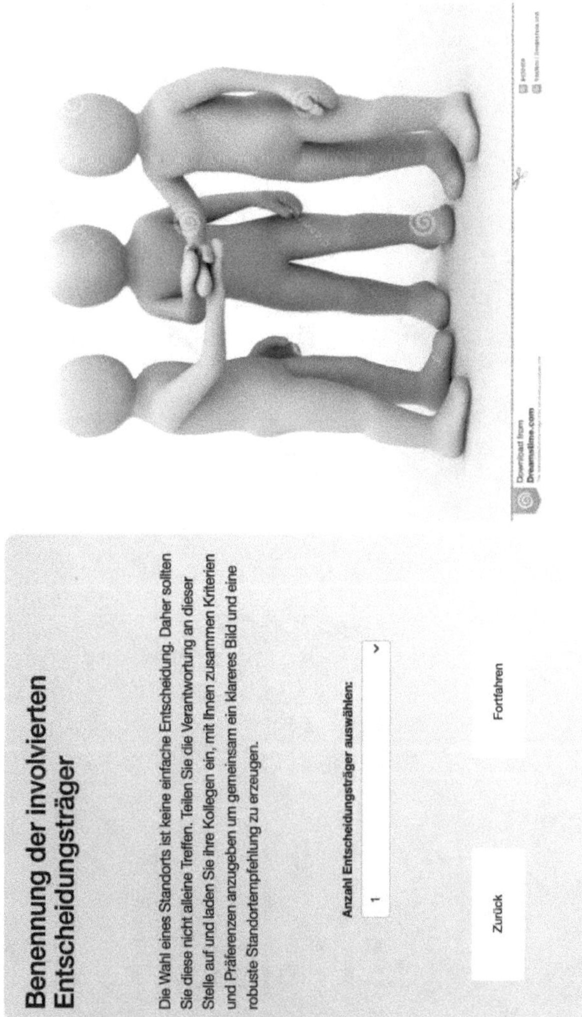

Abbildung 8-6: Festlegen von Region(en) bzw. Länder(n) für den neuen Standort

8.17 Softwaredemonstrator: K.O.-Kriterien

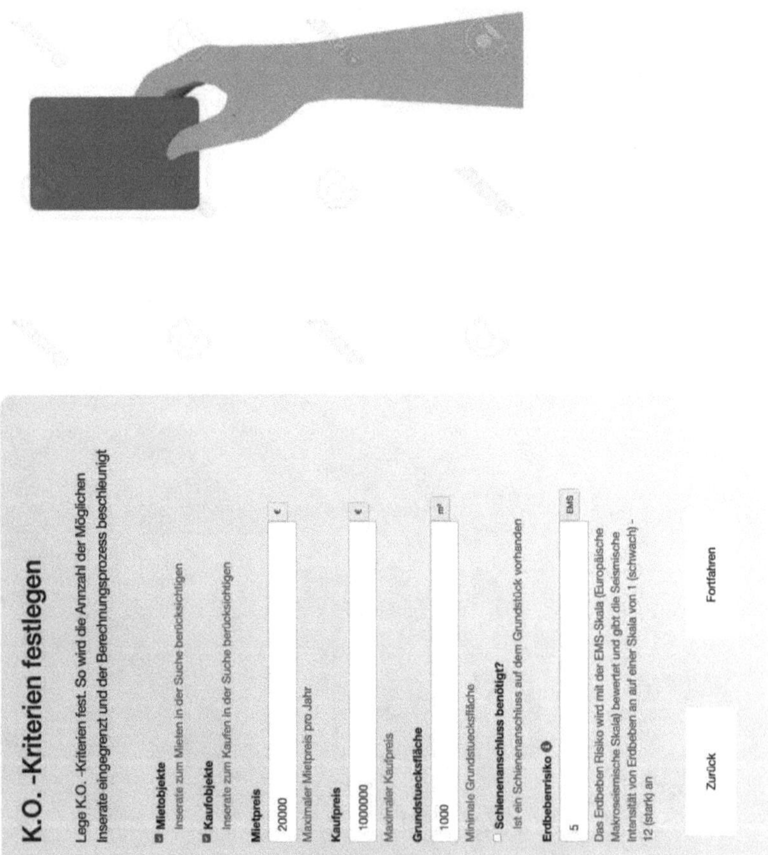

Abbildung 8-7: Definieren der K.O.-Kriterien

8.18 Softwaredemonstrator: Nutzerpräferenzen

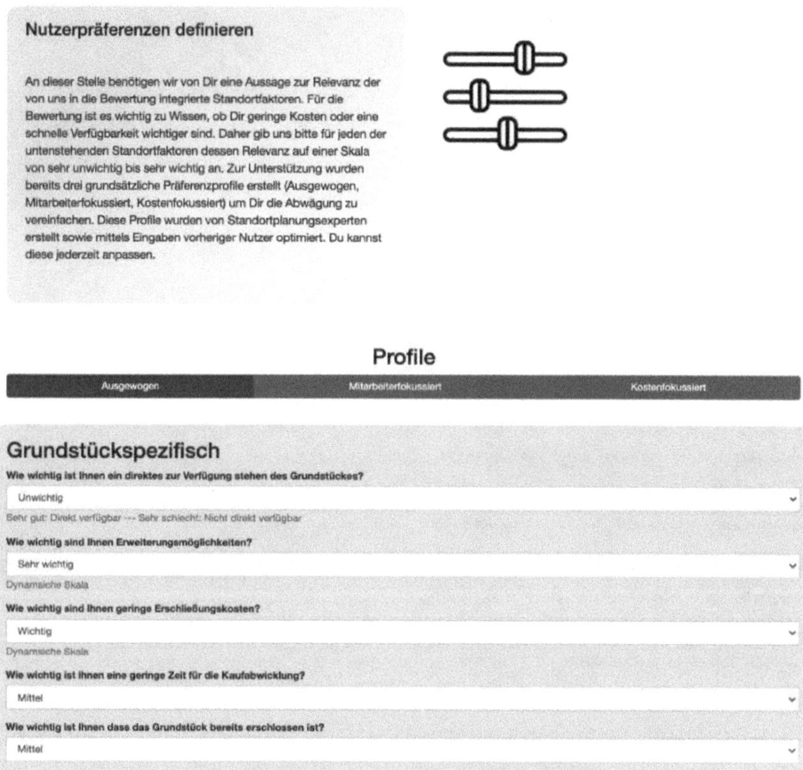

Abbildung 8-8: Bestimmen der Nutzerpräferenzen, Abschnitt 1 von 4 (Grundstückspezifisch)

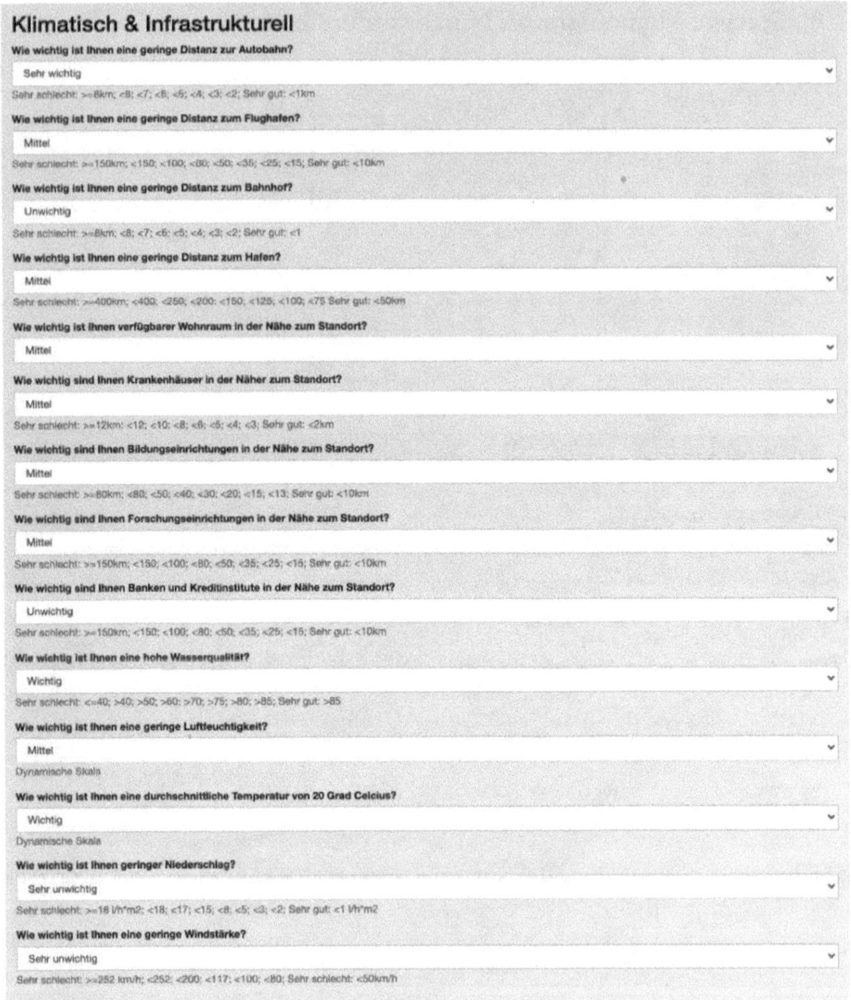

Klimatisch & Infrastrukturell

Wie wichtig ist Ihnen eine geringe Distanz zur Autobahn?

Sehr wichtig

Sehr schlecht: >=8km; <8; <7; <6; <5; <4; <3; <2; Sehr gut: <1km

Wie wichtig ist Ihnen eine geringe Distanz zum Flughafen?

Mittel

Sehr schlecht: >=150km; <150; <100; <80; <50; <35; <25; <15; Sehr gut: <10km

Wie wichtig ist Ihnen eine geringe Distanz zum Bahnhof?

Unwichtig

Sehr schlecht: >=8km; <8; <7; <6; <5; <4; <3; <2; Sehr gut: <1

Wie wichtig ist Ihnen eine geringe Distanz zum Hafen?

Mittel

Sehr schlecht: >=400km; <400; <250; <200: <150, <125, <100; <75 Sehr gut: <50km

Wie wichtig ist Ihnen verfügbarer Wohnraum in der Nähe zum Standort?

Mittel

Wie wichtig sind Ihnen Krankenhäuser in der Näher zum Standort?

Mittel

Sehr schlecht: >=12km: <12; <10: <8; <6: <5; <4; <3; Sehr gut: <2km

Wie wichtig sind Ihnen Bildungseinrichtungen in der Nähe zum Standort?

Mittel

Sehr schlecht: >=80km; <80; <50; <40; <30; <20; <15; <13; Sehr gut: <10km

Wie wichtig sind Ihnen Forschungseinrichtungen in der Nähe zum Standort?

Mittel

Sehr schlecht: >=150km; <150; <100; <80; <50; <35; <25; <15; Sehr gut: <10km

Wie wichtig sind Ihnen Banken und Kreditinstitute in der Nähe zum Standort?

Unwichtig

Sehr schlecht: >=150km; <150; <100; <80; <50; <35; <25; <15; Sehr gut: <10km

Wie wichtig ist Ihnen eine hohe Wasserqualität?

Wichtig

Sehr schlecht: <=40; >40; >50; >60: >70; >75; >80; >85; Sehr gut: >85

Wie wichtig ist Ihnen eine geringe Luftfeuchtigkeit?

Mittel

Dynamische Skala

Wie wichtig ist Ihnen eine durchschnittliche Temperatur von 20 Grad Celcius?

Wichtig

Dynamische Skala

Wie wichtig ist Ihnen geringer Niederschlag?

Sehr unwichtig

Sehr schlecht: >=18 l/h*m2; <18; <17; <15; <8: <5; <3; <2; Sehr gut: <1 l/h*m2

Wie wichtig ist Ihnen eine geringe Windstärke?

Sehr unwichtig

Sehr schlecht: >=252 km/h; <252: <200: <117: <100; <80; Sehr schlecht: <50km/h

Abbildung 8-9: Bestimmen der Nutzerpräferenzen, Abschnitt 2 von 4 (Klimatisch & Infrastrukturell)

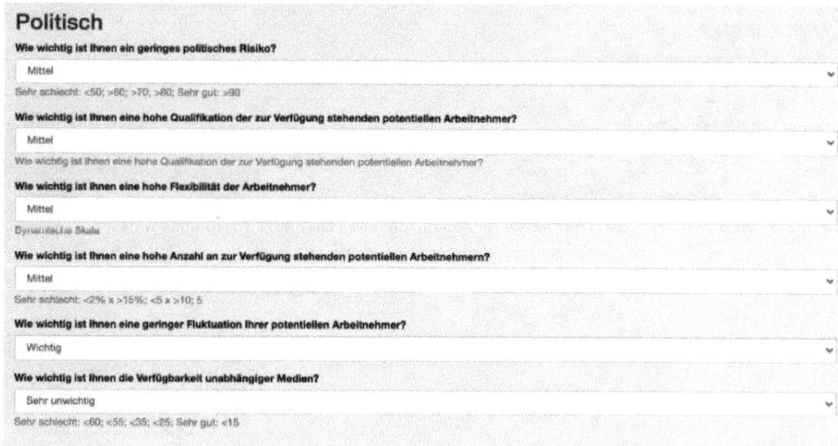

Abbildung 8-10: Bestimmen der Nutzerpräferenzen, Abschnitt 3 von 4 (Politisch)

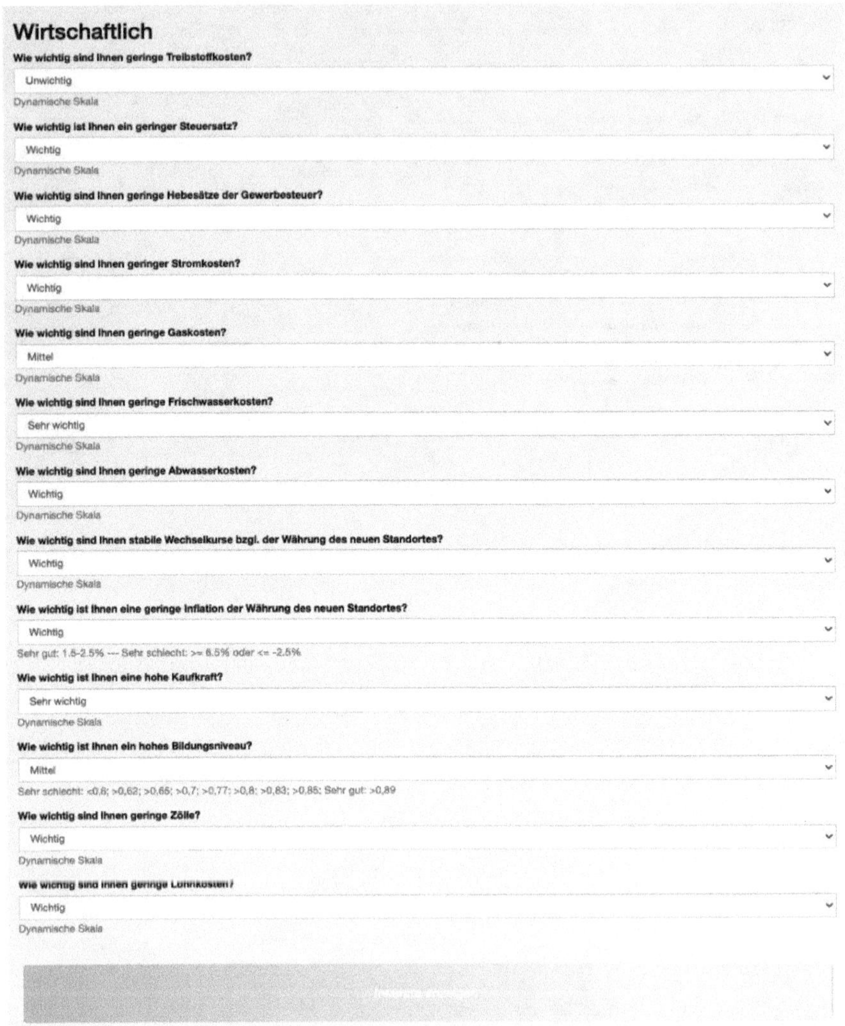

Abbildung 8-11: Bestimmen der Nutzerpräferenzen, Abschnitt 4 von 4 (Wirtschaftlich)

8.19 Softwaredemonstrator: Standortranking

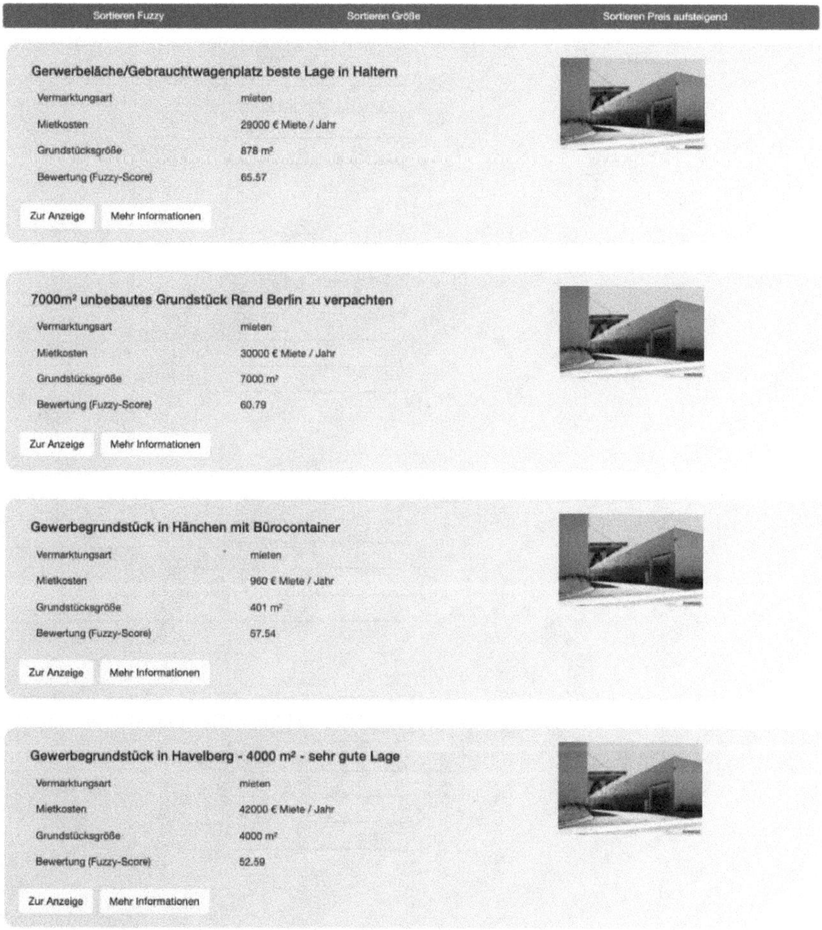

Abbildung 8-12: Darstellung des Standortrankings und der grundlegenden Standortinseratinformationen

8.20 Softwaredemonstrator: Detailansicht Standortranking

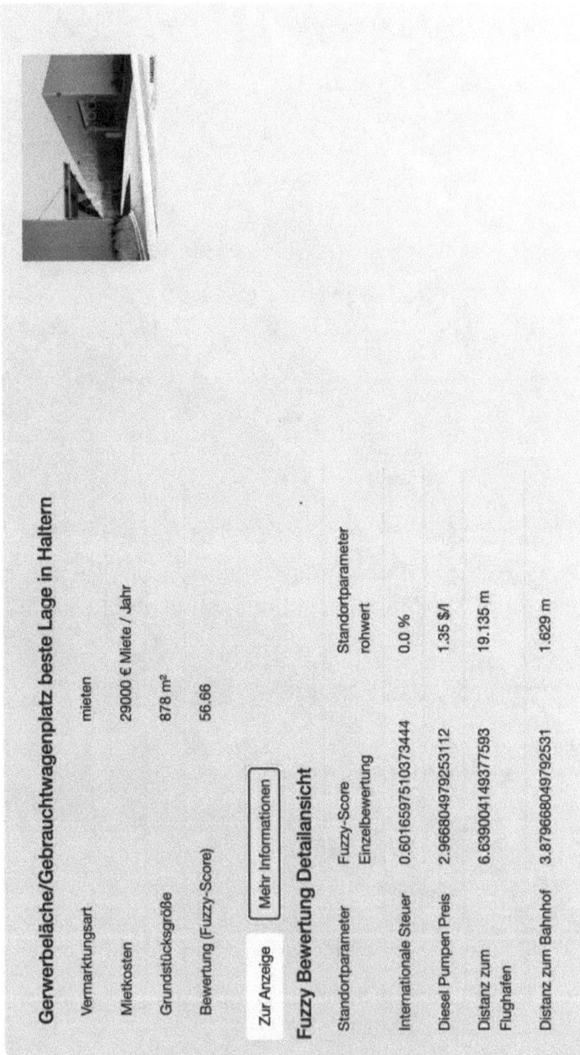

Abbildung 8-13: Detaillierte Standort- und Bewertungsinformationen für ein beispielhaftes Standortinserat

Literaturverzeichnis

Aamodt, A.; Plaza, E., Case-Based Reasoning: Foundational Issues, Methodological Variations, and System Approaches, In: AI Communications, Nr. 1, 7. Jg., 1994, S. 39-59.

Ahn, L. von*; Blum, M.; Hopper, N.; Langford, J.*, CAPTCHA: Using Hard AI Problems for Security, In: Biham, E. (Hrsg.): Advances in Cryptology - EUROCRYPT 2003 - International Conference on the Theory and Applications of Cryptographic Techniques, Warsaw, Poland, May 4-8, 2003 Proceedings, Springer Verlag, Berlin, Heidelberg, 2003, S. 294-311.

Alfred Ultsch, Eine Begründung der Pareto-80/20 Regel und Grenzwerte für die ABC-Analyse, Marbug, 2001.

Bamberg, G.; Coenenberg, A. G.; Krapp, M., Betriebswirtschaftliche Entscheidungslehre, 14. überarbeitete Auflage; Vahlen, München, 2008.

Bell, J., Machine Learning - Hands-On For Developers And Tech Nical Professionals, 2. Auflage; Wiley, 2020.

Benayoun, R.; Roy, B.; Sussman, B., Electre: Une méthode pour guider le choix en présence de points de vue multiples., In: Note De Synthese et Formaton, Nr. 25, 1966.

Bertalanffy, L. von, General system theory - Foundations, development, applications, überarbeitete Auflage; George Braziller Inc, New York, 2015.

Binder, V. A.; Kantowsky, J., Technologiepotentiale - Neuausrichtung der Gestaltungsfelder des Strategischen Technologiemanagements, Deutscher Universitätsverlag, Wiesbaden, 1996.

BMWi (2015) BMWI15, Industrie 4.0 und Digitale Wirtschaft - Impulse für Wachstum, Beschäftigung und Innovation. URL: www.bmwi.de 18.12.2019.

Bodenmann, B. R., Modelle zur Standortwahl von Unternehmen, ETH Zurich, 2005.

Bogdanow, M., Standortplanungsmodelle: Softwarelösungen und deren praktische Bedeutung in Frachtumschlag und Lagerie, In: Kotzab, H. (Hrsg.): Schriftenreihe des Lehrstuhls für Logistikmanagement,, 2018.

Bogner, A.; Littig, B.; Menz, W., Das Experteninterview - Theorie, Methode, Anwendung, VS Verlag für Sozialwissenschaften, Wiesbaden, 2002.

Booth, A., "Brimful of STARLITE": toward standards for reporting literature searches, In: Journal of the Medical Library Association, Nr. 4, 94. Jg., 2006, 421-429.

Börsig, C.; Werder, A. v., Globalisierung aus unternehmensstrategischer Sicht - Kongress-Dokumentation 62. Deutscher Betriebswirtschafter-Tag 2008, Schäffer-Poeschel Verlag für Wirtschaft Steuern Recht GmbH, 2009.

Bothe, H.-H., Fuzzy Logic - Einführung in Theorie und Anwendungen, 2. erweiterte Auflage; Springer Verlag, Berlin, Heidelberg, 1995.

Bracht, U., Ansätze und Methoden der Digitalen FabrikProceedings Simulation und Visualisierung 2002 (SimVis2002), Magdeburg, 2002, S. 1-12.

Bracht, U.; Geckler, D.; Wenzel, S., Digitale Fabrik - Methoden und Praxisbeispiele, 2. aktualisierte und erweiterte Auflage; Springer Vieweg, Berlin, 2018.

Brocke, J.; Simons, A.; Niehaves, B.; Niehaves, B.; Reimer, K.; Plattfaut, R.; Cleven, A., Reconstructing the Giant: On the importance of rigour in documenting the literature search process, In: ECIS 2009 Proceedings, 2009.

Brown, R., Toward a prescriptive science and technology of decision aiding, In: Annals of Operations Research, Nr. 1, 19. Jg., 1989, S. 465-483.

Burggräf, P., Wertorientierte Fabrikplanung, Dissertation, RWTH Aachen, 2012.

Burggräf, P.; Dannapfel, M.; Vierschilling, S., Integrated Factory Modelling – Enabling Dynamic Changes for the Factory of the Future at the Example of E.GO Mobile AG, In: Dröder, K.; Vietor, T. (Hrsg.): Technologies for economic and functional lightweight design, Springer Berlin Heidelberg, Berlin, Heidelberg, 2021, S. 69-81.

Burggräf, P.; Koch, S.; Ebade Esfahani, M.; Vierschilling, S.; Hahn, V., Layoutplanung, In: Burggräf, P.; Schuh, G. (Hrsg.): Fabrikplanung, Springer Berlin Heidelberg, Berlin, Heidelberg, 2021, S. 409-454.

Chang, Y.-H.; Yeh, C.-H., Evaluating airline competitiveness using multiattribute decision making, In: Omega, Nr. 5, 29. Jg., 2001, S. 405-415.

Chou, S.-Y.; Chang, Y.-H.; Shen, C.-Y., A fuzzy simple additive weighting system under group decision-making for facility location selection with objective/subjective attributes, In: European Journal of Operational Research, Nr. 1, 189. Jg., 2008, S. 132-145.

Chowdhury, G. G., Introduction to modern information retrieval, 3. Auflage; Facet Publisher, London, 2010.

Cleve, J.; Lämmel, U., Data Mining, De Gruyter Oldenbourg, München, 2014.

Constantinescu, C.; Francalanza, E.; Matarazzo, D., Towards Knowledge Capturing and Innovative Human-system Interface in an Open-source Factory Modelling and Simulation Environment, In: Procedia CIRP, 33. Jg., 2015, S. 23-28.

Constantinescu, C.; Francalanza, E.; Matarazzo, D.; Balkan, O., Information Support and Interactive Planning in the Digital Factory: Approach and Industry-driven Evaluation, In: Procedia CIRP, 25. Jg., 2014, S. 269-275.

Cooper, H., Organizing knowledge syntheses: A taxonomy of literature reviews, In: Knowledge in Society, Nr. 1, 1. Jg., 1988, S. 104-126.

Dapp, M.; Dian, B.; Palmetshofer, W.; Krcmar, H., Open Data. The Benefits. - Das volkswirtschaftliche Potential für Deutschland, Konrad Adenauer Stiftung e.V. (KAS), 2016.

Devi, K.; Yadav, S., A multicriteria intuitionistic fuzzy group decision making for plant location selection with ELECTRE method, In: ACM SIGKDD Explorations, Nr. 9-12, 66. Jg., 2013, S. 1219-1229.

DIN Deutsches Institut für Normung e. V. (1988) DIN 88
DIN 44300. Beuth Verlag GmbH 1988-11

Dyckhoff, H., Produktionstheorie - Grundzüge industrieller Produktionswirtschaft : mit 20 Tabellen, 5. überarbeitete. Auflage; Springer Verlag, Berlin, Heidelberg, 2006.

Eisenführ, F.; Weber, M.; Langer, T., Rationales Entscheiden, 5. überarbeitete und erweiterte Auflage; Springer Verlag, Berlin, 2010.

Fank, M., Einführung in das Informationsmanagement - Grundlagen, Methoden, Konzepte, 2. ergänzte Auflage, Neudruck 2017; Oldenbourg Wissenschaftsverlag, Berlin, Boston, 2018.

Fischer, P.; Hofer, P., Lexikon der Informatik, 15. überarbeitete Auflage; Springer Verlag, Berlin, Heidelberg, 2011.

Francalanza, E.; Borg, J.; Constantinescu, C., Development and evaluation of a knowledge-based decision-making approach for designing changeable manufacturing systems, In: CIRP Journal of Manufacturing Science and Technology, 16. Jg., 2017, S. 1-21.

Gauch, S.; Speretta, M.; Chandramouli, A.; Micarelli, A., User Profiles for Personalized Information Access, In: Brusilovsky, P.; Kobsa, A.; Nejdl, W. (Hrsg.): The adaptive Web - Methods and strategies of Web personalization, Springer, Berlin, Heidelberg, 2007, S. 54-89.

Ghazvinei, P. T.; Mir, M. A.; Darvishi, H. H.; Ariffin, J., University Campus Solid Waste Management - Combining Life Cycle Assessment and Analytical Hierarchy Process, Springer International Publishing, Cham, 2017.

Gilboa, I.; Schmeidler, D., A theory of case-based decisions, Cambridge University Press, Cambridge, 2001.

Godau, M., Die Bedeutung weicher Standortfaktoren bei Auslandsinvestitionen mit besonderer Berücksichtigung des Fallbeispiels Thailand, Dissertation, 2001.

Grundig, C.-G., Fabrikplanung - Planungssystematik - Methoden - Anwendungen, 6.neu bearbeitete Auflage; Hanser Verlag, München, 2018.

Grünig, R.; Kühn, R., Entscheidungsverfahren für komplexe Probleme - Ein heuristischer Ansatz, 4., korrigierte und überarb. Aufl.; Springer Gabler Verlag; s, Berlin, 2013.

Heinrich, L. J.; Roithmayr, F., Wirtschaftsinformatik-Lexikon - Mit etwa 3500 Stichwörtern und 2500 Verweisstichwörtern, einem Anhang deutsch-, englisch- und französischsprachiger Abkürzungen und Akronyme, einschlägiger Fachzeitschriften und Lehr- und Forschungseinrichtungen, Verbände und Vereinigungen sowie einem englischsprachigen Index, 6. vollständig überarbeitete und erweiterte Auflage; Oldenbourg, München, 1998.

Heinrich, L. J.; Stelzer, D.; Riedl, R., Informationsmanagement - Grundlagen, Aufgaben, Methoden, 11. Auflage; De Gruyter Oldenbourg, Berlin/Boston, 2014.

Hemenway, K.; Calishain, T., Spidering Hacks - 100 Industrial-Strength Tips & Tools, O'Reilly Media Inc, Sebastopol, 2008.

Hippner, H.; Rentzmann, R., Text Mining, In: Informatik-Spektrum, Nr. 4, 29. Jg., 2006, S. 287-290.

Hübner, M.-J.; Bär, C.; Haushahn, M.; Weiß, M., IT-gestützte Standortauswahl bei Niederlassungen, In: Informatik-Spektrum, Nr. 3, 41. Jg., 2018, S. 160-169.

Hummel, B., Internationale Standortentscheidung - Einflußfaktoren, informatorische Fundierung und Unterstützung durch computergestützte Informationssysteme, Haufe, Freiburg im Breisgau, 1997.

Jian, G.; Gao, J.; Wang, Y., A multi-agent based knowledge search framework to support the product development process, In: International Journal of Computer Integrated Manufacturing, Nr. 3, 23. Jg., 2010, S. 237-247.

Kampker, A.; Klotzbach, C.; Harre, J., „Global Footprint“-Design, In: ZWF Zeitschrift für wirtschaftlichen Fabrikbetrieb, Nr. 5, 100. Jg., 2005, S. 236-239.

Kasprik, R., Rationale Unternehmens- und Marketingplanung - Strategische, operative und taktische Entscheidungen, Physica-Verlag HD, Heidelberg, 2002.

Kecher, C.; Salvanos, A., UML 2.5 - Das umfassende Handbuch, 5. aktualisierte und erweiterte Auflage; Galileo Computing, Bonn, 2015.

Keeney, R.; Raiffa, H.; Rajala, D., Decisions with Multiple Objectives: Preferences and Value Trade-Offs, In: IEEE Transactions on Systems, Man, and Cybernetics, Nr. 7, 9. Jg., 1979, S. 403.

Kellner, F.; Schröder, N., Data Mining mit unsicheren Daten, In: 2198-2775, Nr. 3, 55. Jg., 2018, S. 601-613.

Kim, G.; Debois, P.; Willis, J.; Humble, J.; Allspaw, J., The DevOps handbook - How to create world-class agility, reliability, and security in technology organizations, 1. Auflage; IT Revolution Press, Portland, OR, 2016.

Kinkel, S., Erfolgsfaktor Standortplanung - In- und ausländische Standorte richtig bewerten, 2. Auflage; Springer Verlag, 2009.

Kinkel, S.; Zanker, C., Globale Produktionsstrategien in der Automobilzulieferindustrie - Erfolgsmuster und zukunftsorientierte Methoden zur Standortbewertung, Springer Verlag, Berlin, Heidelberg, 2007.

Knauer, D., Act Big - neue Ansätze für das Informationsmanagement - Informationsstrategie im Zeitalter von Big Data und digitaler Transformation, Springer Gabler Verlag, Wiesbaden, 2015.

Koch Volkmar; Kuge Simon; Geissbauer Reinhard; Schrauf Stefan (2014) KOCH14, Industrie 4.0 - Chancen und Herausforderungen der vierten industriellen Revolution. URL: https://www.strategyand.pwc.com/de/de/studie/industrie-4-0.pdf 18.12.2019.

Kosala, R.; Blockeel, H., Web Mining Research: A Survey, In: ACM SIGKDD Explorations, Nr. 1, 2000, S. 1-15.

Krcmar, H., Informationsmanagement, 6. überarbeitete Auflage; Springer Gabler Verlag; s, Wiesbaden, 2015.

Krunke, M., Reifegradmanagement in der Fabrikplanung, Dissertation, RWTH Aachen, 2017.

Kubicek, H., Heuristische Bezugsrahmen und heuristisch angelegte Forschungsdesign als Elemente einer Konstruktionsstrategie empirischer Forschung, Institut für Unternehmensführung, Berlin, 1976.

Kühnapfel, J. B., Nutzwertanalysen in Marketing und Vertrieb, Springer Gabler Verlag, Wiesbaden, 2014.

Laanti, M.; Salo, O.; Abrahamsson, P., Agile methods rapidly replacing traditional methods at Nokia: A survey of opinions on agile transformation, In: Information and Software Technology, Nr. 3, 53. Jg., 2011, S. 276-290.

Lauth, H.-J.; Pickel, G.; Pickel, S., Mikrobasierte Verfahren der Datenanalyse, In: Lauth, H.-J.; Pickel, G.; Pickel, S. (Hrsg.): Methoden der vergleichenden Politikwissenschaft - Eine Einführung, 2. aktualisierte Auflage; Springer Verlag, Wiesbaden, 2015, S. 145-203.

Lay, G., Leitfaden Globalisierung erfolgreich meistern, VDMA-Verlag, Frankfurt a. M., 2001.

Lee, J.; Moray, N., Trust, control strategies and allocation of function in human-machine systems, In: Ergonomics, Nr. 10, 35. Jg., 1992, S. 1243-1270.

Lenz, M.; Burkhard, H.-D.; Bartsch-Spörl, B.; Wess, S., Case-Based Reasoning Technology - From Foundations to Applications, Springer Verlag, Berlin, Heidelberg, 1998.

Li, Q., A novel Likert scale based on fuzzy sets theory, In: Expert Systems with Applications, Nr. 5, 40. Jg., 2013, S. 1609-1618.

Lucke, J. von, Innovationsschub durch Open Data, Datenportale und Umsetzungswettbewerbe, In: Schauer, R.; Thom, N.; Hilgers, D. (Hrsg.): Innovative Verwaltungen - Innovationsmanagement als Instrument von Verwaltungsreformen, Trauner, Linz, 2011, S. 261-272.

Lunenburg, F., Decision Making Process, In: National Forum of Educational Administration and Supervision Journal, Nr. 27, 2010.

Mamdani, E.; Assilian, S., An experiment in linguistic synthesis with a fuzzy logic controller, In: International Journal of Man-Machine Studies, Nr. 1, 7. Jg., 1975, S. 1-13.

Marczinski, G., Digitale Fabrik - mit dem 4-Stufenmodell zum Erfolg, In: PPS Management, Nr. 10, 2005. Jg., 2005, 38-41.

Massimino, B., Accessing Online Data: Web-Crawling and Information-Scraping Techniques to Automate the Assembly of Research Data, In: Journal of Business Logistics, Nr. 1, 37. Jg., 2016, S. 34-42.

Mayer, R.; Davis, J.; Schoorman, F., An Integrative Model of Organizational Trust, In: The Academy of Management Review, Nr. 3, 20. Jg., 1995, S. 709.

Meckelnborg, A., Integrative Fabrikplanung durch effiziente Koordinationsmodelle - Eine sorgsame Auswahl der berühmtesten Sentenzen, 1. Auflage; Apprimus-Verlag, Aachen, 2015.

Metzger, S.; Durden, D.; Sturtevant, C.; Luo, H.; Pingintha-Durden, N.; Sachs, T.; Serafimovich, A.; Hartmann, J.; Li, J.; Xu, K.; Desai, A., eddy4R 0.2.0: a DevOps model for community-extensible processing and analysis of eddy-covariance data based on R, Git, Docker, and HDF5, In: Geoscientific Model Development, Nr. 9, 10. Jg., 2017, S. 3189-3206.

Meuser, M.; Nagel, U., Das Experteninterview — konzeptionelle Grundlagen und methodische Anlage, In: Pickel, S.; Jahn, D.; Lauth, H.-J.; Pickel, G. (Hrsg.): Methoden der vergleichenden Politik- und Sozialwissenschaft - Neue Entwicklungen und Anwendungen, 1. Auflage; VS Verlag für Sozialwissenschaften / GWV Fachverlage GmbH Wiesbaden, Wiesbaden, 2009, S. 465-479.

Minsky, M., Steps toward Artificial Intelligence, In: Proceedings of the IRE, Nr. 1, 49. Jg., 1961, S. 8-30.

Minz, R., IT als Managementaufgabe begreifen, In: Scheer, A.-W. (Hrsg.): Neue Märkte, neue Medien, neue Methoden - Roadmap zur agilen Organisation, Physica-Verlag HD, Heidelberg, 1998, S. 169-178.

Moher, D.; Shamseer, L.; Clarke, M.; Ghersi, D.; Liberati, A.; Petticrew, M.; Shekelle, P.; Stewart, L., Preferred reporting items for systematic review and meta-analysis protocols (PRISMA-P), In: Systematic Reviews, Nr. 1, 4. Jg., 2015, S. 1.

Mohr, G.; Stack, M.; Ranitovic, I.; Avery, D.; Kimptoon, M., Introduction to Heritrix - An open source archival quality web crawler, In: Proceedings of the 4th International Web Archiving Workshop IWAW'04, 2004.

Munoz, D.; Nembhard, H.; Camargo, K., A goal programming approach to address the proposal selection problem: a case study of a clinical and translational science institute, In: International Transactions in Operational Research, Nr. 1, 25. Jg., 2018, S. 405-423.

Neumann, G., Informationsextraktion, In: Carstensen, K.-U.; Ebert, C.; Endriss, C.; Jekat, S.; Klabunde, R.; Langer, H. (Hrsg.): Computerlinguistik und Sprachtechnologie - Eine Einführung, Spektrum Akadademischer Verlag, Heidelberg, 2001, S. 448-455.

Nissen, V., Ausgewählte Grundlagen der Fuzzy Set Theorie, Institut für Wirtschaftsinformatik, Ilmenau, 2007.

Nitzsch, R. von, Entscheidungslehre, 9. Auflage; Druck und Verlagshaus Mainz GmbH Aachen, Aachen, 2017.

Nöcker, J., Zustandsbasierte Fabrikplanung, Dissertation, RWTH Aachen, 2012.

Ottmann, M.; Lifka, S., Methoden der Standortanalyse, WBG, Darmstadt, 2010.

Owen, S.; Daskin, M., Strategic facility location: A review, In: European Journal of Operational Research, Nr. 3, 111. Jg., 1998, S. 423-447.

Paffrath, R.; Reese, J., Informationsmanagement - Strategien – Ressourcen – Prozesse, Erich Schmidt Verlag, Berlin, 2017.

Patel, J. M., Getting Structured Data from the Internet - Running Web Crawlers/Scrapers on a Big Data Production Scale, 1. Auflage; Apress; Imprint: Apress, Berkeley CA, 2020.

Patzak, G., Systemtechnik - Planung komplexer innovativer Systeme - Grundlagen, Methoden, Techniken, Springer Verlag, Berlin, Heidelberg, 1982.

Pawellek, G., Ganzheitliche Fabrikplanung - Grundlagen, Vorgehensweise, EDV-Unterstützung, 2. Aufl.; Springer Vieweg, Berlin, 2014.

Pickel, G.; Pickel, S., Qualitative Interviews als Verfahren des Ländervergleichs, In: Pickel, S.; Jahn, D.; Lauth, H.-J.; Pickel, G. (Hrsg.): Methoden der vergleichenden Politik- und Sozialwissenschaft - Neue Entwicklungen und Anwendungen, 1. Auflage; VS Verlag für Sozialwissenschaften / GWV Fachverlage GmbH Wiesbaden, Wiesbaden, 2009, S. 441-464.

Picot, A., Die Planung der Unternehmensressource "Information", Universitätsbibliothek der Ludwig-Maximilians-Universität München, 1988.

Pietsch, T.; Martiny, L.; Klotz, M., Strategisches Informationsmanagement - Bedeutung und organisatorische Umsetzung, 3. vollständig überarbeitete Auflage; Schmidt, Berlin, 1998.

Pietsch, T.; Martiny, L.; Klotz, M., Strategisches Informationsmanagement - Bedeutung, Konzeption und Umsetzung, 4. vollständig neu bearbeitete und erweiterte Auflage; Schmidt, Berlin, 2004.

Pinkerton, B., Finding What People Want: - Experiences with the WebCrawler, In: Proceedings of the 2nd International World Wide Web, Nr. 6, 18. Jg., 1994.

Pliego Marugán, A.; García Márquez, F.; Lev, B., Optimal decision-making via binary decision diagrams for investments under a risky environment, In: International Journal of Production Research, Nr. 18, 55. Jg., 2017, S. 5271-5286.

Rehäuser, J.; Krcmar, H., Wissensmanagement im Unternehmen, In: Schreyögg, G.; Conrad, P. (Hrsg.): Wissensmanagement, De Gruyter Oldenbourg; g, Berlin, 1996, S. 1-40.

RICH, E., User modeling via stereotypes, In: Cognitive Science, Nr. 4, 3. Jg., 1979, S. 329-354.

Rikalovic, A.; Cosic, I., A Fuzzy Expert System for Industrial Location Factor Analysis, In: Acta Polytechnica Hungarica, Nr. 2, 12. Jg., 2015.

Rommelfanger, H. J.; Eickemeier, S. H., Entscheidungstheorie - Klassische Konzepte und Fuzzy-Erweiterungen, Springer Verlag, Berlin, Heidelberg, 2002.

Ruf, W.; Mucksch, H.; Biethahn, J., Ganzheitliches Informationsmanagement: Band 2: Ganzheitliches Informationsmanagement - Band II: Entwicklungsmanagement, 4. überarbeitete. und aktualisierte Auflage; De Gruyter Oldenbourg, München, 2007.

Saaty, R., The analytic hierarchy process—what it is and how it is used, In: Mathematical Modelling, Nr. 3-5, 9. Jg., 1987, S. 161-176.

Saaty, T. L., Decision making for leaders - The analytic hierarchy process for decisions in a complex world, 2. Auflage; RWS Publisher, Pittsburgh, PA, 1990.

Sánchez-Lozano, J.; García-Cascales, M.; Lamata, M., GIS-based onshore wind farm site selection using Fuzzy Multi-Criteria Decision Making methods. Evaluating the case of Southeastern Spain, In: Applied Energy, 171. Jg., 2016, S. 86-102.

Schneeweiß, C., Planung - Systemanalytische und entscheidungstheoretische Grundlagen, Springer Verlag, Berlin, Heidelberg, 1991.

Schönsleben, P., Integrales Informationsmanagement - Informationssysteme für Geschäftsprozesse - Management, Modellierung, Lebenszyklus und Technologie, 2. vollständig überarbeitete und erweiterte Auflage; Springer Verlag, Berlin, Heidelberg, 2001.

Schubert, K.; Klein, M., Das Politiklexikon - Begriffe, Fakten, Zusammenhänge, 7. vollständig überarbeitete und erweiterte Auflage; Dietz, Bonn, 2018.

Schuh, G., Fabrikplanung in Zeiten der Globalisierung, In: wt Werkstatttechnik Online, Nr. 4, 95. Jg., 2005, S. 174.

Schuh, G.; Kampker, A.; Wesch-Potente, C., Condition based factory planning, In: (Production Engineering, Nr. 1, 5. Jg., 2011, S. 89-94.

Schuh, G.; Prote, J.-P.; Gützlaff, A.; Thomas, K.; Sauermann, F.; Rodemann, N., Internet of Production: Rethinking production management, In: Wulfsberg, J. P.; Hintze, W.; Behrens, B.-A. (Hrsg.): Production at the leading edge of technology, Springer Verlag, Berlin, Heidelberg, 2019, S. 533-542.

Schulte, H., Strategische Standortplanung – Auswirkungen der Standortwahl auf die Unternehmensorganisation, In: Spath, D.; Westkämper, E.; Bullinger, H.-J.; Warnecke, H.-J. (Hrsg.): Neue Entwicklungen in der Unternehmensorganisation, Vieweg, Berlin, Heidelberg, 2017, S. 283-288.

Seiffert, H., Information über die Information - Verständigung im Alltag, Nachrichtentechnik, wissenschaftliches Verstehen, Informationssoziologie, das Wissen des Gelehrten, 3. unveränderte. Auflage; Beck, München, 1971.

Shannon, C. E.; Weaver, W., The mathematical theory of communication, University of Illinois Press, Urbana, 1998.

Simon, H.; Newell, A., Heuristic Problem Solving: The Next Advance in Operations Research, In: Operations Research, Nr. 1, 6. Jg., 1958, S. 1-10.

Söllner, M.; Hoffmann, A.; Hoffmann, H.; Wacker, A.; Leimeister, J., Understanding the Formation of Trust, In: David, K.; Geihs, K.; Leimeister, J. M.; Roßnagel, A.; Schmidt, L.; Stumme, G.; Wacker, A. (Hrsg.): Socio-technical design of ubiquitous computing systems, Springer Verlag, Cham, 2014, S. 39-58.

Sousa, W. de; Yu, A., Decision Making Planning: The Meta-decision Approach, In: 2198-2775, Nr. 1, 3. Jg., 2013.

Spichale, K., API-Design - Praxishandbuch für Java- und Webservice-Entwickler, dpunkt.verlag, Heidelberg, 2017.

Stahlknecht, P.; Hasenkamp, U., Einführung in die Wirtschaftsinformatik, 10. überarbeitete und aktualisierte Auflage; Springer Verlag, Berlin, Heidelberg, s.l., 2002.

Streim, H., Heuristische Lösungsverfahren - Versuch einer Begriffsklärung, In: Zeitschrift für Operations Research, Nr. 19, 1975, S. 143-162.

Sudaryanto, A fuzzy multi-attribute decision making approach for the identification of the key sectors of an economy - The case of Indonesia,, 2003.

Tamiz, M.; Jones, D.; Romero, C., Goal programming for decision making: An overview of the current state-of-the-art, In: European Journal of Operational Research, Nr. 3, 111. Jg., 1998, S. 569-581.

Tempelmeier, H., Planung logistischer Systeme, Springer Vieweg, Berlin, 2018.

Tomczak, T., Forschungsmethoden in der Marketingwissenschaft. Ein Plädoyer für den qualitativen Forschungsansatz, In: Marketing ZFP, Nr. 2, 14. Jg., 1992, S. 77-87.

Ulrich, H.; Dyllick, T.; Probst, G. J. B., Management, Haupt, Bern, 1984.

Ulrich, P.; Hill, W., Wissenschaftstheoretische Grundlagen der Betriebswirtschaftslehre (Teil1)Wirtschaftswissenschaftliches Studium: WiSt ; Zeitschrift für Studium und Forschung,, 1976, S. 304-309.

Ulrich, T., Heuristiken für kombinierte Standort-und Gebietsplanung mit vorgegebenenund zusätzlichen, frei wählbarenStandorten, Karlsruhe, 2014.

Usama Fayyad; Gregory Piatetsky-Shapiro; Padhraic Smyth, From Data Mining to Knowledge Discovery in Databases, In: AI Magazine, Nr. 3, 17. Jg., 1996, S. 37.

Vahs, D.; Burmester, R., Innovationsmanagement - Von der Produktidee zur erfolgreichen Vermarktung, 3., überarbeitete Auflage; Schäffer-Poeschel Verlag für Wirtschaft Steuern Recht GmbH; s, Stuttgart, 2005.

van Deursen, A.; Mesbah, A.; Nederlof, A., Crawl-based analysis of web applications: Prospects and challenges, In: Science of Computer Programming, 97. Jg., 2015, S. 173-180.

VDI-Fachausschuss Fabrikplanung, Strategien und nachhaltige Wirtschaftlichkeit in der Fabrikplanung - Standorte gezielt auswählen, Investitionen sicher planen, Beuth Verlag GmbH, Berlin, 2012.

VDI-Gesellschaft Produktion und Logistik (2011-02-00) VDI-11 VDI 5200 Blatt 1. Beuth Verlag GmbH 2011-02-00

Velasquez, M.; Hester, P., An analysis of multi-criteria decision making methods, In: International Journal of Operations Research, Nr. 10, 2013, S. 56-66.

Vilfredo Pareto, Cours d'Économie Politique, Lausanne, Paris, 1897.

Wang, S.; Watada, J.; Pedrycz, W., Value-at-Risk-Based Two-Stage Fuzzy Facility Location Problems, In: IEEE Transactions on Industrial Informatics, Nr. 4, 5. Jg., 2009, S. 465-482.

Wang, Z., Meta Decision Making - Concepts and Paradigm, In: Systemic Practice and Action Research, Nr. 1, 13. Jg., 2000, S. 111-115.

Weuthen, J., Das goldene Zeitalter des Konsumenten – Wie die Digitalisierung, der demografische Wandel und die Veränderung der Werte unserer Gesellschaft das Konsumentenverhalten beeinflussen, In: Heinemann, G.; Gehrckens, H. M.; Täuber, T. (Hrsg.): Handel mit Mehrwert - Digitaler Wandel in Märkten, Geschäftsmodellen und Geschäftssystemen, Springer Fachmedien, Wiesbaden, 2019, S. 107-134.

Wiendahl, H.-P.; Reichardt, J.; Nyhuis, P., Handbuch Fabrikplanung - Konzept, Gestaltung und Umsetzung wandlungsfähiger Produktionsstätten, 1. Auflage; Carl Hanser Fachbuchverlag, 2010.

Wiendahl, H.-P.; Reichardt, J.; Nyhuis, P., Handbuch Fabrikplanung - Konzept, Gestaltung und Umsetzung wandlungsfähiger Produktionsstätten, 2. überarbeitete. und erweiterte. Auflage; Hanser Verlag, München, 2014.

Winterfeldt, D. von; *Edwards, W.*, Decision analysis and behavioral research, Repr; Cambridge University Press, Cambridge, 1993.

Wittmann, W., Unternehmung und Unvollkommene Information - Unternehmerische Voraussicht - Ungewißheit und Planung, VS Verlag für Sozialwissenschaften, Wiesbaden, 1959.

Wu, J.; Teregowda, P.; Khabsa, M.; Carman, S.; Jordan, D.; San Pedro Wandelmer, J.; Lu, X.; Mitra, P.; Giles, C., Web crawler middleware for search engine digital libraries, In: Fletcher, G. H. L. (Hrsg.): Proceedings of the twelfth international workshop on Web information and data management, ACM, New York, NY, 2012, S. 57.

Yang, Y.; Zhou, J.; Wang, K.; Pantelous, A., A new solution approach to two-stage fuzzy location problems with risk control, In: Computers & Industrial Engineering, 131. Jg., 2019, S. 157-171.

Zadeh, L., Fuzzy sets, In: Information and Control, Nr. 3, 8. Jg., 1965, S. 338-353.

Zanakis, S.; Solomon, A.; Wishart, N.; Dublish, S., Multi-attribute decision making: A simulation comparison of select methods, In: European Journal of Operational Research, Nr. 3, 107. Jg., 1998, S. 507-529.

Zangemeister, C., Nutzwertanalyse in der Systemtechnik - Eine Methodik zur multidimensionalen Bewertung und Auswahl von Projektalternativen, 5., erweiterte Auflage; Books on Demand, Norderstedt, 2014.

Zanker, C.; Kinkel, S., Internationale Produktionsstrategien bei Automobilzulieferern - Erfahrungen und Muster, In: WSI-Mitteilungen, Nr. 1, 60. Jg., 2007, S. 9-16.

Zarate, P., Tools for Collaborative Decision-Making, 1. Auflage; Wiley-ISTE, 2013.

Zehnder, C. A., Informationssysteme und Datenbanken, 6. völlig neubearbeitete und erweiterte Auflage; Vieweg+Teubner Verlag, Wiesbaden, 1998.

Zimmermann, H.-J.; Gutsche, L., Multi-Criteria Analyse - Einführung in die Theorie der Entscheidungen bei Mehrfachzielsetzungen, Springer Verlag; B, Berlin, Heidelberg, 1991.

Lebenslauf

Persönliche Angaben

Name	Sebastian Patrick Vierschilling

Ausbildung

2001 – 2010	Städtisches Gymnasium Moltkestraße, Gummersbach
2010 – 2014	Bachelorstudium Wirtschafsingenieurwesen mit technischer Fachrichtung Maschinenbau, Rheinisch-Westfälische Technische Hochschule (RWTH) Aachen University
2014 – 2015	Studienaufenthalt im RWTH – Tsinghua Doppelmaster-programm an der Tsinghua University in Peking, China
2014 – 2016	Masterstudium Wirtschaftsingenieurwesen mit technischer Fachrichtung Produktionstechnik, Rheinisch-Westfälische Technische Hochschule (RWTH) Aachen University

Berufliche Erfahrung

2010	Praktikum, Otto Fuchs KG, Meinerzhagen
2013 – 2014	Rolls-Royce Motorcars Ltd, Goodwood England
2014	BMW Group, München
2016 – 2021	Wissenschaftlicher Mitarbeiter am Lehrstuhl für Produktionstechnik in der Abteilung Fabrikplanung, Werkzeugmaschinenlabor WZL der RWTH Aachen University
2019 – 2021	Gruppenleitung der Fachgruppe Digitale Fabrikplanung der Abteilung Fabrikplanung, Werkzeugmaschinenlabor WZL der RWTH Aachen University
Seit 2021	Technical Solution Executive, Autodesk GmbH, München

Aachen, im Dezember 2022

In der Reihe **Ergebnisse aus der Produktionstechnik** zuletzt erschienen:

Vierschillung, Sebastian Patrick:
Automatisierung der Standortauswahl in der Fabrikplanung
ISBN: 978-3-98555- 134-7
Erscheinungsdatum: 09.01.2023

Wenning, Marius:
Kontextabhängige Anomaliedetektion zur visuellen Hinderniserkennung für automatisierte PKW im End-of-Line-Bereich
ISBN: 978-3-98555-121-7
Erscheinungsdatum: 19.12.2022

Helbig, Jens:
Typisierung und Auswahl von Referenzstrategien für den Werkzeugeinkauf
ISBN: 978-3-98555-122-4
Erscheinungsdatum: 19.12.2022

Schlegel, Peter:
Bewertung und Optimierung der Vollständigkeit von Betriebsdaten im Kontext der Fehlerprädiktion
ISBN: 978-3-98555-120-0
Erscheinungsdatum: 18.11.2022

Kukla, Christian:
Prozesstemperaturregelung in der laserunterstützten Verarbeitung von faserverstärkten thermoplastischen Verbundkunststoffen
ISBN: 978-3-98555-116-3
Erscheinungsdatum: 19.10.2022

Kiesel, Raphael:
Techno-Economic Evaluation of 5G Technology for Latency-Critical Applications in Production
ISBN: 978-3-98555-115-6
Erscheinungsdatum: 19.10.2022

Hahn, Viviane:
Bewertung der Wandlungsfähigkeit in der automatisierten Fabrikplanung
ISBN: 978-3-98555-102-6
Erscheinungsdatum: 10.10.2022

Schäkel, Martin:
Adaptiver laserunterstützter Tapewickelprozess für die Herstellung von Druckbehältern aus endlosfaserverstärkten Thermoplasten
ISBN: 978-3-98555-107-1
Erscheinungsdatum: 12.08.2022

Solf, Mareike:
Modellierung der Schleifkraft beim Kegelradschleifen
ISBN: 978-3-98555-106-4
Erscheinungsdatum: 12.08.2022

Elser, Hannes:
Fähigkeit von Bluetooth Low Energy zur signalstärkebasierten Rückverfolgung von Bauteilen in der Einzel- und Kleinserienfertigung
ISBN: 978-3-98555-099-9
Erscheinungsdatum: 12.08.2022

Edition Wissenschaft
Apprimus

Henkel, Jérôme

Strategien zur Steigerung der Flächeneffizienz von Fabriken im urbanen Umfeld ISBN

ISBN: 978-3-98555-098-2

Erscheinungsdatum: 27.07.2022

Eßer, Bastian:

Analyse des Betriebsverhaltens von Kugelgewindetrieben unter statischen axialen Betriebslasten

ISBN: 978-3-98555-065-4

Erscheinungsdatum: 11.07.2022

Schulz, Martin:

Optimierung des Temperaturfeldes beim Laserstrahlhärten

ISBN: 978-3-98555-078-4

Erscheinungsdatum: 23.06.2022

Ebade Esfahani, Matthias:

Ontologie der Fabrikplanung mit Hilfe von Building Information Modeling (BIM)

ISBN: 978-3-98555-084-5

Erscheinungsdatum: 07.06.2022

Schmitz, Seth:

Datenbasierte Beschreibung der Prozessperformance in der Auftragsabwicklung

ISBN: 978-3-98555-079-1

Erscheinungsdatum: 19.05.2022

Scholz, Paul:

Applikation maschinell lernender Systeme in der vernetzten adaptiven Produktion

ISBN 978-3-98555-069-2

Erscheinungsdatum: 28.04.2022

Busch, Max:

Intelligente Produktionsplanungsprozesse im Werkzeugbau

ISBN: 978-3-98555-095-1

Erscheinungsdatum: 14.07.2022

Fölling, Carsten:

Komplexitätsbeherrschung durch hybride Montageplanung

ISBN: 978-3-98555-090-6

Erscheinungsdatum: 30.06.2022

Ays, Johanna:

Kontextbasierte Integration agiler und plangetriebener Entwicklungsprozesse

ISBN: 978-3-98555-087-6

Erscheinungsdatum: 23.06.2022

Maslo, Semir:

Simulation of the Dynamic Vibration Behaviour and Spindle Speed Optimization During the Milling Process of Turbomachinery Components

ISBN: 978-3-98555-082-1

Erscheinungsdatum: 25.05.2022

Goertz, David:

Gestaltungsmodell für eine vernetzte adaptive Montage im Werkzeugbau

ISBN 978-3-98555-072-2

Erscheinungsdatum: 05.05.2022

Wollbrink, Moritz:

Methodik zur Integration pulverbettbasierter additiver Fertigungstechnologien in Fertigungsprozessketten

ISBN 978-3-98555-070-8

Erscheinungsdatum: 22.04.2022

Edition Wissenschaft
Apprimus

FSC
www.fsc.org
MIX
Papier | Fördert gute Waldnutzung
FSC® C083411

Zeitfracht Medien GmbH
Ferdinand-Jühlke-Straße 7
99095 Erfurt, Deutschland
produktsicherheit@kolibri360.de